KB098447

수족관 속의
아인슈타인

Einstein im Aquarium – Die faszinierende Intelligenz der Tiere
by Claudia Ruby

수족관 속의 아인슈타인

축구하는 금붕어부터 숫자 세는 앵무새까지
동물들의 환상적인 지능 이야기

클라우디아 루비 지음 | 신혜원 옮김

수족관 속의 아인슈타인

초판 1쇄 인쇄 2008년 12월 1일
초판 1쇄 발행 2008년 12월 5일

지은이 클라우디아 루비
옮긴이 신혜원
펴낸이 정차임
디자인 디자인플랫
펴낸곳 도서출판 열대림
출판등록 2003년 6월 4일 제313-2003-202호
주소 서울시 마포구 동교동 156-2 마젤란 503호
전화 332-1212
팩스 332-2111
이메일 yoldaerim@korea.com

ISBN 89-90989-34-5 03490

* 잘못된 책은 바꿔드립니다.
* 값은 뒤표지에 있습니다.

… 머리말

인간이 결코 인정하고 싶지 않은 동물의 지능

"침팬지들이 정말 못하는 게 없군!" 양복에 넥타이를 맨 침팬지들이 텔레비전에 나와서 능숙하게 나이프와 포크를 사용하는 모습을 볼 때 우리는 놀라움을 금치 못하며 이렇게 말한다. 그러다가 원숭이들이 어쩔 수 없이 식탁 예절을 잊어버리고 커피잔을 떨어뜨리거나 털이 잔뜩 난 손으로 옆 테이블의 접시들을 잡아채는 순간이 온다. 그럴 때 우리는 남모르게 기뻐한다. "그럼 그렇지. 우리만큼 그렇게 잘하는 것은 아니군 그래."

이럴 때 사람과 동물 사이의 간격은 다시 벌어진다. 그런 다음 이런 의구심이 몰려온다. 흔히 텔레비전 쇼와 게임에서 너무 전형적인 인간의 특성만 재현하려고 시도하는 것은 아닌가? 그렇다면 우리는 단지 인간과 유사한 경우만을 지능이 높다고 말하는 것인가?

개는 영리한 동물이다. 개를 기르는 대부분의 사람들은 이 말에 아무런 이의도 없을 것이다. 개는 주인의 의도에 따라 앞발을 내밀 수도 있고, 사냥한 동물을 주워올 수도 있으며, 아마 그 외에도 몇 가지 기술을 더 발휘할 수 있을 것이다. 그러나 이것이 진정으로 높은 지능의 증거라고 말할 수 있을까? 그보다는 오히려 개가 복종적이고 영리하다는 것이 지능의 더 많은 면을 보여주는 것은 아닐까? 물론 이런 행동도 두뇌가 전혀 없이는 불가능한 일이긴 하다. 그런데 이런 개가 자발성 테스트에서는 어떤 결과를 보여줄까? 예를 들어서 우리가 새로 가득 채운 밥그릇에 뚜껑을 덮어놓았다고 하자. 이럴 때 개는 어떻게 행동할까? 밥그릇 앞에서 어쩔 줄 몰라하며 그저 도움을 청하는 눈빛으로 주인을 쳐다볼 뿐이다.

그런데 까마귀의 경우는 전혀 다르게 행동한다. 우선 이 새는 즉시 자기만의 실험을 시작한다. 까마귀는 모든 측면에서 이 사태를 관찰하고, 어떻게 해서든 방해가 되는 뚜껑을 열어보려고 시도한다. 그리고 얼마간의 시간이 지나면 대부분의 경우 성공한다. 그렇다고 해서 까마귀가 개보다 더 지능이 높다고 말할 수 있을까? 여기에 대해서는 많은 동물 조련사들이 이의를 제기할 것이다. 왜냐하면 까마귀에게 어떤 기술을 가르치려고 시도해 본 사람은 그것이 얼마나 힘든 일인지를 잘 알기 때문이다. 까마귀는 빨리 배우기는 하지만 단지 자기가 하고 싶은 것만을 배운다. 그리고 그렇게 배운 기술도 스스로 흥미가 있을 때만 보여준다. 까마귀는 대단히 독특한 성격의 소유자다. 그래서 우리는 까마귀에게 '어리석은 새'라는 꼬리표를 붙이고 그런 명칭에 어울리게 까마귀의 의지나 학습동기를 평가하는 경향이 있다. 하지만 그것은 결코 지능과는 상관이 없다.

우리는 반복적으로 똑같은 함정에 빠지곤 한다. 바로 절대 비교할 수 없는 것들을 비교하는 일이다. 사과와 배, 날개와 지느러미, 털가죽과 깃털이 있다. 여기에서 이것이 저것보다 더 낫거나 못하다고 말할 수는 없다. 중요한 것은 소유자가 그것을 어떻게 사용하는가이다. 동물들은 컴퓨터를 사용할 수도 없고 낱말 퍼즐을 풀 수도 없다. 그럼에도 불구하고 모든 종(種)들은 수백만 년이나 지속된 진화라는 게임의 승자이다. 그것이 개미든 악어나 침팬지든 각각의 종들은 각자의 환경에서 살아남을 수 있는 대단히 특수한 능력을 발달시켰다. 놀라운 방향감각, 경이로운 감각기관, 완벽하게 조직화된 사회국가 등도 그런 사례에 속한다. 이럴 때도 역시 지능이란 것이 필요한데, 여기서의 지능이란 단지 우리 인간이 그렇게나 자랑스러워하는 수학적·분석적 논리만을 의미하는 것이 아니다. 지능에는 여러 측면이 있다. 감정적 측면, 사회적 측면, 그리고 예를 들어서 경제학적 측면도 있다.

물론 진화의 지능과 한 개체의 영리함이 항상 분명하게 분리될 수 있는 것은 아니다. 때로는 놀랍도록 복합적인 행동 뒤에 '단지' 본능이 있을 수도 있다. 행동연구가들과 진화생물학자들은 그 원인을 자세히 알아내기 위해 최대한의 시도를 하고 있다. 때로는 그 해답을 찾지 못해 숙제로 남겨두고 있기도 하다. 그러나 분명한 사실도 있다. 우리가 교만함 없이 동물들의 능력을 관찰할 때 우리는 환상적인 발견을 할 수 있다는 사실이다.

첫번째 이야기에서 우리는 동물들의 지능 연구에 대한 여러 단계들을 거치게 된다. 두 번째부터 열두 번째 이야기에서는 우리가 보통 기대하지 않는 것, 예를 들면 금붕어와 구피의 놀라운 능력을 발견하게 된다. 우리가 여기에 대해 '지능이 높다'는 꼬리표를 사용해야 되는지 아닌지는 독자의 판단에 맡긴다.

이 이야기를 수집하기 위해서 나는 여러 대학과 연구소들을 방문했으며, 야외와 동물원에서 조사를 벌였고, 수많은 학자들과 대화를 나누고 인터뷰를 했으며, 광범위하게 참고서적을 살펴보았다. 마지막 장에서 나는 끝으로 우리 인간의 특별한 점에 대해 언급했다. 그 요점을 한마디로 말하자면 바로 이것이다. 많은 사람들이 오래전부터 믿어왔지만 인간은 그렇게 특별한 존재가 아니다. 우리는 좀더 자세히 스스로를 들여다보아야 한다.

… 차 례

머리말 … 인간이 결코 인정하고 싶지 않은 동물의 지능 5

1장 … 동물의 뇌와 지능

교활한 여우, 어리석은 닭 : 지능이란 비교될 수 있는 것인가? 13

걸음 세는 개미, 변신하는 문어 : 뇌와 지능은 어떤 관계에 있는가? 37

2장 … 동물의 언어와 의사소통

수업받는 원숭이, 산수하는 앵무새 : 동물은 어떤 이야기를 나누는가? 67

죽음의 메뚜기 떼, 힘센 청어 떼 : 집단지능은 어떻게 생겨나는가? 100

개와 늑대와 여우의 시간 : 가축들은 무엇을 알고 있는가? 119

3장 … 동물의 학습과 본능

네 발 달린 의사, 날개 달린 약사 : 동물은 어떻게 약초 상식을 얻는가? 147

축구하는 금붕어, 장사하는 물고기 : 물고기는 얼마나 똑똑한가? 164

방향 찾는 철새, 여행하는 뱀장어 : 동물은 어떻게 길을 찾는가? 197

4장 … 동물의 생각과 의식

체조선수 돌고래, 사냥꾼 물고기 : 절망적인 과대평가 혹은 바다의 슈퍼브레인? 219

까마귀, 새대가리 혹은 영악한 천재 : 새들에게도 자아의식이 있는가? 246

침팬지, 오랑우탄, 보노보의 재발견 : 유인원은 얼마나 영리한가? 274

인간과 동물에 대하여 : 인간의 특별한 점은 무엇인가? 308

옮긴이의 말 331

참고문헌 335

1장

동물의 뇌와 지능

교활한 여우, 어리석은 닭

지능이란 비교될 수 있는 것인가?

동물의 지능 테스트

만약 피리새가 자기네 방식대로 지능 테스트를 실시한다면 분명히 한 무더기의 굵고 가는 가지들과 나뭇잎을 준비해 놓고 한 시간 안에 멋진 새둥지를 지으라고 요구할 것이다. 바다표범의 경우에는 북해의 뿌연 물속에서 그물이나 낚시 없이 물고기를 잡으라는 과제를 부과할 것이다. 이 두 가지 분야에서 인간은 분명 실패하고 말 테지만, 피리새나 바다표범은 각자의 분야에서 최고의 점수를 받을 것이다. 이런 사례가 바로 지능이라는 것을 공정하게 비교하는 일이 얼마나 어려운지를 잘 보여주고 있다. 이렇듯 지능적이거나 혹은 영리하다는 특성은 흔히 관찰자들이 각기 다른 종들을 서로 비교하는 일에서 비로소 발견하게 된다.

우리 자신이 속해 있는 동물의 종(種), 즉 인간의 경우에도 지능이라는 것을 규정하는 일은 그리 간단한 문제가 아니다. 미국에서는 아이큐 테스트가 오랫동안 높은 평가를 받고 있다. 그런데 이민자들은 이 테스트에서 오래도록 미국에서 살아온 사람들보다 언제나 낮은 점수를 받았다. 그러다가 한두 세대가 지난 후부터는 이런 차이점이 사라졌다. 결국 이 테스트의 결과는 대상자가 얼마나 오래 미국에서 살았는가를 그대로 반영했다는 점이 분명해진다. 이런 테스트들은 지능을 측정하는 것이 아니라 단지 어떤 특정한 문화에 얼마나 잘 적응하는가를 측정하는 것일 뿐이다.

오늘날까지도 객관성은 지능 테스트에서 중요한 문제로 남아 있다. 많은 심리학자들은 이제 더 이상 획일적인 지능이 아니라 각기 다른, 즉 지극히 다양한 능력들에 대해 말하고 있다. 미국의 심리학자 하워드 가드너는 아홉 가지의 다양한 타입을 규정했는데, 그 안에는 예를 들어서 언어적, 수학적, 음악적, 그리고 공간적인 지능 등이 있다. 그는 '다중 지능' 이라는 개념을 만들어냈다.

사람에게 해당되는 일은 동물에게도 예외가 아니다. 몇몇 종은 특정 분야에서만큼은 절대적인 전문가들이다. 박쥐는 칠흑같이 어두운 밤에 숲에서 곤충을 사냥한다. 그들은 음향 측정 시스템을 이용해 아주 깊은 어둠 속에서도 자기들만의 3차원적 그림을 그린다. 이런 방식으로 박쥐는 다른 동물들이 결코 침입할 수 없는 그들만의 생태학적 지위를 만들어왔다. 그들의 음향 측정 시스템에는 아주 뛰어난 계산 능력이 필요한데, 그들의 뇌는 아주 확실하게 단 하나의 과제를 위해서 작동한다. 침팬지나 다른 원숭이들도 성능이 뛰어난 뇌를 가졌고 이런 뇌를 활용해서 여러 가지 다양한 과제를 파악하고 해결한다. 그들은 약탈을 하거나, 같은 종의 동료들을 책략으로 속이며, 길이 없는 지역에서 곧잘 방향을 찾는다. 이런 상황에서 어떤 순위를 정하는 것은 무의미한 일이다.

그렇다면 도대체 지능이란 무엇인가? 분명한 것은 지능이란 정신적인 능력과 관련된 것이라는 점이다. 지능은 두뇌를 필요로 한다. 때로는 뇌가 놀라울 만큼 작기도 하지만 말이다. 찰스 다윈은 모든 동물에게 자아의식과 감정이 있다고 주장했다. 아마도 모든 시대를 뛰어넘어 가장 위대하다고 말할 수 있는 이 생물학자는 지렁이나 개미처럼 아주 단순한 생물체도 어느 정도의 지능을 가지고 있다고 전제했다. "인간과 고등동물 사이의 이해력 차이는, 그것이 아무리 크다 해도, 정도의 차이일 뿐이지 근본적인 차이는 아니다." 정말이지 동물들은 환상적인 방법으로 자신에게 닥친 문제들을 해결해 나간다. 벌이나 오랑우탄이나 모두 그들 나름대로의 해결책을 가지고 있다. 최근의 연구들이 이런 점을 확인시켜 주고 있다.

구더기도 생각이 있다!

독일 뷔르츠부르크 대학의 생물학 실험센터에서는 생물학자인 베르트람 게르버가 동물을 훈련시키고 있다. 그런데 여기서 말하는 동물이란 개, 말 혹은 돌고래와 같은 종류가 아니다. 게르버는 파리의 유충에게 생각하는 법을 가르치려고 한다. 그는 자신의 실험 대상자들을 작은 유리컵에 담는다. 작은 구더기들은 마치 먹기만

하는 기계처럼 열심히 먹이 속을 헤집고 다니는데, 그들의 즐거움은 정기적인 교육 시간에만 잠시 중단된다. 구더기들의 삶 전체가 먹는 것 위주로 돌아가기 때문에 훈련에서도 먹이가 결정적인 역할을 한다. 제1교시에 게르버는 먼저 구더기들에게 기분 좋은 환경을 제공한다. 그는 구더기를 달콤한 설탕물이 있는 평평한 유리 접시로 옮겨놓는다. 거기에 유혹적인 향기가 나는 작은 그릇을 놓아두는데, 그 안에는 바나나기름이 들어 있다.

5분이 지나면 이런 즐거움은 끝이 나고 옆방에서는 반대의 실험이 기다리고 있다. 이번에는 접시에 있는 액체 속에 설탕이 아니라 소금과 쓴맛 성분이 들어 있다. 여기에다가 연구자는 옥탄올 향기를 부수적으로 제공한다. 게르버는 구더기를 세 번 이쪽저쪽으로 이동시킨 후 비로소 과제를 낸다. 과연 이 작은 동물은 무엇인가를 배우게 되었을까? 실험자는 구더기를 소금도 없고 설탕도 없는 평범한 접시에 올려놓는다. 그러고는 한 방향에서는 바나나기름으로 유혹을 하고, 다른 방향에서는 옥탄올로 유혹한다. 그러자 구더기들은 정말로 소위 향기 언어를 이해한 듯했다. 그들은 거의 언제나 달콤한 설탕이 약속되었던 방향으로 기어갔다.

구더기의 작은 뇌는 틀림없이 두 가지를 서로 연관시켰던 것이다. 바로 향기와 먹이를 말이다. 그러나 이런 연관성이 얼마나 견고할까? 구더기는 마치 작은 로봇처럼 프로그램되는 것일까? 게르버는 구더기들이 어떤 '결정'을 내릴 수 있는지, 이들이 '자유도'(degree of freedom, 물리학 용어로 물체가 독립으로 할 수 있는 운동 종류의 수 – 옮긴이)를 가지고 있는지 알아내고자 했다. 이처럼 게르버는 일반적으로 작은 곤충과는

"음, 바나나기름 냄새.
저쪽으로 가면 설탕이 있겠지?"

결코 연관시키지 않는 '생각' 혹은 '결정' 등의 개념을 사용했다. 더구나 최근에 뇌 과학자들이, 인간이 자유의지를 가지고 있는지에 대해서조차 논쟁을 벌이고 있는 상황에서 말이다.

그렇다면 구더기들은 앞으로 언제나 바나나기름 향기가 나면 — 그렇게 하는 것이 당장 어떤 의미가 있든 없든 상관없이 — 바로 달려갈 것인가? 게르버는 구더기를 설탕 용액 안으로 옮겨놓은 후, 먹이에 대한 기대감을 갖게 만드는 향기를 이용해서 다른 방향으로 유혹했다. 구더기들은 어떻게 행동했을까? 그들은 이 상황에서 이치에 맞는 유일한 행동을 취했다. 즉 그들은 있던 자리에 그대로 머물러 있었다. 그리고 설탕 용액을 열심히 먹기 시작했다. "유충들은 자신들에게 무엇인가가 생길 때 그들의 기억에 들어 있는 정보들을 비로소 행동으로 전환한다. 그들은 소위 이익을 얻기 위해서 노력한다"고 베르트람 게르버는 설명한다.

그뿐만이 아니다. 구더기들은 그 이상의 생각도 한다. 이번에는 구더기들에게 두 가지의 향기를 제공했다. 한 가지는 구더기들이 아직 맡아본 적이 없는 중성적인 향기이고, 다른 한 가지는 부정적인 기억과 연관되었던 옥탄올 향기였다. 그러자 구더기들은 아무런 액체도 없는 접시 위에 그대로 머물러 있었다. 그러나 반대로 소금 용액이 있는 접시 위에 놓여 있을 때에는 중성적인 향기가 나는 쪽으로 기어갔다. 그들은 "그래도 여기 있는 것보다는 저리로 가는 것이 낫겠지"라고 생각하는 것처럼 보인다. 그들은 우리 기준으로 보아도 꽤나 이성적인 결정을 내리고 있다. 구더기들은 결코 동물 로봇이 아니기 때문이다. 그와 정반대이다. 구더기들은 학습을 할 수 있고, 학습한 것을 어떻게 사용할지 결정할 수 있다. "구더기들은 어디를 향해 기어가기 전에 숙고의 단계를 거친다"고 게르버는 말한다.

다음 단계로 뷔르츠부르크의 학자들은 이 유충들이 파리로 변한 뒤에도 구더기 시절의 교훈을 기억할 수 있는지 알아보기 위한 실험을 하고 있다. 게르버는 유충들이 기억해 내지 못할 것이라고 추측한다. 왜냐하면 유충이 성충으로 변화하면서 감각기관들이 완전히 새로 형성되기 때문이다. 그러나 백퍼센트 확신이란 없는 법이다. 게르버는 생물학자로서 — 자세히 관찰한다는 전제하에 — 구더기나 다른 동물들이 놀라운 능력을 많이 가지고 있다는 사실을 알고 있다. 이런 교훈을 '똑똑한 한스'는 생물학자와 심리학자들에게 이미 100년도 훨씬 전에 가르쳐준 바 있다.

말굽 달린 수학 천재

'똑똑한 한스'는 덧셈과 뺄셈을 할 수 있고, 심지어 분수 계산도 해냈다고 한다. 여기서 놀라운 점은 이 한스가 어린 소년이 아니라 '말'이었다는 사실이다. 퇴직한 수학 교사인 말의 주인 한스 폰오스텐과 함께 '똑똑한 한스'는 지난 세기 초반에 베를린의 여러 곳을 돌아다녔다. 폰오스텐이 자신의 말에게 다음과 같은 질문을 던질 때 관객들은 긴장한 채 숨을 멈추고 지켜보았다. "관객 중에서 몇 명의 여자들이 모자를 쓰고 있지?" 그러자 말은 자신의 오른쪽 앞발로 열두 번 발을 굴렀다. 실제로 관객 중에서 열두 명의 여자들이 모자를 쓰고 있었다. 1차 세계대전이 일어나기 전 수년 동안 베를린에서 말

주인 폰오스텐과 그의 영리한 말을 모르는 사람은 거의 없었다.

여러 명의 감독관들이 — 똑똑한 두뇌를 가진 — 이 둘을 자세히 조사했다. 그러나 어떤 속임수도 발견되지 않았다. 심지어 군대에서도 이 계산을 하는 말에게 관심을 보였다. 적에게는 결코 그런 말이 없을 테니까 말이다. 그러나 한스가 징집 명령을 받기 직전에 오스카 풍스트라는 대학생이 중요한 사실을 발견했다. 언제나 한 명이라도 정답을 알고 있는 사람이 — 가장 바람직하게는 그의 주인이 — 그 장소에 있을 때에만 한스가 비로소 올바른 대답을 한다는 사실을 알아낸 것이다. 두 사람이 더하기 문제를 차례로 냈을 때에는 계산을 제대로 해내지 못했다.

이어서 풍스트는 폰오스텐을 자세히 관찰했고 마침내 해답을 얻어냈다. 한스가 올바른 숫자만큼 발을 굴렀을 때는 언제나 그의 주인이 거의 느낄 수 없는 동작으로 고개를 끄덕였다. 결국 말은 이 섬세하고 작은 신호에 대단히 충실하게 반응했던 것이다. 그래서 주인의 신호에 따라 발 구르기를 멈추고 잘 익은 당근을 상으로 받곤 했다. 한스의 주인은 갑자기 사기꾼으로 몰리게 되었지만 아마 그 스스로도 이런 메커니즘을 의식하지 못했을 가능성이 높다. 폰오스텐이 그 장소에 없었을 때에도 한스는 거의 눈에 띄지 않는 관객의 신호에 — 관객들이 당연히 그 답을 알고 있을 것이므로 — 반응할 줄 알았던 것이다. 그러나 이런 미세한 신호를 주는 사람이 친숙한 사람이 아닐 경우에는 평소보다 계산을 잘하지 못했다. 오스카 풍스트가 '계산하는 말'의 진실을 밝혀낸 후로는 더 이상 아무도 '똑똑한 한스'에게 관심을 갖지 않았다.

그러나 이런 상황에서 한스가 실제로 해낸 일도 사실은 사람들이 믿었던 계산 능력보다 결코 우스운 것이 아니다. 한스는 대단히 민감하게 사람들의 신호에 반응하는 법을 배웠던 것이다. 이것은 사회적인 그룹에 속해 사는 동물들에게 대단히 중요한 능력이다. 말들도 뛰어난 의사소통의 대가가 될 수 있는 것이다. 어쨌든 '똑똑한 한스'가 생물학자와 심리학자에게 교훈을 준 셈이었다. 이때부터 학자들은 실험을 할 때 이와 같은 덫에 빠지지 않도록 조심했다. 그리고 이후 동물의 지능을 연구하는 일은 오랫동안 일종의 터부가 되었다.

스키너의 상자 속 동물 훈련

소위 숫자를 셀 수 있다는 말의 비밀이 밝혀진 후로는 그 어떤 학자도 더 이상 동물에게 인간의 능력이나 감정이 있다고 여기지 않았다. 이 때문에 사람들이 무시무시한 괴물처럼 여기게 된 것이 바로 '정신주의(mentalism)'였다. 특히나 이것을 두려워한 사람이 있었다. 바로 미국의 신경심리학자이며 일명 행동주의의 아버지인 B. F. 스키너이다. "사실, 사실, 사실," 이런 외침도 그로부터 나왔을 것으로 보인다. 그는 분명하고 확실한 실험을 사랑했다.

스키너는 동물과 로봇을 동일하게 보았다. 사람도 하나의 자극을 집어넣으면 프로그램된 반응이 나오는 존재라고 생각했다. 이 실험에는 일종의 블랙박스가 놓여 있다. 그 안에서 무슨 일이 일어나는지는 학자들의 관심사가 아니었다. 감정, 소망, 두려움, 이런 모든 것은 오히려 방해가 될 뿐 중요한 것이 아니었다. 측정할 수 없는 것은 당당하게 무시해도 좋다고 여겼다. 스키너에게는 보상과 벌이 유일하게 구별되는 자극이었다. 그는 수공작업으로 그 유명한 '스키너 상자'를 만들었다. 실험 대상이 된 동물들은 그 안에서 버튼을 누르고, 페달을 밟고, 손잡이를 움직이는 법을 배운다. 스키너는 이러한 자신의 특수한 훈련 형식을 '조건반사'라고 불렀다.

스키너는 거의 모든 임의적인 행동을 이런 조건반사를 통해 유발시킬 수 있다고 믿었다. 실제로 그의 실험에서는 '로봇 쥐' 혹은 '비둘기 기계'라고 부를 만한 동물들이 생겨났다. 이 실험에서 나온 특별한 결과는 오늘날 누구나 쉽게 인터넷을 통해 접할 수 있다. 스키너 상자 안에서 단 10주가 지난 뒤에 실험쥐 루비는 거의 서커스에 가까운 공연을 펼쳤다. 루비는 손잡이를 누르고, 뒷발 하나로 섰으며, 링을 기어올라갔고, 수염으로 체인을 끌어당겼다. 그러면 이어서 박스의 다른 한편으로 구슬이 떨어진다. 실험쥐는 이 구슬을 들어서 파이프로 운반한 다음에 파이프의 열려 있는 입구로 집어넣었다. 과제 수행에 대한 보상은 사료공급기에서 자동으로 제공되었다.

'자유'라는 단어는 행동주의자들에게는 존재하지 않는 말이다. 조건 제시와 삭제, 오직 이것만이 중요하다. 실험쥐의 뇌 속에 장치되는 프로그램은 생성될 수 있을 뿐 아니라 다시 삭제될 수 있다. 그리고 사람은 이 두 가지 모두를 정확하게 조사할 수도 있고 측정할 수도 있다. 여기서 보상이 완전히 배제되면 동물들은 비교적 금방 손잡이 누르는 일과 체인 잡아당기기를 그만둔다. 그러나 보상용의 사료가 대단히 불규칙적으로, 예를 들어서 네 번째나 스무 번째 실험 등에서만 제공될 때는 조건화된 행동이 더욱 강렬하게 실험쥐의 뇌 속에 각인된다. 불규칙적인 보상을 통해 각인된 행동이 삭제하기가 가장 어렵다. 이 점은 오늘날까지 심리학자들에게 중요한 의미를 지닌다. 스키너는 비둘기에게 탁구 게임을 가르치려는 시도도 해보았고 심지어는 이 새를 로켓의 핸들로 훈련시키기도 했다. 물론 실제 전쟁에서 사용되지는 못했다.

또한 사람도 보상을 통해서 도덕적인 행동을 하도록 유도할 수 있다고 한다. 그와 반대의 경우도 마찬가지이다. 이에 대한 스키너의 믿음은 확고했다. 행동주의자들에게는 사람과 동물이 끊임없는 조건반사 사슬의 생성물, 소위 학습기계 이외에는 아무것도 아니다. 견해, 생각, 의식 등은 불필요한 것일 뿐 아니라 거의 확실하게 순수한 환상일 뿐이라는 것이 스키너의 절대적 추종자들이 지닌 확신이었다.

행동주의자들은 실험쥐를 그들이 만든 상자 안에 가두어놓고 세상과 격리시켰다. 그들은 동물들에게 색깔, 형태, 냄새 대신에 오로지 버튼과 누르는 동작을 보여주었다. 상자 안에는 자연 속에서 접할 수 있는 실제적인 위험이나 노획물 대신에 사료 부스러기들만 남겨놓았다. 이런 조건에서 동물들이 적응을 해나간다는 사실은 대단히 흥미로운 일이다. 그러나 이런 행동은 지능과는 아무런 상관이 없다. 그 의미는 단어 자체에 들어 있다. 지능(intelligence)이란 '안에서(inter)' 그리고 '자유롭게(leger)' 나오는 것이며, 이것은 곧 다양한 가능성 중에서 선택을 할 수 있고 숨겨진 의미를 파악할 수 있다는 것을 뜻한다. 지능적인 행동이란 바로 그런 것들이 드러나는 것을 말한다. 그리고 동물들은 그런 행동을 자신들의 자연 속 생활공간에서 일상적인 모습으로 보여준다. 이때 생각과 감정이 결정적인 동기가 된다. 동물을 블랙박스 안에 가두는 것은 흥미롭고 지능적인 행동방식이 다양하게 나타날 수 있는 가능성을 완전히 차단하는 것이다.

유럽에서는 행동주의자들이 미국에서만큼 그리 대단한 영향력을 발휘하지 못했다. B. F. 스키너와 거의 동시에 콘라트 로렌츠가 동물심리학을 발전시켰고, 이것이 후에 비교행동연구의 중심 주제가 되었다. 이미 그 명칭에서 나타나듯이 그의 이론은 출발점이 완전히 달랐다. 콘라트 로렌츠, 니콜라스 틴베르겐, 카를 폰 프리쉬, 이 세 사람은 동물들을 '있는 그대로' 이해하기 위해 노력했다. 로렌츠는 결코 자신의 거위들을 작은 우리에 가두는 일은 생각하지도 않았다. "자연적인 생활공간에서의 관찰은 행동연구에서 첫번째이자 마지막 조건이기도 하다"고 이 분야의 아버지 콘라트 로렌츠는 강조한다.

유럽의 정신주의자들은 미국의 행동주의자들로부터 격렬한 비난을 받았다. 이런 논쟁의 배경에는 한 가지 근본적인 문제가 놓여 있었다. 동물의, 그리고 결국에는 인간의 행동을 결정하는 것은 무엇인가? 우리는 유전자에 의해 조정되는가, 아니면 환경으로부터 영향을 받는가? 오늘날까지 그 어떤 쪽도 확실한 승리를 얻지 못했다. 유전자와 환경, 이 두 가지는 서로 밀접하게 관련되어 있다. 네덜란드의 영장류 학자인 프란스 드 발은 여기에 대해 인상적인 표현을 찾아냈다.

"동물이 유전자에 의해 조정되는 기계 이외에는 아무것도 아니라고 주장하는 것은 마치 우리가 렘브란트의 어떤 그림을 캔버스와 색깔 외에는 아무것도 아니라고 말하는 것이나 혹은 뇌가 단지 뉴런이 쌓여 있는 것일 뿐이라고 말하는 것과 같다."

이 말은 완전히 틀린 말은 아니지만 복합적인 현실에 꼭 들어맞는 이야기도 아니다.

동물에 대한 이중 잣대

행동주의자들은 수십 년 동안 미국 학계를 지배했다. 그들은 동물을 일종의 기계로 해석했고 긴장감 넘치고 변화무쌍한 모습을 보이는 우주의 현상을 무시했다. 그러나 그들 내부에서 저항이 일어났고 스키너와 그의 추종자들은 비로소 그 목소리를 잃어갔다.

뉴욕 록펠러 대학의 도널드 그리핀이 개혁을 주도했다. 우리는 그를 단순히 센티멘털한 동물애호가로 과소평가할 수 없다. 1940년대에 그는 생물학 교수로서 들쥐의 음향을 통한 위치 확인 능력을 발견했다. 당시의 많은 사람들이 처음에는 그를 몽상가로 여겼다. 미국의 군대도 아직 어려움을 겪고 있는 문제가 어떻게 들쥐들에게는 전혀 문제가 되지 않을 수 있단 말인가? 그리핀은 직접 호랑이 굴로 들어가서 연구를 시작했다. 즉 당시에 행동주의의 아성이었던 하버드 대학에서 연구를 감행했던 것이다. "사람들은 동물의 사고 능력을 입증하는 증거들을 강하게 거부했다. 금지된 영역을 연구하는 사람은 무모하고 만용을 부리는 것에 다름아니라고 우리를 세뇌시켰다. 그런 사람은 무비판적으로 경멸당하거나 심지어 학술 단체에서 퇴출되었다."

그럼에도 불구하고 그리핀은 생각과 감정이라는 것이 행동주의자들이 믿는 것처럼 완전히 무의미한 것은 아니라는 점을 예감하고 있었다. 그 자신의 경험과 주변 동물들에 대한 관찰이 점점 더 이런 확신을 강하게 해주었다. 1984년에 그는 마침내 『동물의 생각(Animal Thinking)』이라는 센세이셔널한 제목의 책을 출간했다. 그것은 폭탄과 같은 충격을 주었다. 이 책은 행동주의자들에게 대항하는, 일종의 선전포고였던 것이다.

그리핀은 책에서 지능적인 동물 행동에 대한 수많은 사례를 소개했는데, 그 중 한 가지 예를 들자면 이런 것이다. 미국의 초록왜가리가 물고기를 잡을 때 유인하는 기술은 결코 어부에게 뒤지지 않는다. 왜가리들은 나뭇가지 하나를 여러 개의 조각으로 잘라서 물 표면 위에 나란히 던져놓는다. 호기심 많은 물고기가 이 미끼를 '무는' 순간 상황은 종료된다. 왜가리의 이런 행동은 선천적인 것이 아니다. 왜냐하면 모든 왜가리가 이 똑똑한 전략을 쓰는 것은 아니기 때문이다. 많은 왜가리들이 이런 낚시 방법을 독립적으로 발견해 낸 것이 분명했다.

그리핀은 '기계적인 동물'과 '의식적인 인간' 사이의 엄격한 구분을 거부했다. 사실 우리 인간도 자신의 행동을 언제나 완벽하게 조절하는 것이 아니며, 유전적으로 정해진 프로그램이 의식적으로 작동되기도 한다. "우리가 재채기를 하는 것은 유전적으로 프로그램되어 있는 일이다. 그럼에도 우리는 재채기를 하고 있다는 것을 의식한다." 동시에 우리 인간은 많은 복잡한 일을 무의식적으로 행하기도 한다. 우리는 머릿속에서 전혀 다른 일들이 벌어지는 동안에 자동차를 운전하거나 자전거를 타거나 다림질을 하거나 요리를 한다. 왜 이런 점이 동물의 경우에는 달라야 한단 말인가? 그리핀은 이처럼 이중의 잣대로 판단하는 것을 최초로 비판했던 사람들 중 한 명이었다.

노린재의 교활한 전략

침팬지는 흰개미를 사냥할 때 도구를 사용한다. 이미 많은 학자들이 이를 지능적인 행동이라고 인정했다. 그러나 곤충인 노린재가 이와 똑같은 행동을 하는 것에 대해서는 어떻게 생각할까? 학자들은 이 곤충을 그저 프로그램된 로봇으로 여긴다.

육식성의 곤충인 노린재는 흰개미 집의 외벽에서 떼어낸 작은 조각을 자신의 몸에 붙인다. 그렇게 가장을 한 채로 흰개미 집 입구에 접근한다. 경비를 서는 병사 개미들은 익숙한 냄새를 확인하고 노린재를 통과시켜 준다. 안으로 들어간 노린재는 마침내 노획물 한 마리를 잡아서 밖으로 끌고나와 갑각 부분까지 깨끗이 먹어치운다. 대단히 교활한 전략이다.

그런데 이것이 전부가 아니다. 노린재는 노획물의 뼈를 다시 흰개미 집으로 밀어넣고 그것을 이리저리 움직인다. 노린재가 이렇게 낚싯대를 드리우고 있으면 안에 있던 흰개미가 죽은 동료를 집 밖으로 나르기 위해 나온다. 흰개미의 집에도 정리정돈이 필요하기 때문이다. 새로 등장한 흰개미가 동료의 뼈를 운반하기 위해 이로 꽉 무는 순간에 노린재는 행동을 개시한다. 두 번째 노획물이 그의 손에 들어온 것이다. "한 번의 관찰 실험에서 노린재는 이런 방식으로 아랫배가 가득 찰 때까지 서른한 마리의 흰개미를 먹어 삼켰다." 도널드 그리핀에게 이런 사례는 지능에 대한 분명한 증거였다.

그리핀은 그럼으로써 금지된 영역으로 향하는 문에 한 발짝 더 다가섰다. 학자들은 조심스럽게 이 새로운 분야에 관심을 갖기 시작했다. 그러나 생각보다 의인관(擬人觀, anthropomorphism, 인간 이외의 존재에게 인간의 정신적 특성을 부여하는 경향 – 옮긴이)에 대한 거부감이 여전히 깊게 자리잡고 있었다. 똑똑한 한스가 깊은 인상을 남겼던 것이 분명했다. 단지 소수의 사람만이 그리핀의 동료 세이모어 케티의 충고를 진심으로 받아들였다. "자연이란 아주 힘겹게 잡아야만 하는 노획물이

어서, 감은 눈과 묶인 발로 그 뒤를 쫓는 것은 대단히 현명하지 못한 일이다."

실제로 오늘날까지도 '생각' 혹은 '의식'이라는 개념을 동물과 연관지어서 말하는 것은 터부시되고 있다. 학자들은 오히려 무심하게 '인식 과정'이라는 말을 사용한다. 이 표현은 무엇보다도 많은 가능성을 열어놓고 있기 때문에 즐겨 사용되어 왔다. 인식 과정이란 의식적 혹은 무의식적으로 일어날 수 있고, 흔히 사람들이 취향에 따라서 지능 혹은 본능이라고 말할 수 있는 복합적인 행동을 조정하는 과정이다.

그리핀에 의해 시작된 전환의 분위기가 새로운 표현 내지는 개념을 만들어냈던 것일까? "예전에 블랙박스로 불리던 것이 지금은 인식이라 불리고 있다"고 행동연구가 구이도 덴하르트는 말했다. 그는 개인적으로 자신의 실험동물인 바다표범이 의식과 성격을 지니고 있다고 확신하고 있었다. "사람들이 그것을 어떻게 부르든 상관없이 내가 집중적으로 나의 동물과 연구 작업을 하고 그 눈을 쳐다보면 — 바다표범은 사람의 눈을 깊게 바라본다 — 틀림없이 그 뒤에 더 많은 것이 숨겨져 있을 것이라는 생각을 하게 된다."

대부분의 동료들은 그런 말을 공개적으로 하는 것을 꺼렸다. 그러나 덴하르트는 연구에서조차도 감정과 직관을 중요시 여겼다. 그는 감정과 직관이 새로운 사상에 대한 눈을 뜨게 해주고 풍요롭게 해준다고 생각했다. 그리고 어떤 가정을 검증하기 위해 바로 그런 감정과 직관을 이용해 학술적인 실험을 하는 것은 중요한 일이라고 말했다.

달팽이는 기억력의 대가?

오늘날에는 뇌 속을 들여다보는 일이 더 이상 금지되어 있지 않다. 학자들은 뇌에 대해 알아내기 위한 많은 시도를 하고 있다. 동물은 어떻게 학습을 하는가? 그들의 기억력은 어디에 저장되어 있는가? 그리고 지능이란 무엇인가?

그런 문제를 알아내기 위해 에릭 캔들은 약 50년 전에 적당한 실험 대상을 구하러 다녔다. 마침내 찾아낸 대상인 바다 민달팽이류 아플리시아에 대한 그의 연구는 그 사이 77세가 된 이 신경생리학자에게 2000년에 노벨상을 안겨주었다. 빈에서 태어나 1939년에 부모와 함께 미국으로 이민 온 그가 아플리시아에 대한 연구를 시작했을 당시에는 상상도 할 수 없는 일이었다. 대부분의 학자들은 그의 동료 캔들이 학습과 기억의 메커니즘을 하필이면 바다 민달팽이에게서 알아내려고 했을 때 그의 이성을 의심했을 정도였다. 그런 실험에서는 인간의 뇌에 대해서 아무것도 배울 게 없다고 여겼던 것이다.

그러나 캔들은 자신이 선택한 실험 대상의 이점에 대해 확신하고 있었다. 아플리시아의 뇌는 인간의 뇌와 전혀 다르지 않은 기능을 수행하면서도 근본적으로 연구하기에 훨씬 더 간단했다. 달팽이 중에서 아플리시아는 진정한 거인이다. 몸이 75센티미터까지 클 수 있고 거의 16킬로그램의 몸무게가 나간다.

인간은 뇌 속에 1,000억 개가 넘는 신경세포를 소유하고 있지만 색채가 화려한 아플리시아의 경우에는 달랑 2만 개가 있을 뿐이다. 이들의 신경세포 중에서 어떤 것은 아주 두꺼워서 연구자들이 맨눈으로도 알아볼 수 있을 정도이다. 그리고 무엇보다도 이들의 신경세포는 —

어떤 아플리시아의 경우에도 — 알아보기 쉽게 다발로 묶여져 뇌 속의 일정한 위치에 놓여 있다. 에릭 캔들은 마치 컴퓨터 프로그램처럼 신경회로도를 만들어낼 수 있었고 어떤 세포들이 언제 서로 소통을 하고 있는지 정확하게 추적할 수 있었다. 예를 들어서 달팽이는 특정한 자극에 대해서 자신들의 촉수 혹은 더듬이를 수축시키는 법을 배운다. 캔들은 자신의 실험동물을 훈련시키는 동안에 뉴런들이 어떻게 반응하는지 현미경으로 관찰했다. '바다토끼' 혹은 '군소' 라고도 불리는 아플리시아가 학습을 하면 이 동물의 뇌 속에는 그런 기억의 흔적이 남는다. 가장 단순한 경우에는 두 개의 뉴런이 관여하는데, 하나의 신경세포는 촉수로부터 신호를 받아들이고, 다른 하나의 신경세포는 근육을 수축하도록 만드는 일을 담당한다.

기억은 뉴런들 사이에서 연결을 촉진하는 일종의 중개자로 작용한다. 아플리시아가 기억해야 할 것이 더 많아질수록 더 많은 연결들, 일명 시냅스(Synapse, 신경세포의 연접부 - 옮긴이)들이 이어진다. 어떤 동물이든 자극을 받는 환경에서는 아이큐가 올라가게 되는데, 이것은 바다 민달팽이와 같은 아주 단순한 동물에게도 예외가 아니다. 곧 빈번하게 활용되는 연결 부위는 강화되고, 그렇지 않은 것들은 사라지게 된다. "사용하지 않으면 녹슨다"는 말 그대로인 것이다. 정신적으로 크게 발달한 동물이라고 할 수는 없는 바다 민달팽이조차도 단기기억과 장기기억을 지니고 있다. 바다 민달팽이들이 단지 트레이닝만 받을 경우 그 기억은 15분 후면 사라지고 만다. 그러나 이들이 4일 이상 특정한 자극에 대해 자신의 촉수를 수축하게 되면 그 기억은 몇 주 동안이나 저장된다.

기억력의 수수께끼

장기기억으로 향하는 출입구를 조정하는 것은 무엇인가? 에릭 캔들은 이에 대한 결정적인 메커니즘을 밝혀낼 수 있었는데, 이것이 바로 노벨상을 수상하게 된 업적이기도 하다. 그의 연구팀은 소위 크렙 분자(Creb Molecule, 기억활성분자 - 옮긴이)의 기능에 대한 수수께끼를 풀었다. 크렙 2는 기억에게 마치 고무지우개와 같은 역할을 한다. 이 단백질은 시냅스들이 연결되는 것을 억제함으로써 새로운 경험을 즉시 사라지게 하고 아무것도 장기기억으로 전환되지 않도록 한다. 그래서 크렙 2를 지나치게 많이 지닌 달팽이는 과거가 없는 삶을 살게 된다.

이와 반대로 크렙 1은 기억 형성에 도움을 준다. 강력한 크렙 1과 함께 아플리시아는 갑자기 모범생처럼 학습을 한다. 크렙 단백질들은 바다 민달팽이, 파리, 쥐들의 경우에 모두 작동되는 보편적인 메커니즘인 것이 분명하다. 왜냐하면 미국의 신경생리학자 팀 툴리는 실험동물인 초파리의 유전자가 충분한 양의 크렙을 생산하도록 유도하는 실험에 성공했기 때문이다. 그후에 초파리들은 사진촬영과 같은 방식의 기억력을 갖게 되었고 두 배나 빠른 학습이 가능해졌다.

에릭 캔들은 인간의 뇌도 이와 비슷한 메커니즘으로 작동되고 있다고 확신한다. 비교적 뒤늦게 그는 교수에서 사업가가 되었다. 그의 회사인 '메모리 제약회사'는 기억상실증 치료제를 개발하고 있다. 쥐들의 경우에는 캔들이 붙인 가칭인 '빨간 알약'이 이미 효과를 보이고 있다고 한다.

선천적인가, 학습을 통해서인가

유전학자와 뇌 과학자, 생물학자와 심리학자들은 최근에 그들의 퍼즐 조각을 함께 맞추고 있다. 이제 겨우 희미하게 인식되기 시작한 '정신적 존재로서의 동물'의 모습이 너무 다양하고 다각적으로 나타나고 있기 때문이다. 동물들은 거의 모든 문제의 해결책을 진화의 과정을 거치면서 찾아낼 수 있었다. 해결책을 찾는 데 성공하지 못한 종은 어느 순간 멸종되었다. 사실은 이것이 옛날에 지구상에 살았던 모든 종의 90퍼센트가 겪었던 운명이다. 지속적으로 환경의 도전을 극복한 동물에게만 생존의 기회가 주어졌다. 이것을 로렌츠의 제자인 볼프강 비클러는 '생태학적 지능'이라고 불렀다.

때로는 전혀 다른 동물들임에도 불구하고 그 해결책이 아주 유사하게 나타나는 경우도 있다. 노린재는 흰개미를 낚을 때 도구를 사용하는데 유인원도 이와 유사하게 행동한다. 나나니벌은 스스로 판 땅굴 속에다 알을 낳는다. 그리고 번데기에서 나온 그들의 후손에게 먹이려고 곤충을 잡아다 굴 안에 넣어둔 다음에 입구를 다시 막는다. 끝으로 턱 사이로 작은 돌멩이를 들어서 입구 주변의 땅을 단단하게 두들긴다. 이렇게 나나니벌은 돌이라는 도구를 사용하는데, 이와 유사하게 침팬지들도 망치와 모루를 사용해 호두를 깬다.

그런데 이러한 유사한 행동에도 불구하고 곤충과 침팬지 사이에는 결정적인 차이가 있다. 모든 노린재와 모든 암컷 나나니벌은 본능적으로 그런 행동을 한다는 것이다. 그 어떤 곤충 전문가도 미성숙한 곤충이 이런 지식이나 능력을 배워서 행동한다는 사실을 확인할 수 없었다. 곤충들은 선천적인 프로그램을 지니고 있는 것이다.

이와 달리 새끼 침팬지들은 처음으로 호두 껍데기를 깔 수 있게 될 때까지 때로는 수년 동안 노력해야만 한다. 그런 오랜 과정이 침팬지들에게 어떤 의미가 있을까? 실제로 학습이라는 것은 시간과 에너지를 필요로 한다. 그러나 분명한 장점도 있다. 유전적인 특성은 환경 조건이 변하지 않는 한 유용하다. 다시 말해서 유전적인 프로그램에 따른 행동은 대단히 효과적이지만 융통성이 없다는 뜻이다. "결국 실패로 이끄는 유전적 프로그램 때문에 도태의 희생물이 생긴다"고 볼프강 비클러는 설명한다. 이와 달리 인간이나 침팬지 등의 동물은 학습의 과정을 통해서 각기 다른 조건에 적응하는 법을 배운다. 이렇게 학습 과정을 겪은 동물은 어려움 속에서도 스스로 방법을 찾아낸다. 결국 동물들도 여러 가지 상황에 빠르게 적응하는 기회주의자가 되어야 생존에 유리하다는 뜻이다.

첫눈에는 똑같아 보이는 행동조차도 그 뒤에는 완전히 다른 프로그램이 숨겨져 있기도 하다. 여기에 대해서는 이미 19세기 후반에 영국의 심리학자 로이드 모건이, 자주 인용되는 그의 법칙을 만들면서 언급한 바 있다. "우리는 어떤 경우에도 심리학적으로 낮은 차원의 능력이 발휘된 행동을 차원이 더 높은 능력의 결과로 해석해서는 안된다." 혹시 지능적으로 보이는 행동 뒤에 '그저' 단순한 유전적 프로그램이 숨어 있는 것은 아닐까? 모건은 동료 학자들에게 이런 점을 자세히 살펴보라고 요구했다.

그러나 모건은 오해를 받았다. 특히 행동주의자들은 자신들에게 유리한 다음과 같은 말을 함으로써 그런 오해를 더욱 부채질했다. "동물이 아무리 지능적으로 계획적인 행동을 한다 해도 결코 통찰이나 인식에 의해서가 아니라 단단하고 확고하게 정해진 프로그램에 의해서이다." 그러자 모건이 직접 자신의 법칙에 대한 행동주의자들의 해석에 이의를 제기했다. 즉 그는 논쟁의 대상이 되는 행동 외에 높은 차원의 인식적 행위에 대한 증거가 있다면 얼마든지 지능에 대해 언급할 수 있다고 후에 덧붙였다.

그러니까 동물이 한 가지의 특정한 행동만 보이는 것이 아니라 다양한 장소에서 유동적이고 분별 있게 행동한다면 그런 동물에게는 '지능적'이라는 꼬리표를 허용할 수 있다는 말이다. 원숭이와 돌고래는 확실하게 벌이나 두족류(앵무조개, 오징어, 낙지)와 마찬가지로 이런 범주에 속하는 동물들이다. 모두가 각자의 삶의 공간에서 놀라운 일들을 해낸다. 그 뛰어난 능력에 순위를 매기는 것은 서로 너무 다른 종들에게는 적절하지 않은 일이다.

코끼리의 몸, 새의 뇌

오늘날까지도 지능을 확실히 증명하는 믿을 만한 테스트는 없다. 그러나 사람들은 끊임없이 정신적 능력을 측정하고 평가할 수 있는 방법들을 찾고 있다. 혹시 위대한 사상가는 특별히 큰 뇌를 가지고 있다는 점이 힌트가 될 수 있을까? 그러나 문제가 그렇게 간단하지는 않다. 만약 그렇게 간단하다면 우리는 아마도 생각하는 일을 말들에게 맡겨도 좋을 것이다. 이미 알려져 있는 것처럼 말은 사람보다 더 큰 뇌를 가지고 있으니 말이다. 만약 오로지 뇌의 크기가 결정적인 역할을 한다면 고래가 동물들의 지능 경연에서 일등을 차지할 것이다. 고래의 뇌는 무려 9킬로그램에 달한다. 2위 자리는 4킬로그램의 뇌를 가진 코끼리에게 돌아갈 것이며, 인간과 돌고래는 3위 정도에 만족해야 하리라. 이들의 뇌는 불과 1,400그램 정도밖에 되지 않고, 침팬지의 뇌는 이들보다 약 1킬로그램이 더 가볍다.

우리가 뇌의 크기를 굳이 지적 능력의 기준으로 사용해야 한다면 상대적 무게, 즉 체중에 비례하는 뇌의 질량을 파악해야 한다. 그러나 이런 규칙도 아주 작은 종들에게는 적용되지 않는다. 왜냐하면 뾰족뒤쥐나 벌새와 같이 아주 작은 동물들은 상대적으로 거대한 뇌를 가지고 있기 때문이다. 뾰족뒤쥐는 몸무게의 10퍼센트에 이를 만큼 다른 포유류보다 상대적으로 더 큰 뇌를 가지고 있다. 곤충을 잡아먹고 사는 이 작은 동물은 대단히 놀라운 면이 많지만 아직까지 독특한 지능적 행동이 확인된 것은 없다. 이런 예외적인 사례에 대한 해명을 하자면, 포유류의 뇌는 그 기능을 위해 필요한 최소 크기가 있다는 것이다. 즉 몸이 아주 작아도 뇌는 어느 수준에서 더 이상 작아질 수 없는 한계가 있다는 뜻이다. 이런 이유에서 뾰족뒤쥐, 벌새 등과 같은 아주 작은 동물들이 비교적 커다란 뇌를 가지고 있는 것이다.

그러나 이런 예외적인 경우를 제외한다면 인간은 몸의 크기에 비해 가장 큰 뇌를 지니고 있다. 아주 비싼 부품인 셈이다. 왜냐하면 우리의 뇌는 체중의 2퍼센트밖에 차지하지 않지만 우리 몸에 저장된 에너지의 20퍼센트를 소비하기 때문이다. 결국 생각이란 비용이 많이 드는 즐거움이다. 그러므로 인간의 진화 과정에서 일어난 지속적인 뇌의 성장은 중요한 의미를 가지는 것이 틀림없다. 그렇게 에너지가 집중된 부품은 오로지 그 비용이 지불될 때만 진화하기 때문이다. 그리고 아직 뇌 분야에서는 인간이 최고의 평가를 받고 있기 때문이다. 그 어떤 종에서도 인간의 경우만큼 그렇게 많은 신경세포들이 대뇌피질 안에 복잡하게 얽혀 있는 경우는 없다. 매초마다 수천 개의 신호들이 각각의 뉴런을 자극한다.

얼마 전에야 비로소 괴팅엔과 보쿰의 뇌 과학자들은 발달된 포유동물이 일종의 뉴런 고속열차를 이용한다는 것을 알아냈다. 즉 포유동물의 뇌 안에 들어 있는 대뇌피질의 신경 자극은 특별히 빠르게 전달된다. 예를 들면 달팽이, 두족류, 혹은 물고기의 경우보다 훨씬 빠르다. 이러한 고속 시스템이 진화의 과정에서 언제 생성되었는지는 학자들도 아직 밝혀내지 못했다. 그러나 분명한 사실은 짧은 시간 안에 많은 정보를 처리할 수 있는 자가 지능이 높다는 점이다. 그리고 이런 분야에서는 인간이 최고의 자리를 차지하고 있다. 단지 이해할 수 없는 것은 왜 그토록 비범한 사고 능력을 가진 호모 사피엔스가 총명하지 않은 행동을 하는 경우가 자주 일어나는가 하는 점이다.

걸음 세는 개미, 변신하는 문어

뇌와 지능은 어떤 관계에 있는가?

사막개미의 내비게이션 시스템

사막개미인 캐터글리피스 포르티스가 사하라의 모래사막을 열심히 달려간다. 잠시 후 개미들의 구강기관 사이에는 작은 무당벌레가 들어 있다. 그들의 사냥은 헛되지 않았다. 이제 캐터글리피스는 최대한 빨리 자신의 보금자리로 돌아온다. 왜냐하면 그곳이 적어도 몇 도는 더 시원하기 때문이다. 북아프리카의 쇼트(염호가 고갈하여 생긴 분지 - 옮긴이)와 건조지대의 요지는 지표면의 온도가 섭씨 70도까지 이른다. 그래서 몸은 작지만 다리가 긴 이 동물은 기록적인 속도로 움직인다. 그들은 어느 순간 순식간에 사라져버린다. 자세히 들여다보면 바닥에서 작은 구멍을 찾을 수 있는데 그곳이 바로 개미 집 입구이다.

취리히 대학의 동물학 교수인 뤼디거 베너도 이런 모습을 자세히 관찰했다. 1969년 첫 만남에서 이미 그는 이 빠른 사막개미들의 우아함에 흠뻑 매료되었다. 그때 이후로 그는 자신의 연구 인생의 대부분을 이 특별한 개미들에게 바쳤다. 캐터글리피스는 다른 동물이 결코 집을 떠나지 않을 때, 즉 하루 중에서 가장 더운 바로 그때 먹이 사냥을 나간다. 이들은 뜨거운 열기에 죽어버린 곤충들을 노리는 것이다.

베너는 관찰 과정에서 이 개미들이 집에서 나갈 때는 지그재그 코스로 움직인다는 사실을 발견했다. 노획물을 발견한 다음에는 곧바로 돌아온다. 그러나 이때에는 자신들이 왔던 구불구불한 길로 되돌아오는 것이 아니라 출발점과 집 사이의 최단 노선을 선택한다. 또한 꼭 필요한 시간 외에는 단 1초라도 뜨거운 열기 속에 있고 싶어하지 않는다. 그런데 이들은 어떻게 사하라의 무인지대에서 자신들의 길을 찾는 것일까?

"인간에게 적용하자면 이런 능력은 높낮이가 없는 평평한 사막지대에서 50킬로미터 길이의 구불구불한 길을 지나온 다음에 바로 그 자리부터 출발점까지의 거리와 방향을 정확하게 맞추는 과제를 수행하는 것과 같다"고 뤼디거 베너는 설명했다. GPS 장치나 나침반 없이는 어느 누구도 해낼 수 없는 일일 것이다. 캐터글리피스 개미들은 이러한 일을 하루에도 몇 번씩 수행한다. 이들의 조종실, 즉 뇌는 겨우 0.1밀리그램밖에 되지 않는다. 그럼에도 불구하고 몇 배나 고도로 복잡한 내비게이션 시스템을 보유하고 있다. 정보과학자들은 여기서 장비의 소형화라는 것이 어떤 것인지를 배울 수 있을 것이다.

"덥다 더워.
역시 우리 집이 최고야"
"어서와"

나침반과 함께 사하라를 누비는 사막개미

사막개미들이 방향을 찾는 데에는 최소한 세 가지 도구가 필요하다. 방향을 확인하기 위한 나침반, 거리 측정기, 그리고 귀가 코스를 계산하기 위한 전자계산기가 그것들이다. 캐터글리피스는 사막을 질주하는 동안 끊임없이 현 위치와 집과의 각도와 거리를 측정한다고 뤼디거 베너는 설명한다. 그럼으로써 마치 팽팽하게 당겨진 아리아드네의 실처럼 항상 출발점과 연결되어 있다. 영리한 해결책이지만 위험한 전략이다.

"이 개미들은 머릿속에 어떤 지도를 가지고 있는 것이 아니라, 단지 자신과 출발점을 연결시켜 주는 일종의 벡터(vector, 크기와 방향을 가지고 있는 양으로, 두 가지 정보를 모두 표현할 수 있는 화살표로 나타냄 - 옮긴이)를 가지고 있을 뿐이다." 모든 방향과 거리가 오로지 자기 자신과만 연결되어 있다는 말이다. "캐터글리피스는 지구 중심적이 아니라 자기 중심적으로 방향을 찾는다"고 베너는 말한다. 그래서 이 개미들은 바람 때문에 잘못된 방향으로 날려가거나 실험자들에게 유인을 당하면 저장된 귀가 코스를 새로운 출발점에서 변경하는 것이 아니라 원래 것을 그대로 활용해 버려 결국 엉뚱한 곳에 도착하게 된다.

그러나 캐터글리피스는 대부분 목적지에 정확히 도착한다. 때때로 약탈자들이 이 개미들을 맛있게 먹어치우기는 할망정 그들을 다른 장소로 옮겨놓는 일은 거의 없기 때문이다. 생물학자들은 이런 진화에 대한 설명을 아직까지도 완전히 파악하지 못하고 있다. 사막개미들의 다양한 위치 확인 시스템은 어떻게 작동되는 것일까? 이 곤충들의 해결책을 경우에 따라서는 기술적인 시스템으로 활용할 수도 있을까?

일반적인 자기나침반은 지구의 자기장을 이용해 북쪽 방향을 가리킨다. 반면에 캐터글리피스는 하늘의 편광(polarized light) 패턴을 보고 판단을 내린다. 우리는 수평선에서 흔히 단색의 파란색만을 보지만 대부분의 곤충은 특징적인 패턴을 인식한다. 이미 카를 폰 프리쉬는 벌들도 하늘의 편광 패턴을 읽을 수 있다는 것을 알아냈다. 사막개미들은 이런 편광의 도움으로 — 최소한 이론적으로는 — 항상 하늘의 방향을 파악한다고 베너 교수는 말한다. 물리학자라면 하늘을 보면서 일련의 시각적 측정을 하고, 천구의 기하학을 따지고, 방정식 체계를 풀어냄으로써 과제를 해결할 것이다. 그러나 캐터글리피스가 지금까지 그런 방식으로 연구를 하는 모습은 관찰된 예가 없다. 개미들은 어떤 다른 해결책을 찾은 것이 분명했다.

사막개미가 렌즈를 낀다면?

사막개미들의 위치 확인 시스템을 이해하기 위해 뤼디거 베너는 1970년 이후로 해마다 튀니지 남부에서 행동실험을 실시했다. 그는 거기서 동료 교수들, 석박사 과정의 학생들과 함께 캐터글리피스의 비밀을 풀었다. 예를 들어서 연구자들은 이 개미에게 콘택트렌즈를 착용시켰다. 그 결과 개미들이 어떤 빛을 자신들의 방향 찾기에 활용하는지 알아내게 되었다. 오로지 자외선의 빛만을 통과시키는 검은 렌즈를 착용했을 때 이 작은 개미들은 놀라울 정도로 정확하게 방향을 찾았다. 이와 달리 인간은 그런 콘택트렌즈를 끼고는 한치 앞도 보지 못할 것이다.

그런데 사막개미들이 자외선을 차단시키는 렌즈를 착용했을 때에는 목적지를 찾지 못하고 이리저리 헤매다녔다. 연구자들은 실험실에서 관찰과 해부를 통해 다면체인 사막개미의 눈에서 특수한 감각세포를 확인할 수 있었다. 이 세포들은 편광과 자외선에 반응한다. 인간에게는 이 두 가지에 대한 그 어떤 수신 통로도 없다. 그러나 개미들은 두 가지 정보를 활용하고 있는 것이 분명했다.

다른 테스트에서 행동연구가들은 개미들을 복잡한 미로 속에 데려다놓고 이들에게 하늘의 특정한 단면만을 보여주었다. 실험 조건들이 더 인위적으로 바뀔수록 캐터글리피스 개미들은 더 자주 실수를 했다. 결국 개미들의 위치 확인 시스템은 주어진 모든 정보를 완벽하게 계산하는 컴퓨터처럼 작동되는 것은 아니다. 그래서 사막개미들은 각각의 장소에서 단지 근사치에 의존하며 자연적인 환경에서는 그 정도로도 얼마든지 방향을 찾을 수 있다. 이처럼 진화의 과정을 통해 동물은 자신의 환경에서 살아남을 수 있는 해결책을 찾지만 그것이 결코 일반적으로 적용될 수 있는 프로그램은 아닌 것이다. 개미들은 자신들이 날마다 필요로 하는 능력을 섭렵하고 있을 뿐, 그 이상은 아니다. 지극히 현대적인 시스템이라고 베너는 생각했다. "단지 적시에, 그리고 필요한 경우에만" 활용되는 시스템이니까 말이다.

정찰대의 개미 로봇

10여 년 전에 동물학자들은 정보과학자들의 지원을 받은 적이 있다. 취리히 대학의 롤프 파이터 교수가 이끄는 연구팀은 이 개미들의 내비게이션 시스템을 그대로 따라서 하나의 시스템을 구축하려는 시도를 했다. 캐터글리피스와 유사하게 사막을 누비며 돌아다닐 로봇의 이름은 '사하보트'였다. "지능이란 움직이는 몸체를 필요로 한다"고 파이퍼 교수는 말했다. 그리고 정확히 바로 여기에 가장 큰 문제점이 놓여 있다. 오늘날까지도.

수십 년 동안 정보과학자들은 지능이란 것을 순수한 정신적 성능으로만 이해해 왔다. 기계들은 눈 깜짝할 사이에 복잡한 계산을 해낸다. 체스를 하는 컴퓨터는 최고 챔피언조차도 무력하게 만든다. 그러나 실제 환경에서 움직이는 일에 있어서는 아무리 현대적인 로봇이라 해도 대단히 미숙하다. 오히려 실제 개미가 그런 로봇보다 훨씬 우위에 있다. 능숙하게 나무들을 타고 다니는 원숭이, 공기나 물 속에서 그리고 땅에서도 움직이는 새들은 더 말할 필요도 없다.

사람들은 비로소 실제 환경에서 움직이는 일이 복잡한 계산을 해내는 것보다 오히려 더 어려운 일이라는 사실을 서서히 받아들이기 시작했다. 이제 연구 방향은 수정되기 시작했다. 인공지능 디자이너들은 자연 속의 정보를 이용해서 자립적으로 일을 처리하는 자동 시스템을 구축하기 위해 노력하고 있다. 사하보트도 바로 그렇게 작동되는 로봇이다. 3년간의 개발 기간을 거친 후 이 작은 로봇은 롤러와 유사한 바퀴로 사하라 사막을 누비게 되었다. 이 로봇은 지그재그로 모래 바닥 위에서 곡선을 그리면서 '먹잇감'을 찾은 다음에는 곧바로 자신의 출발 지점으로 돌아온다. 센서들이 빛의 편광 방향을 측정하고, 뉴런과 같은 네트워크들이 모든 정보를 평가한다.

사하보트는 출발 전에 자신의 디지털카메라로 파노라마 사진을 찍는다. 왜냐하면 캐터글리피스도 집과 매우 근접한 곳에서는 나무의 가지나 선인장과 같이 주변의 특징적인 것들을 통해 방향을 찾기 때문이다. 처음에 로봇은 평평하지 않은 모래 바닥 때문에 어려움을 겪었지만, 시간이 지나면서 개미들의 행동을 거의 완벽하게 모방했다. 그러나 외형만으로 따지자면 작고 민첩한 곤충을 연상시키지는 않는다. 오히려 미니 탱크처럼 보인다. 이 로봇은 30센티미터 길이에 무게는 10킬로그램에 달했다. 말하자면 이 로봇의 살아 있는 모방 대상인 개미 10만 마리에 해당하는 크기였다.

걸음 세는 개미

수십 년에 걸쳐서 동물학자들은 캐터글리피스의 나침반, 즉 행군 방향을 측정하는 시스템의 비밀을 알아냈다. 그런데 개미들이 어떻게 그 다음 두 번째로 중요한 결정을 내릴 수 있는지에 대해서는 오랫동안 밝혀내지 못했다. 사막개미들은 도대체 어떻게 자신들이 얼마나 멀리 왔는지를 알 수 있는 것일까? 최근에야 비로소 학자들은 캐터글리피스의 마지막 커다란 비밀을 풀 수 있었다.

개미들은 자신의 걸음수를 세거나 소위 측보기를 활용하고 있었다. 그리고 단순히 걸음의 횟수를 세는 것뿐 아니라 다리의 움직임을 파악하고 각기 다른 보행 길이와 속도까지도 고려한다. 예를 들어서 노획물을 가지고 있을 때에는 작은 걸음으로 천천히 움직인다. 그런 차이까지도 정확하게 계산할 때에만 안전하게 집으로 돌아올 수 있다. 학자들은 그런 사실을 우아하고도 간단한 실험을 통해 알아낼 수 있었다. 개미들에게 일종의 의족을 신고 걷게 했던 것이다.

이들이 사용한 의족은 바로 돼지털이었다. 학자들은 개미가 사막에서 먹이를 잡는 바로 그 순간에 돼지털로 개미의 다리를 연장시켰다. 즉 개미가 귀가 길에 오르기 직전에 의족을 다리에 덧붙였다는 말이다. 개미는 길어진 다리로 큰 동요 없이 출발했다. 그런데 이들은 돌아가는 길에서는 매걸음마다 오던 때보다 조금 더 큰 간격으로 움직였다. 결국 개미는 자신의 목적지를 훨씬 지나쳐 귀로에서 벗어나고 말았다. 자신들의 실수를 모른 채 집에서 한참이나 떨어진 곳에서 보금자리 입구를 찾기 시작했다.

또다른 실험에서는 개미의 다리를 짧게 만들었다. 개미들은 이런 가해를 다행히도 별 피해 없이 이겨내기는 했지만 역시 집을 찾아가지는 못했다. 이번에는 너무 일찍 집 찾기를 시작한 셈이 되었다. 학자들은 개미들이 더위에 지쳐 죽지 않도록 집까지 데려다주었다. 돼지털로 연장된 다리를 가진 개미들은 얼마간의 휴식을 취한 후에 다시 먹이 사냥을 나갔다. 그리고 아무 문제없이 집으로 돌아왔다. 따라서 이 개미들은 오고 가는 길 사이에 다리 길이만 변하지 않으면 언제나 정확하게 방향을 찾을 수 있었던 것이다. 다리의 절대적인 길이는 중요하지 않다는 뜻이다.

이것은 사실 로봇에게는 여전히 큰 문제가 될 수 있는 복합적인 능력이다. 로봇 사하보트는 몸집이 더 큰 형제들을 위해서도 좋은 본보기가 될 수 있을 것으로 보인다. 왜냐하면 수년 전부터 엔지니어들이 무선이나 위성 신호 없이 자신의 길을 찾아가는 자동차를 개발 중이기 때문이다. 그러나 바닥이 울퉁불퉁해지거나 모래와 자갈이 나타나면 바닥용 컴퓨터는 반복적으로 혼란에 빠진다. 아주 작은 개미에게는 전혀 문제가 되지 않았던 일이 말이다.

카메라와 현미경을 갖춘 곤충들

개미와 바퀴벌레는 아마도 성공적인 생명체에 속할 것이다. 그래서 생물학자들만 이들에게 주의를 기울이고 있는 것이 아니라는 점은 놀랄 일이 아니다. 정보과학자와 로봇과학자들 사이에서도 요즘 이 곤충들은 대단한 인기를 누리고 있다. 최소한 일부 인공지능 연구 단체에서는 점점 더 많아지는 계산 작업을 점점 더 작은 칩에 집약시키는 일 대신에 이 곤충들의 총체적 지능을 이해하고 모방하기 위해 노력하고 있다. "이 작은 동물들은 전화도, 텔레비전도, 인터넷도, 커다란 뇌도 가지고 있지 않다. 그럼에도 불구하고 이들은 지능이 높은 총체적인 결정을 내린다. 우리는 그런 일이 어떻게 일어나는지 알고 싶다"고 호세 할로이는 설명했다. 그는 브뤼셀의 자유대학과 취리히의 로봇전문가협회가 함께 진행하는 공동 프로젝트의 책임자이다.

학자들은 바퀴 위에 성냥갑을 얹어놓았다. 얹힌 모양이 꼭 바퀴벌레처럼 보이는 것은 아니지만 냄새만큼은 똑같다. 그런 다음 성냥갑에 바퀴벌레의 전형적인 냄새가 흠뻑 배게 했다. 이 냄새는 "안녕, 나도 바퀴벌레란다"라는 메시지를 전하고 있다. 바퀴벌레들은 시각보다 후각이 더 발달해 있기 때문에 이 로봇을 자신들과 같은 부류로 인정한다. 일명 '인스보트'는, 키틴질과 임파액으로 이루어진 진짜 동료들에게 인정받은 최초의 곤충 로봇이었다. 이 사실을 제작자들은 대단히 자랑스러워한다.

인스보트는 냄새만이 아니라 행동도 바퀴벌레처럼 한다. 대부분 지그재그로 주변을 돌아다니는데 그러다 장애물을 만나면 잠깐 서 있다가 방향을 바꾸어 계속 움직인다. 2.5×3.5센티미터밖에 되지 않는 인스보트의 몸은 하이테크닉 장비라고 할 수 있다. 미세화 카메라, 수많은 적외선 센서, 거리 측정기 그리고 포토다이오드 등이 부착되어 있다. 또한 뇌는 두 개의 마이크로프로세서로 대체되었고, 심장 대신에 시계 모터와 배터리가 장착되어 몸체를 움직이게 해준다. 그렇게 해서 인스보트는 곤충 사회의 완벽한 일원이 되었다.

인스보트는 같은 종의 동료를 만나면 그 자리에 서서 흔히 바퀴벌레들끼리 하듯이 냄새를 통한 메시지를 교환한다. 이때 곤충의 더듬이와 인스보트의 센서가 서로 닿는다. 이런 접촉도 대단히 효율적인 의사소통 방법의 하나이다. 그러나 인스보트끼리는 냄새와 상관없이 적외선 신호를 통해 의사소통을 하고, 각자 중앙 컴퓨터와 무선 접촉을 갖는다. 곧 전기 바퀴벌레들은 진짜 바퀴벌레들 사이로 이리저리 기어다니는 동안 자기들만의 신호를 이용해서 비밀스런 계획을 꾸밀 수 있다.

바퀴벌레는 어둡고 그늘진 장소를 좋아하고 빛을 싫어하는 성향이 있다. 그래서 우리는 밤에 불을 켰을 때 바퀴벌레들이 어둑한 모서리나 벽 쪽으로 휙 지나가는 모습을 곧잘 보곤 한다. 유럽 공동 프로젝트의 연구자들은 이 곤충들을 둥근 실험장 위에 데려다놓았다. 바퀴벌레들은 원하는 대로 두 곳에 놓여 있는 플랙시글래스 덮개 밑으로 숨을 수 있다. 하나는 빛이 거의 통과하지 않는 지붕이고, 다른 하나는 투명하다. 시간이 얼마 지나지 않아서 바퀴벌레들은 어두운 지붕 아래의 모서리로 모여들었다. 이때 인스보트가 이 바퀴벌레들을 밝은 곳으로 이끄는 데 성공할 수 있을까?

이 실험을 위해 생물학자들은 로봇들이 진정으로 일광욕을 즐기는 존재가 되도록 프로그램을 변경했다. 그래서 세 명의 로봇은 어두운 구석으로 피하는 대신에 환한 빛 속에 머물러 있었다. 그들에게 바퀴벌레 동료들이 다가올까? 정말로 그리 오래 기다릴 필요가 없었다. 잠시 후에는 진짜 곤충들도 빛이 통과하는 플랙시글래스 덮개 아래로 모여들었다. 결국 사회적인 밀착 여부가 밝은 곳에 대한 거부감보다 강한 것이 분명했다. 프로젝트 책임자인 할로이는 개인 행동의 작은 변화가 집단 전체에게 영향을 미칠 수 있다는 사실을 가장 흥미로워했다.

할로이는 먼 미래에는 곤충 로봇들이 해충 퇴치에 꽤 기여하게 될 것이라고 생각한다. 예를 들어서 바퀴벌레들이 자발적으로 주방에서 사라지지 않는다면 능숙한 요원 부대가 이들을 야외로 이끌 수 있을 것이다. 그러려면 인공 곤충들의 능력이 좀더 완벽해져야 할 것이다. 그 다음으로는 이 로봇들이 능동적으로 냄새 메시지를 보내고 이해하는 법을 배워야 한다.

로봇과학자들의 꿈은 계속해서 커지고 있다. 그들은 인공 소와 인공 말도 계획하고 있다. 그리고 미래에는 로봇 양 한 마리가 무리 전체를 보호할 수 있게 되어 양치기나 양치기 개들을 실업자로 만들 수도 있을 것이다. 이런 시도는 동물의 지능과 관련해서 아주 새로운 도전을 필요로 한다. 그러다가 언젠가는 자연 속에 섞여 있는 진짜 곤충과 전기공학적 곤충을 구별할 수 있는 최초의 동물이 나타나게 될 것이다. 그것은 아마도 동물과 로봇 사이에 벌어지는 센서 장비의 성능에 대한 경연대회의 시작을 의미할 것이다.

벌, 날아다니는 로봇 혹은 생각하는 존재?

우리는 흔히 꽃에서 꽃으로 옮겨다니며 윙윙거리는 노란색 곤충을 보며 "벌은 참 부지런하다"고 생각한다. 벌이 없다면 꿀도 없고 과일과 채소도 거의 없을 것이다. 우리의 수확물 대부분은 꽃들을 옮겨다니며 수분을 시키는 벌에게 의지하고 있다. 벌은 자신들의 임무를 완벽하게 계획한다. 대단히 복합적인 왕국에서 살고 있는 이 곤충들에게 항상 적용되는 원칙은 '모두가 여왕을 위하여'이다. 학교에서 우리는 벌이 오로지 자기들만의 언어를 발달시켰다는 사실을 배운 바 있다. 벌은 좋은 먹이를 발견하면 꼬리춤을 통해 의사소통을 한다. 행동연구가 카를 폰 프리쉬는 벌의 언어를 발견한 업적으로 노벨상을 수상했다.

우리는 항상 벌의 이런 능력에 감탄하면서도 실제로는 이 곤충들을 마치 작은 바이오컴퓨터 정도로밖에 보지 않는다. 그러나 진화는 이들에게 거의 완벽한 행동 프로그램을 부여한 것처럼 보인다. 그리고 벌들은 이 프로그램을 대단히 성공적으로 활용하고 있다. 그럼에도 불구하고 우리는 생각과 학습, 지능과 결정의 자유 등의 개념을 개, 고양이, 혹은 침팬지에게는 적용하지만 곤충들에게는 결코 적용시키지 않는다. 대부분의 사람들이 이런 의견을 가지고 있으며, 많은 생물학자들도 이와 다르지 않다.

하지만 벌을 연구하는 학자들이 다양한 연구팀으로부터 열심히 수집한 최근의 결과가 보여주고 있듯이 이는 잘못된 추론이다. 학술잡지인 『네이처』에서 행동연구가 마르틴 귀르파는 벌이 추상적 구상을 이해할 수 있다고 주장하여 동료 학자들을 깜짝 놀라게 했다. 그는 벌이 '똑같은 것'과 '다른 것'이 무엇을 의미하는지 이해한다고 설명했다. 귀르파는 어떻게 그런 사실을 알아낼 수 있었을까?

프랑스 툴루즈 대학의 동물인식연구센터 책임자였던 그는 벌을 Y자 형태의 파이프 앞에 데려다놓았다. 그리고 Y형 파이프의 입구 부분을 파란색으로 칠했다. 길이 갈라지는 곳에서 벌들은 어느 쪽으로 가야 할지 결정을 내려야만 했다. 오른쪽 길은 입구와 마찬가지로 파란색이고 왼쪽 길은 노란색이다. 벌들은 파란색 통로의 끝에서 매번 설탕물로 보상을 받았다. 반면에 노란색 길을 택한 벌은 빈손으로 돌아가야 했다.

이런 실험에서 벌들은 매우 빠르게 자신들이 언제나 미로의 입구에서 보았던 것과 같은 색깔을 따라가야 한다는 사실을 배웠다. 다른 말로 하자면 '똑같은 것'은 이익을 가져다주고, '다른 것'의 경우에는 얻는 것이 없다는 사실을 깨달았던 것이다. 일단 벌들이 이런 점을 이해한 후에 생물학자들은 실험 구성을 바꿔보았다. 이제 미로로 가는 입구는 한 가지 색으로 칠해져 있는 것이 아니라 가로 선들이 그려져 있다. 갈라지는 곳에서 벌들은 가로로 그어진 선들과 세로로 그어진 선들 사이에서 결정을 내려야 했다.

벌들은 이미 실험의 원칙을 이해했음이 분명했다. 그들은 언제나 입구에서 보았던 모양과 같은 것을 선택했다. 심지어 여기서 학습한 것을 다른 감각기관으로 전이시켜서도 적용할 수 있었다. 그래서 연구자들이 입구를 색깔이 아니라 냄새로 표시를 해놓아도 벌들은 역시 올바른 길을 찾는 비율이 높았다. 예를 들어서 쥐들에게는 그러한 감각의 전이가 쉽지 않았다. 귀르파가 벌들의 이런 특징과 능력에 대해 소개하면서 '지능'이라는 말을 사용하자 흥미롭게도 유난히 포유류를 다루는 동료들로부터 비판을 받았다.

물론 마르틴 귀르파도 벌들의 융통성에 한계가 있다는 것을 알고 있다. 특히 그가 벌들을 실험했던 Y자형 길 위에 유리 지붕을 덮었을 때 그런 점이 확실히 드러났다. 이런 경우에 벌들은 처음에는 자신들이 학습한 훈련을 완벽하게 소화해 냈다. 그러나 Y자형 길의 끝에서 보상을 받은 후에는 바로 위를 향해서 날아올라갔고 반복해서 유리 지붕에 부딪혔다. 아마도 벌들의 뇌에는 어떤 고정된 프로그램이 장치되어 있는 것으로 보인다. 그리고 이런 지시를 내리는 것 같다. "집으로 돌아가고 싶을 때는 우선 위쪽으로 날아올라서 해가 있는 방향으로 날아갈 것."

자연 속에는 유리 지붕 같은 것이 전혀 없기 때문에 벌들의 이런 전략은 항상 성공했었다. 그러나 실험 과정에서는 다른 측면에서 너무도 학습 능력이 뛰어났던 벌들이 결국 목숨을 잃고 땅으로 떨어질 때까지 반복해서 투명한 지붕을 향해 날아갔다. 결국 크기가 뜨개질바늘의 머리 정도밖에 되지 않는 벌의 뇌 속에는 두 가지가, 즉 고정적으로 프로그램된 규칙과 융통성 있고 지능적인 행동이 모두 들어 있다는 뜻이다.

벌들을 위한 훈련 센터

바다 민달팽이 아플리시아와 마찬가지로 우리는 학습을 하는 벌을 관찰할 수 있다. 그러나 벌의 뇌는 달팽이의 뇌보다 한 단계 더 복합적이다. 번잡한 베를린의 중심부로부터 30분 거리에 있는 달렘이라는 곳에 란돌프 멘첼이 이끄는 벌 연구팀이 있다. 이 신경생물학 연구소는 베를린 자유대학에 소속되어 있다. 마르틴 귀르파도 수년 전까지 이곳에서 함께 작업했다. 톨루즈 출신의 이 동료 학자와 함께 멘첼 교수는 벌의 뇌에 관한 비밀을 풀기 위해 노력해 왔다. 작은 실험실에서 석박사 과정의 연구진들이 각각의 벌들을 훈련시킨다. 이곳에서 작은 곤충들이 처해 있는 상황은 그다지 편안해 보이지는 않는다. 그럼에도 불구하고 벌들은 자연 속에 있을 때와 마찬가지로 학습을 한다.

요즘은 냄새 테스트가 한창 진행 중이다. 이곳에서 벌들은 자유롭게 날아다닌다. 단지 벌의 배 부위에 실험장치가 단단히 고정되어 있어서 멀리 사라질 수 없도록 조치되어 있다. 그런 다음에 생물학자들은 벌의 머리 캡슐에 작은 구멍을 냈다. 키틴질에는 신경이 지나가지 않기 때문에 벌은 자신에게 무슨 일이 일어나고 있는지 전혀 느끼지 못한다. 이런 과정을 생물학자들은 "헬멧을 벗긴다"고 표현한다.

이제 훈련이 시작된다. 한 학생이 벌에게 설탕물을 먹이로 주는데, 이때 벌들이 맛있는 음식을 시식하기 직전에 학생은 냄새가 흠뻑 밴 막대기로 벌의 촉각을 건드린다. 몇 번 건드리지 않아도 그후에 벌들은 이미 냄새와 설탕을 연관시킨다. 그래서 벌들은 이 냄새를 맡자마자 혀를 앞으로 내밀었다. 이런 방식으로 연구자들은 벌이 아주 작은 냄새 차이도 구별할 수 있다는 것을 알아냈다. 심지어 혼합된 냄새 속에서도 벌들은 익숙한 성분의 극히 작은 흔적까지 인식해 냈다. 벌은 개보다도 훨씬 더 냄새를 잘 맡는 동물이었다.

한편 연구자들은 학습 중인 벌의 뇌 안에서 어떤 일이 벌어지는지를 현미경을 이용해 관찰했다. 일명 '버섯형'이라고 불리는 특수한 구조가 지령을 내리는 중심부로서 작용하고 있다. 약 17만 개의 촘촘하게 뭉쳐진 신경세포들이 감각기관으로부터 신호를 받아들이고 이 곤충의 행동을 조정한다. 신경세포들은 냄새에 따라 각기 다른 반응을 보인다. "그러므로 특정한 냄새에 대한 기억은 뇌의 특정한 부위에 저장되는 것이 아니라 자극을 받은 신경세포의 행동 패턴으로 저장된다"고 멘첼 교수는 설명한다. 이런 원칙은 인간에게도 적용된다고 한다.

그리고 우리와 마찬가지로 벌들도 모든 정보를 바로 지속적으로 저장하는 것은 아니다. 신경심리학자들은 단기기억, 중기기억, 장기기억으로 구분하고 있다. 그렇다면 어떤 정보들이 장기기억으로 저장되는 것일까? 뇌 속의 필터들은 어떻게 작동되는가? 이런 의문은 아직까지 완전히 해명되지 않았다. 아마도 수면이 학습에서 중요한 역할을 할 가능성이 높다고 멘첼 교수는 추측하고 있다. "벌들은 더 많은 것을 학습했을 때 잠을 더 많이 잔다." 우리의 뇌도 밤에 낮의 사건들을 처리하고 신선한 학습 내용을 새로이 저장한다. 그러나 벌들도 잠을 자면서 학습을 하는지는 아직 분명하게 확인되지 않았다. 이에 대한 실험이 이제 막 시작되었다고 한다.

벌은 단 몇 주밖에 살지 못하지만, 이 기간 동안에 가능한 한 많은 것을 배워야 한다. 벌들이 집을 떠나자마자 부딪히는 세상은 너무도 다양한 형태와 색깔과 냄새들로 이루어져 있기 때문이다. 벌들은 어디에서 무엇을 가져올 수 있는지 파악해야 한다. 꽃가루가 성숙했을 때에는 어떤 색깔을 띠는가? 어떤 향기가 꽃에 꿀이 있다는 것을 암시하는가? 내가 날아가지 말아야 할 곳은 어디인가?

한편 본능적으로 벌들은 진한 파란색이나 노란색 꽃을 선호한다. 이것은 대단히 유용한 취향인데, 왜냐하면 실제로 이런 색깔이 흔히 풍부한 꿀을 약속해 주기 때문이다. 그러나 이런 프로그램이 결코 경직되어 있거나 고정적인 것은 아니다. 학자들은 실험에서 충분한 설탕 보상과 다른 색깔, 예를 들면 초록색이나 빨간색을 연관시켜 보았다. 그러자 벌들은 대단히 빠르게 새로운 시스템을 이해했다. 그들은 파란색과 노란색이 옆에 있는데도 먹이를 암시하는 새로운 색깔을 향해 날아갔다.

"벌은 본능적인 지식을 가지고 세상에 태어났다"고 마르틴 귀르파는 말했다. "그러나 이들의 정보는 경직되어 있지 않다. 이들은 자기만의 경험이나 학습을 통해 그런 정보들을 대체시킬 수 있다." 멘첼 교수는 심지어 벌들이 좌우대칭으로 날거나 비대칭으로 왼쪽으로 기울어져 나는 것도 가르칠 수 있었다. 또한 어떤 실험에서는 기본 원칙을 이해한 벌들이 본 적이 없는 패턴들을 올바르게 구분하기도 했다. 진정한 추상적 능력이라고 할 수 있다.

모여 있던 벌들이 처음으로 벌집을 떠날 때 그들은 먼저 위치 확인과 방향 찾기 비행을 실시한다. 벌집은 어디에 있는가? 어느 방향에 꿀이 많은 들판이 있는가? 벌들은 최대한 정확하게 스스로에게 주변 환경을 각인시킨다. 아주 짧은 시간 동안에 벌들은 가능한 한 많은 것을 파악해야만 한다. 그렇게 해야만 몇 주일 후에 수킬로미터를 날아갔다가 다시 집으로 돌아올 수 있기 때문이다. 이때 벌들이 얼마나 정확하게 방향을 찾는지에 대해서는 아직 분명하게 밝혀지지 않았다. 하늘의 편광 패턴 혹은 자기장이 결정적인 것일까? 그리고 랜드마크는 어떤 역할을 할까?

나침반과 GPS 없는 내비게이션

흔히 벌은 꿀이 많은 꽃에 가기 위해 항상 숲 가장자리 길로 날아다닌다. 이미 1980년대 중반에 프린스턴 대학의 생물학자 제임스 L. 굴드는 벌들의 위치 확인 내비게이션 시스템을 연구해서 처음에는 논란의 여지가 있었지만 놀라운 결과를 얻어냈다.

굴드의 실험은 작은 숲속의 공터에서 이루어졌다. 그곳에서 그는 며칠 동안 열량이 풍부한 설탕물을 곤충들에게 제공했다. 이것은 대단히 환영받는 초대였던 셈으로, 매일 아침 벌들은 그들의 새로운 식당으로 모여들었다. 그러나 어느 날 굴드는 벌들이 자기네 집을 떠나자마자 그물로 벌들을 잡았다. 그리고는 어두운 상자에 담아서 탁 트인 들판으로 가져갔다. 들판 가장자리에는 커다란 나무 한 그루가 서 있었다. 벌들은 이전에 산책이나 소풍을 통해서 이 나무를 알고 있을 가능성이 높았다.

굴드는 그곳에서 벌들을 풀어주었다. 그들의 집과 먹이를 주었던 장소는 약 150미터 정도 떨어져 있었다. 벌들은 과연 어떻게 행동했을까? 굴드가 먹이를 주었던 장소로 가기 위해서 익숙한 표지물을 기준으로 길을 찾아갔을까? 아니면 전혀 납치된 적이 없는 것처럼 원래 집에서 가던 코스를 선택했을까?

흥미롭게도 벌들은 의외의 행동을 보였다. 즉 그들은 자신들이 있던 장소에서부터 직선으로, 그리고 최단 코스로 원래의 목적지로 날아갔다. 바로 작은 숲의 공터에 있는 굴드의 레스토랑으로 말이다. 또한 나중에 행해진 실험에서도 중간에 '납치된' 벌들은 확실히 방향을 찾을 수 있었는데, 단지 주변에 크고 뚜렷한 표지물이 있을 때에만 가능했다. 벌의 위치 확인 능력이란 자신들의 주변을 내적인 지도의 형태로 저장했을 때에만 가능하다는 말이다.

사막개미와 달리 벌은 시작점과 목적지 사이를 연결시킬 뿐 아니라 장소에 대한 기억력도 가지고 있다. "이것은 일종의 지도라고 표현할 수 있다"고 란돌프 멘첼도 말한다. 또다른 실험에서도 벌의 위치 확인 능력에 대한 굴드의 연구 결과가 다시 확인되었다. 멘첼 연구팀은 엘바우엔에서 소형 안테나를 벌들에게 부착시킨 다음 꽤 긴 구간을 추적했다. 이 곤충들은 이동 실험에서 처음에는 방향을 찾기 위한 몇 번의 공중선회를 한 다음에 목적지로, 즉 벌집 혹은 먹이가 있는 곳으로 곧장 날아갔다. 멘첼 교수가 대단히 깊은 인상을 받은 것은 벌들이 새로운 출발점에 섰을 때 어디로 날아가고 싶은지를 융통성 있게 결정할 수 있었다는 점이다.

굴드는 벌들이 프로그램된 로봇보다 더 많은 것을 할 수 있다는 사실을 증명하기 위해 좀더 현명한 실험을 생각해 냈다. "먼저 생각하고, 그 다음에 행동하기." 벌들은 이 원칙을 명심하고 있는 것처럼 보인다. 동물학자 굴드가 관찰한 벌의 보금자리는 한 호수의 가장자리에 놓여 있었다. 굴드는 호수 한가운데에 식당을 열었다. 그는 작은 보트를 타고 노를 저어 나가서 벌들을 설탕물로 유인했다. 얼마 지나지 않아 첫번째 벌이 날아왔다. 굴드는 이 벌의 등에 점을 찍어서 표시를 해놓았다. 이전의 경험을 통해 그는 이제 먹이 수집을 담당하는 벌 무리가 몰려오기까지 별로 오래 걸리지 않을 것임을 알고 있었다. 점이 찍힌 벌이 집으로 돌아가 꼬리춤을 추면서 자신이 본 것을 알렸을 테니까 말이다.

그러나 굴드의 기다림은 헛수고가 되었다. 가끔 길을 잃은 벌이 나타나면 마찬가지로 표시를 해놓았다. 설탕물은 평소와 달리 폭발적인 반응을 일으켜주지 않았다. 벌들이 동료를 믿지 않았기 때문일까? 벌들은 등에 점이 찍힌 벌의 꼬리춤에서 읽은 정보를 자신들의 내적인 지도와 대조해 보고 이 동료 벌의 정보가 무언가 잘못된 것일 수도 있다는 결론에 이르렀던 것일까? 사실 호수 한가운데에서 영양분 많은 꽃이 자라는 일은 없으니까 말이다.

굴드는 보트를 호수 가장자리를 향해 저었다. 여전히 벌들은 보이지 않았다. 그가 호수 기슭 아주 가까운 곳에 도착했을 때 비로소 벌들은 점이 찍힌 벌이 춤으로 알렸던 내용을 '믿었다.' 그제야 보트 식당에 있는 설탕물을 향해 마구 몰려들었던 것이다. 이렇게 보면 꼬리춤은 결코 고정적으로 프로그램된 반응을 유발하는 것이 아니었다. 벌들은 누가 자신들에게 어떤 정보를 알리기 위해 춤을 추는지를 확인한 다음에 어떻게 반응할지를 결정한다.

얘들아, 저기 먹이가 있어!

벌은 동료들에게 그 유명한 꼬리춤을 통해 도대체 어떤 내용을 전달하는 것일까? 벌들의 언어를 발견한 카를 폰 프리쉬는, 먹이 수집을 담당하는 벌들이 집에 머물고 있는 이종 형제자매들에게 좋은 먹이터로 가는 방향과 거리를 알려준다고 믿었다. 벌들은 춤의 격렬함과 냄새로부터 여러 가지 정보를 이끌어내기 때문이다. 그러나 벌의 언어에 대한 이 최초의 해석에는 몇 가지 실수가 들어 있었다.

그 사이 생물학자와 행동연구가들은 꼬리춤의 의미를 더 많이 알아냈다. 벌집 입구 가까이에 수직으로 서 있는 봉방(구멍이 숭숭 뚫려 있는 벌집의 방 - 옮긴이)이 춤의 발판으로 이용된다. 수집을 담당하는 벌이 집에 있는 형제자매들에게 좋은 먹이터에 대해 알리고자 할 때는 봉방의 가장자리에 매달려서 꼬리를 흔들기 시작한다. 수십 년 동안 생물학자들은 벌들이 이런 춤을 지켜본 다음에 그로부터 어떤 결론을 내린다고 생각했다. 그런데 실제로 벌집 안에서는 그런 일이 전혀 불가능하다. 왜냐하면 벌집의 내부는 매우 어둡기 때문이다.

뷔르츠부르크 대학의 위르겐 타우츠 교수와 동료 학자들은 얼마 전에 이런 꼬리춤이 무엇보다도 벌집 안을 동요시키기 위해 이용된다는 것을 알아냈다. 꼬리춤을 추는 벌은 봉방에 매달려서 자신의 몸을 이리저리 격렬하게 움직인다. 벌이 매달려 있는 동안에 날개는 최고 속도로 움직인다. 말하자면 벌들은 있는 힘껏 페달을 밟아서 최대한으로 속도를 낸다. 그 결과 커다랗게 윙윙거리는 소리가 벌집 전체를 뒤흔든다. 타우츠는 이런 벌들의 메가폰을 봉방을 뜻하는 영어 단어 'comb'을 써서 'comb wide web'(벌집 안의 넓은 정보 공간이라는 의미)이라고 불렸다.

이런 방식으로 벌은 춤으로 모든 관심 있는 벌을 불러모은다. 그리고 직접적으로 만난 자리에서 계속 정보를 전달한다. 이때 춤을 추는 벌은 몸 위치를 통해 다른 벌들에게 태양을 중심으로 어떤 각도에 먹이가 있는지를 알려준다. 벌의 머리가 수직으로 위를 향해 있으면 먹이는 바로 태양의 방향에 놓여 있다. 이와 달리 수직선으로부터 특정한 각도를 이루는 곳에서 춤을 추면 태양을 중심으로 바로 이 각도가 되는 곳에 먹이터가 있는 것이다. 벌의 정보가 이미 조금 전의 것이 되었고, 그래서 태양의 위치가 바뀌었다 해도 벌들은 춤을 현재의 태양 위치에 맞춘다. 그들은 이때 대단히 정확하게 작동되는 내적인 시계를 이용한다.

벌들이 더 오래 춤을 출수록 먹이터는 더 멀리 떨어져 있음을 의미한다. 그러나 벌이 알려주는 거리는 몇 미터인지를 측정한 값이 아니라 단지 감각적으로 느낀 거리다. 예를 들어서 벌이 무성한 숲 위로 500미터를 날아갔다면 단조로운 들판 위로 같은 거리를 날아갔을 때보다 더 오래 춤을 춘다. 뷔르츠부르크의 연구자들은 벌이 자신들의 눈에 스쳐 지나가는 시각적인 흐름을 측정한다는 사실을 알아냈다. 벌은 소위 밝고 어두운 모퉁이들이 변하는 횟수를 세고 이런 거리를 동료들에게 전달한다. 자연 속에서 벌들은 대개 춤으로 위치를 알려주었던 벌과 동일한 코스로 가기 때문에 이런 부정확한 표현에도 불구하고 목적지를 제대로 찾을 수 있다.

문어의 위장과 속임수

무척추 동물 중에서 문어는 천재로 꼽힌다. 문어가 얼마나 영악한지는 수족관을 가지고 있는 사람이면 누구나 집에서 시험해 볼 수 있다. 문어에게 조갯살과 같은 맛있는 먹이를 직접 물속으로 던져주는 대신에 꼭 닫은 유리병 안에 먹이를 담아 물속에 넣어보자. 팔이 많은 이 동물이 트릭을 알아내기까지는 단 몇 분밖에 걸리지 않는다. 문어는 간단히 유리병을 열고 내용물을 깨끗이 꺼내 먹는다. 무척추 동물로서는 대단한 능력이다.

두족류에 속하는 문어는 먹물을 가진 물고기이다. 그러나 이름과는 달리 일반적인 물고기들과는 조금 다르다. 문어과의 동물들은 오히려 조개나 달팽이와 매우 가깝다. '먹물을 가진 달팽이'가 최소한 동물학자들의 시각으로는 적절한 표현일 것이다. 다른 한편으로 문어는 가장 가까운 친척들과 확실하게 구분되는 특징들이 있다. 우선 문어의 몸속에는 3개의 심장이 뛰고 있고, 폐쇄혈관을 가지고 있으며, 파란색의 혈액을 지니고 있다. 그러나 무엇보다도 두족류는 놀라울 만큼 커다랗고 고도로 발달된 뇌를 가지고 있다. 바다 민달팽이가 약 2만 개의 신경세포로 뇌를 유지하는 반면에 두족류의 뇌에는 약 5억 개의 뉴런이 작동하고 있다. 문어가 대부분의 양서류나 파충류보다 훨씬 더 지능이 높다는 것은 거의 확실하다.

문어는 예를 들어서 미로에서 빠져나오는 법을 아무 문제 없이 학습할 수 있다. 이들은 아주 작은 틈새로도 잘 빠져나간다. 그래서 두족류를 수족관에 보관해 본 사람은 이들이 '탈출의 대가'라는 사실을 알고 있다. 그리고 문어류의 동물들이 섭렵하고 있는 또 하나의 전공 분야가 있다. 바로 위장과 속임수의 기술이다. 문어는 피부에 들어 있는 특수한 색소세포를 이용해서 상황에 따라 마음에 드는 색깔로 변신할 수 있다. 빛을 굴절시키고 반사시키는 거울세포들이 이런 위장술을 완벽하게 도와준다. 문어가 거머리말이 모여 있는 지대를 헤엄칠 때는 몸 색깔이 진한 초록색으로 바뀐다. 그리고 옆에 있는 모래 바닥에 자리를 잡기 직전에는 몸 전체에 강한 색깔 변화가 일어난다. 결국에는 문어의 몸이 모래 바닥 속으로 스며들듯이 들어가 눈만 내놓고 앞을 보고 있다.

두족류는 단지 먹이 때문이거나 적을 혼란에 빠뜨리기 위해서만 위장술을 사용하는 것이 아니다. 색깔 변화는 의사소통의 방법으로도 이용된다. 수컷 두족류가 암컷에게 깊은 인상을 주고 싶을 때는 자신의 나들이옷을 챙겨 입는다. 그의 몸에 나타난 얼룩말 무늬는 암컷의 마음을 부드럽게 만든다. 이와 달리 파란고리문어는 위협을 느낄 때에만 파란색의 고리를 드러낸다. 위장 분야에서 절대적인 대가는 바로 흉내문어이다. 이 문어의 뛰어난 기술에 관한 사진을 본 사람은 촬영상의 속임수가 아닐까 하는 생각마저 한다. 이 요술쟁이 문어는 바닥의 색깔로 변하는 것이 아니라, 바다 속의 다양한 생물로 변신한다. 넙치나 바다뱀장어, 흉내문어는 긴 다리를 이용해서 다양한 생물들을 거의 흡사하게 모방할 수 있다.

문어는 위장술의 대가일 뿐 아니라 뛰어난 건축가이기도 하다. 그들은 안전한 거처를 찾지 못하면 직접 집을 짓기 시작한다. 크고 작은 돌멩이들을 이용해서 자신이 거처할 동굴 앞에 울타리를 만든다. "나의 집이 나의 성이다"라는 모토에 맞게 말이다. 그런 다음 안전하게 지하방에 들어앉아서 혹시 잡아먹을 만한 것이 지나가지나 않는지 살펴본다. 또한 대부분의 문어는 알도 그렇게 안전한 장소에다 낳는다. 몇몇 종은 자신의 알이 부화할 때까지 지켜준다.

원숭이보다 더 교활한 문어?

1992년에 네팔 해양생물학 기지에서의 실험은 많은 사람들의 관심을 불러모았다. 생물학자 그라치아노 피오리토와 피에트로 스코토는 그곳에서 두족류로 실험을 했다. 이들은 한 문어에게 하얀색과 빨간색의 구슬을 보여준 다음 빨간 구슬을 향해 헤엄쳐 오도록 훈련시켰다. 임무를 완수한 문어에게는 보상이 기다리고 있었다. 반대로 하얀색 구슬을 선택한 문어는 가벼운 전기충격을 받았다. 전통적인 조건반사 실험이었다.

16번의 반복된 실험 후에 문어는 교훈을 얻었다. '너는 빨간색을 찾아야 해. 하얀색은 피하는 것이 좋아.' 그러는 동안에 두 번째 문어는 옆에 있는 수족관에서 이런 모습을 지켜보고 있었다. 흥미롭게도 관객이었던 문어는 첫번째 학생이었던 문어보다 훨씬 더 빨리 원칙을 이해했다. 관객이었던 문어는 네 번의 시도 후에 벌써 목표를 확신한 듯 빨간색 구슬로 헤엄쳐 갔다.

이런 결과가 단지 일회적인 경우에 불과할까? 물론 첫번째 문어가 특별히 재주가 없었을지도 모른다. 그래서 연구자들은 이런 시도를 다양한 두족류의 동물들을 상대로 반복했다. 그러나 역시 결과에서 달라진 것은 없었다. 확실히 두족류의 동물은 고도로 발달된 포유동물들과 똑같이 관찰만을 통해서도 학습이 가능했다. "척추와 뼈가 없는 연체 동물이 처음으로 모방으로 가는 문턱을 넘어섰다. 혹은 더 정확히 말해서 처음으로 학문이 이런 사실을 인정하기 위한 문턱을 넘어섰다" 고 두 명의 생물학자는 그들의 저서 『동물에게 의식이 있는가』에서 말했다.

그러나 아주 많은 학자들이 오늘날까지도 이 문턱을 넘어서기를 거부하고 있다. 이 실험은 격렬한 논쟁을 남겼다. 당시에 과학잡지 『사이언스』의 비평가들은 혹시 관객이었던 문어가 단순히 두 개의 공에 익숙해졌던 것은 아닌지 의문스러워했다. 일반적으로 문어는 모르는 대상에게 대단히 신중하게 반응한다. 어쩌면 옆의 수족관에 있던 문어는 단지 이런 거부감을 잃었을지도 모른다. 그래서 모방을 통한 '진정한' 학습과는 아무런 상관이 없다고 비평가들은 주장했다.

이런 논쟁은 오늘날까지도 끝나지 않았다. 두족류 전문가인 제임스 우드는 문어가 동료를 관찰함으로써 학습이 가능하다는 점에 대해서는 기본적으로 의심을 하지 않지만, 결국은 무척추동물 중에서도 가장 발달된 동물의 사례일 뿐이며 그것을 '진정한' 학습이라고 말하기는 어렵다는 것이다. "문어는 사회적인 동물이 아니다. 이들은 진화의 과정 속에서 이런 능력을 개발시킬 많은 기회를 갖지 못했다." 왜냐하면 문어는 일반적으로 수명이 짧은 동물이다. 많은 종들이 단지 한 살이나 두 살이고, 암컷은 흔히 생식을 하고 처음으로 알을 난 직후에 죽는다. 매우 발달된 뇌와 짧은 수명의 특이한 결합은 오늘날까지도 학자들에게 풀리지 않는 수수께끼로 남아 있다. 그러나 어떤 경우든 분명한 것은 문어가 특별히 영리하고 뛰어나게 학습을 할 수 있다는 점이다.

소위 귀환 테스트에서 문어는 심지어 포유동물보다 더 좋은 성적을 냈다. 먼저 연구자들은 동물을 특정한 자극에 대해 훈련을 시켰다. 예를 들어서 문어는 항상 빨간 점이 있는 곳으로 헤엄쳐야만 한다. 실험동물이 훈련의 내용을 이해하면 실험자는 상황을 바꾸어놓는다. 즉 갑자기 빨간 점은 좋지 않은 것이 되고, 하얀 점으로 가야만 보상을 받는다. 동물이 새로운 상황을 이해하자마자 다시 바꾸어 보상을 한다. 매 과정마다 문어는 게임의 원칙이 다시 바뀌었다는 것을 조금 더 빨리 깨달았다. "최상의 경우에 문어들은 어느 순간 단 한 번의 시도만으로도 '아, 상황이 바뀌었구나!' 하고 깨달았다"고 행동연구가 구이도 덴하르트는 설명한다. "단지 소수의 동물만이 이런 수준에 도달할 수 있는데, 문어가 여기에 속한다."

2장

동물의 언어와 의사소통

수업받는 원숭이, 산수하는 앵무새

동물은 어떤 이야기를 나누는가?

고래어, 사자어, 원숭이어…

동물은 어떻게 의사소통을 할까? 그들에게도 과연 언어라고 할 만한 것이 있을까? 그리고 인간의 의사소통에서 특별한 점은 무엇인가? 수백 년 동안 생물학자와 인류학자, 심리학자와 언어학자들은 인간 언어의 유일성에 대해 논쟁을 벌여왔다. 350년도 더 전에 이미 르네 데카르트가 이 주제에 대해 언급했다.

"진정으로 특이한 것은 정신이상자들을 제외하고는 일련의 단어들을 서로 연결해서 자신의 생각을 알릴 수 있는 말을 조합하지 못할 만큼 무감각하거나 어리석은 사람은 없다는 점이다. 반대로 아무리 완벽하고 행복하다고 해도 그런 유사한 행동을 하는 다른 생명체는 존재하지 않는다."

오늘날까지도 이 주제에 대해서는 논쟁이 계속되고 있다. 몇몇 연구자들은 동물의 세계에서도 언어의 단서를 발견했지만, 다른 학자들은 동물의 음성 표현을 반사작용 이상으로는 여기지 않고 있다.

여성 생물학자인 율리아 피셔는 언어에 관한 수수께끼를 풀기 위해 1년 반 동안을 아프리카 보츠와나의 숲속에서 생활했다. 그녀는 확성기와 비디오카메라를 갖추고 야생에서 살고 있는 비비원숭이(개코원숭이)들을 연구했다. 그녀는 다양한 종류의 외침 소리를 녹음해 원숭이들에게 반복해서 들려주고 그들이 어떻게 반응하는지 자세히 기록했다. 마침내 그녀는 놀라운 결과를 가지고 돌아왔다.

컴퓨터 분석을 통해 단 하나의 외침 소리에 어떤 의미가 숨겨져 있는지 밝혀졌다. 수컷 비비원숭이는 자주 '바후' 라는 소리를 지른다. 그러나 '바후' 가 모든 같은 '바후' 가 아니다. 높은 서열에 있는 수컷일수록 이 외침은 더 크고 길게 울린다. 서열이 낮은 원숭이들에게서는 끝부분의 '후' 소리가 거의 들리지 않는다. 그리고 원숭이들이 지르는 모든 소리는 인간의 언어와 똑같이 사회적인 메시지를 담고 있다. 그 공간에서 열정적으로 명령하듯 부르짖는 자는 이렇게 말하고 있는 것이다. '내가 바로 너희의 보스다!' 그가 어떤 단어를 사용하든 그것은 전혀 중요하지 않다. 메시지는 충분히 전달되게 마련이다.

비비원숭이들의 언어

'바후' 라는 소리와 더불어 비비원숭이들은 다양한 접촉용과 경고용의 소리를 지른다. 이런 소리는 선천적인 것일까, 아니면 어린 시절에 배워서 익힌 것일까? 인간의 어린아이들도 날 때부터 말을 할 수 있는 것은 아니다. 커가면서 언어가 어떻게 사용되는지 배우는 것이다. 율리아 피셔는 어린 비비원숭이들의 의사소통 능력을 시험해 보았다. 그녀가 2개월 반이 된 새끼 비비원숭이들에게 그들만의 독특한 소리를 들려주었을 때 이들은 전혀 아무런 반응도 보이지 않았다. 두 달 후 다시 들려주었을 때에는 깜짝 놀라며 마치 숨겨진 확성기를 찾는 것처럼 보였지만 접촉용과 경고용 사이에 차이점을 보이지는 않았다.

6개월이 되어서야 비로소 어린 비비원숭이들은 경고용 소리에 적절하게 반응했다. 그들은 이런 외침의 의미를 확실히 깨달았던 것이다. 첫번째 단계가 보여주고 있는 것은 원숭이들의 '언어'가 유전적으로 정해진 것이 아니라는 사실이다. 그러니까 비비원숭이들은 특정한 소리를 이해하고 그 소리를 만들어내는 법을 배우는 것이다. 그러나 이들에게 아직 더 많은 능력이 있는 것은 아닐까? 이들이 언젠가는 인간의 언어를 이해할 수 있지 않을까?

율리아 피셔는 그런 점을 의문스럽게 여겼다. 그녀는 이제 괴팅엔 대학의 행동연구학 교수가 되었으며 독일 영장류센터에서 연구팀장으로 일하고 있다. 그러나 인간의 언어는 그녀에게 여전히 수수께끼로 남아 있다. 비비원숭이들의 연구를 통해서도 아무런 단서를 찾을 수 없었다고 피셔는 말한다. 영장류가 분명히 감정과 생각을 가지고 있기는 하지만 "그들의 의사소통은 인간의 언어와는 근본적으로 다르다"고 그녀는 비관적인 판단을 내리고 있다.

긴꼬리원숭이의 고함은 언어인가?

원숭이들은 때때로 우리가 단어라고 할 수 있을 만큼 특정한 의미를 지닌 소리를 낸다. 초록긴꼬리원숭이는 어떤 적이 접근하고 있는지에 따라 각기 다른 경고의 소리를 지른다. '표범 주의'를 뜻하는 소리가 들리면 원숭이들은 직선 코스로 바로 나무 위로 도망간다. '뱀 조심'을 뜻하는 날카로운 소리가 나면 흥분해서 땅바닥을 수색한다. 또다른 소리는 공중에서 날아오는 약탈자에 대한 경고이다. 경고의 소리는 언제나 똑같이 중요하고 그룹의 모든 일원이 여기에 반응을 보인다.

몇몇 행동연구가들은 그 안에서 언어의 시작을 발견하지만 율리아 피셔는 비관적인 입장을 유지하고 있다. "소리를 듣는 원숭이는 그 소리에 적절하게 반응한다. 그렇다고 해서 소리를 낸 원숭이가 누군가에게 정보를 알리려는 의도가 있다는 의미는 아니다." 어쩌면 단지 적을 보고 깜짝 놀라서 소리를 낸 것일지도 모른다는 뜻이다. 그러나 다른 행동연구가들의 관찰은 이와 반대의 내용을 보여주고 있다.

미국의 도로시 체니와 로버트 세이파르트는 긴꼬리원숭이들이 주변에 동료 원숭이가 없을 때 약탈자와 만나게 되는 여러 번의 경우에 대해 보고했다. 이런 경우 원숭이들은 조용했다. 즉 소리를 지를 때 다분히 청중을 의식하고 있었으며 그럴 필요가 있을 때에만 경고의 소리를 냈다. 원숭이들이 복합적인 능력을 지니고 있다고 믿는 사람과 그렇지 않다고 생각하는 사람들 사이의 논쟁은 여전히 진행 중이다. 그러나 전자에 해당하는 사람들은 두 가지의 확실하고 강력한 증거를 가지고 있다. 바로 칸지와 알렉스의 사례이다.

유인원은 인간에게 할 말이 많은가?

"저 동물들은 도대체 우리에게 무엇을 말하고 싶은 것일까?" 많은 사람들이 침팬지, 보노보, 오랑우탄의 눈을 들여다보며 그런 의문을 갖곤 한다. 1661년 8월 24일에 런던의 한 동물원 방문객이 당시에 유럽에 있던 최초의 유인원들 중 한 마리를 보게 되었다. 이 만남은 그에게 깊은 인상을 남겼다. "나는 원숭이가 영어를 많이 알고 있다고 믿었다. 그리고 나는 사람들이 원숭이에게 말이나 수화를 가르칠 수 있다고 생각한다." 수백 년 전부터 원숭이에게 어떻게 말을 가르칠 수 있는지에 대해 많은 제안들이 있었다. 그러나 이런 계획은 이 영장류의 몸 속 깊은 곳에 있는 후두부를 보는 순간 이미 좌절된다. 우리와 먼 친척뻘인 이 동물들의 언어기관은 단지 소리만을 낼 수 있는 구조로 되어 있기 때문이다.

1925년 미국의 영장류 연구의 개척자인 로버트 여키즈는 영장류의 이런 신체적인 약점을 극복할 수 있는 아이디어를 생각해 냈다. 또한 그는 원숭이들이 우리에게 할 말이 많을 것이라고 전제하고, 그들에게 일종의 신호언어를 가르칠 것을 제안했다. 약 40년 뒤에 알렌과 베아트리체 가드너가 그의 아이디어를 실행에 옮겼다. 그들은 캠핑카에서 어린 침팬지 와쇼를 키웠다. 와쇼는 마치 어린아이처럼 자랐다. 규칙적인 수업을 통해 가드너 부부는 일종의 수화를 와쇼에게 가르쳤지만 큰 성공은 거두지 못했다. 와쇼는 실제로 몇 가지 수화를 배웠으나 '할 말이 많은' 것은 분명히 아니었다. 와쇼와의 의사소통에서 대부분은 먹는 것에 관한 것이었다. 그리고 와쇼는 흔히 사육사가 하는 말을 그대로 따라서 반복할 뿐이었다. 와쇼가 진정으로 그 각각의 신호의 의미를 이해했는지는 오늘날까지도 확실하지 않다.

그러나 가드너 부부와 와쇼는 소위 신호탄을 터뜨려준 셈이 되었다. 1970~1980년대에는 영장류의 언어에 관한 연구가 특히 활발했는데, 당시 애틀랜타에 있는 여키즈 영장류센터에서는 수 새비지 럼바우가 보노보를 상대로 연구했다. 애틀랜타의 연구자들은 수화 대신에 렉시그램이라고 하는 그림(기호)문자가 들어 있는 키보드를 이용했다. 256개의 다채로운 기호들이 간단한 단어들을 상징했다. 수 새비지 럼바우는 몇 주에 걸쳐 암컷 보노보인 마타타에게 간단한 기호를 가르쳤지만 유감스럽게도 마타타는 특별히 재능을 보이지 않았다. 거기다가 그녀의 새끼인 칸지가 수업을 방해했다. 칸지는 번갈아가면서 어미 원숭이와 럼바우에게 뛰어올랐고, 키보드를 가지고 장난을 치거나 마타타가 받은 보상을 가로챘다. 당시에는 아무도 이 어린 보노보가 훗날 세계적으로 유명해질 것이라고는 예감하지 못했다.

칸지는 대부분의 시간에는 상징기호를 배우는 수업에 무관심했다. "그러나 때로는 키보드에 사로잡힌 것처럼 보이기도 했다"고 럼바우는 회상했다. "칸지는 상징기호들이 반짝일 때면 뚫어지게 쳐다보았고 각각의 기호를 이해하려고 노력했다." 14개월이 되었을 때에는 가끔 낱개의 키보드를 누르고 자동사료지급기로 달려가곤 했다. 칸지는 분명히 키보드를 누르는 것과 규칙적인 보상이 연관되어 있음을 이해했던 것이다. 그러나 상징기호들을 완전히 임의적으로 일종의 놀이처럼 눌렀을 뿐이었다. "칸지가 각각의 상징기호들과 특정한 물건 사이의 연관성을 이해했다는 확실한 근거는 전혀 없다"고 럼바우는 자신의 저서 『칸지 — 말하는 침팬지』에서 쓰고 있다.

칸지, 아주 특별한 보노보

두 살이 되어서야 비로소 칸지는 의도적으로 하나의 상징을 눌렀다. '잡기(catch)'를 뜻하는 상징기호의 불이 반짝이자 칸지는 물어보는 듯한 시선으로 사육사를 바라보았다. 사육사가 허락하듯이 고개를 끄덕이자 보노보 칸지는 환한 표정으로 달려나갔다. 이와 반대로 어미 마타타는 평생 렉시그램과 익숙해지는 일에 대단히 재능이 없었다. 2년간의 훈련 기간이 지난 뒤에도 마타타는 단지 6개의 기호를 파악했을 뿐이다. 아마도 마타타의 경우에는 연구자들이 너무 늦은 시기에, 즉 마타타가 이미 다 성장한 시기에 수업을 시작했기 때문일 가능성이 높다. 유인원의 경우에도 인간과 똑같이 언어를 비교적 힘들이지 않고 배울 수 있는 민감한 시기가 있는 것이 분명하다. 그리고 어느 순간에 이런 시기의 문이 닫힌다. 우리 인간도 언어와의 접촉 없이 성장한 몇몇 아이들이 평생 이런 약점을 극복하지 못하는 경우가 있듯이 말이다.

칸지의 전성기가 시작된 것은 어미인 마타타로부터 독립을 하면서부터였다. 당시에 칸지는 두 살이 조금 안된 때였고 마타타는 다시 임산부가 되어야 했다. 결국 칸지만 처음으로 언어수업을 받기 위해 연구소에 머물렀다. 첫번째 날 수 새비지 럼바우는 많은 것을 계획하지는 않았으나 칸지는 확실히 생각이 달랐다. 키보드가 만들어지자마자 어린 보노보 칸지는 바로 작업에 들어갔다. 이날 칸지는 키보드를 120번 이상 사용했다. 그는 예를 들어서 먼저 '사과'를 뜻하는 상징기호를 누르고, 이어서 '잡기'를 눌렀다. 그런 다음에는 사과를 집어들고 달아났다.

그 다음 며칠 그리고 몇 주가 지나자 칸지는 의도적으로 특정한 음식을 뜻하는 키보드를 사용했고 그 다음에 냉장고에서 자신이 아까 가리켰던 물건을 정확하게 골라냈다. "처음에는 나조차도 믿을 수가 없었다"고 칸지의 사육사는 회고했다. "칸지는 키보드를 사용할 뿐 아니라 상징기호가 무엇을 의미하는지도 정확히 알고 있었다. 그의 어미는 결코 배우지 못했던 일을 말이다." 처음부터 칸지는 매우 다양한 목적을 위해서 렉시그램을 눌렀다. 그는 요구를 할 수도 있었고, 어떤 대상들을 부를 수도 있었으며, 자신의 의도를 표현할 수도 있었다.

이런 점은 와쇼를 비롯해 언어훈련을 받았던 다른 원숭이들이 결코 배우지 못했던 것이다. 그리고 실제로 한 가지 결정적인 차이점이 있었다. 칸지는 자신의 언어를 놀이처럼 배웠다는 점이다. 결코 교육 시간을 힘겹게 견뎌낼 필요도 없었다. 누구도 몇 시간씩 칸지에게 특정한 단어를 가르치기 위해 노력하지 않았다. 칸지는 단지 주변에서 일어나는 것을 우연히 들었을 뿐이다. 어린아이들도 바로 그와 똑같은 방법으로 말하기를 배운다. 아이들은 어느 순간 혼자 힘으로 말하기 시작할 때까지 듣고 관찰한다. 분명히 이것이 성공의 원칙일 것이며, 앵무새 알렉스도 그렇게 말하기를 배웠을 것이다. 알렉스는 칸지와 함께 동물 세계에서 제2의 언어 천재로 인정받고 있다. 알렉스에 대해서는 나중에 더 자세히 다루기로 하겠다.

먼저 듣고, 그 다음에 말하기

수 새비지 럼바우는 칸지와의 경험을 통

해, 언어 습득에서 '이해하기'가 '말하기'보다 먼저 이루어질 것이라는 자신의 추측을 더욱 확신하게 되었다. 과거에는 연구자들이 지나치게 말하기 능력에만 집중했었다. 먼저 말하기를 배워야 하고 이해는 그 다음에 저절로 이루어진다는 것이 당시의 확신이었다. 그러나 실제로는 그와 정반대였다. 아이들 혹은 유인원들은 언어를 이해할 때 비로소 어느 순간에 말하기를 시작했다. 그 언어가 단어든, 수화든, 렉시그램이든 그것은 중요하지 않다. 나아가 수 새비지 럼바우 주변의 연구자들은 칸지와의 언어훈련에서 한 가지 결론을 더 이끌어냈다. "원숭이들이 인간과 동일한 방식으로, 다시 말해서 특별한 교육 없이 언어를 습득할 수 있다는 것은 곧 인간이 모든 동물과 근본적으로 구별될 만한 특별한 지능을 가진 존재가 아니라는 뜻이다."

학자들은 처음 시작했던 대로 연구를 계속해 나가기로 했다. 칸지에게는 특별히 고정적인 시간표가 없었다. 그 대신에 사육사들은 그에게 일상생활 속에서 가능한 한 많은 자극을 주기 위해 애썼다. 사육사와 학자들이 칸지 근처에서 대화를 나눌 때는 영어를 사용했고 말을 하는 동안에 해당되는 상징을 가리켰다. 또한 야외에서도 칸지와 의사소통을 하기 위해서 학자들은 렉시그램의 사진을 붙인 나무판으로 컴퓨터 키보드를 대신했다. 칸지는 규칙적으로 자신의 일상적 활동, 숲으로의 소풍, 음식과 놀이에 대해 "말을 했다."

연구자들은 17개월 동안 칸지의 말과 표현을 완벽하게 녹화했다. 칸지는 당시에 약 50개의 상징이 뜻하는 의미를 이해하고 있었다. 거의 처음부터 칸지는 복합 단어를 사용했다. 이전에 있었던 대부분의 '말하는' 침팬지들과는 달리 칸지는 이런 복합 단어를 즉흥적으로 사용했다. 반면에 다른 원숭이들은 무엇보다도 사육사를 따라하거나 혹은 계속 같은 단어들을 서로 연결하는 정도에 그쳤다. 이런 반복이 칸지의 경우에는 매우 드물었다. 하나씩 단어를 배울 때마다 말의 내용도 점점 더 늘어났다. 예를 들어서 "얼음, 물, 가다"라는 간단한 문장으로 칸지는 사육사에게 얼음물을 가져오라고 요구했다.

여기서 흥미로운 점은 칸지가 말하는 내용의 대부분이 자기에게 해당되는 것이 아니라 다른 사람에 대한 것이라는 점이다. 예를 들어서 칸지가 '단단히 붙들기'와 '잡기'를 뜻하는 상징을 누른다. 그러면 칸지는 럼바우의 손을 들어서 다른 사육사에게 가져다준다. 두 사람이 서로 잡기놀이를 해야 한다는 의미였다. "그런 표현은 칸지 스스로 생각해 낸 것이었다"고 럼바우는 설명했다. "우리 중에서 아무도 그런 생각을 하지 못했을 것이다. 우리가 함께 놀아야 하고 칸지가 그것을 지켜보도록 해주어야 한다는 것을 말이다."

조심, 칸지가 함께 듣고 있어요!

칸지가 자기 능력의 한계에 도달하기까지는 아직 한참이 남아 있는 듯하다. 끊임없이 사육사들을 깜짝 놀라게 했기 때문이다. 어느 순간에 사육사들은 칸지가 옆에 있는 사람들이 무엇에 대해 말하고 있는지 이해한다는 것을 깨달았다. 어떤 대화에서 사람들은 전날 저녁에 누군가 불 끄는 것을 잊어버렸다는 이야기를 하고 있었다. 그런데 갑자기 칸지가 스위치 있는 곳으로 달려가더니 불을 켰다 껐다 하는 것이었다. 이런 행동이 칸지가 상징뿐 아니

"불?"
"불 안 끈 사람이 누구야?"

라 다른 사람이 말한 단어들을 이해한다는 것을 의미할 수도 있을까?

당시에는 말하기와 듣기가 결코 뗄 수 없이 연결된 것이라는 이론이 지배적이었다. 이 두 가지 능력은 함께 발달하는 것이라고 여겨졌다. 그러나 원칙적으로 말하자면 당연히 칸지는 말을 할 수는 없었다. 이미 침팬지로서 가지고 있는 해부학적인 특징으로 보아도 그것은 불가능할 것이다. 그래서 관찰자들은 처음에 이런 관찰 내용을 대외적으로 발표하지 않았다. 그러나 어느 시기에 이르자 칸지가 마치 어린아이와 같이 사람들의 대화 내용을 알아듣는다는 사실을 더 이상 간과할 수 없었다.

연구자들은 실험을 하기로 결정했다. 그들은 칸지에게 동시에 석 장의 사진을 보여준 다음 사진 중에서 어떤 것을 가져와야 하는지를 말로 했다. 이 실험에서 그들은 렉시그램과 말을 번갈아가면서 사용했다. 칸지가 가져와야 할 것을 상징을 통해서 보여주었을 경우에는 95퍼센트의 성공률을 보였다. 말로 했을 때에는 그것보다 약간 낮은 성공률을 보였다. 93퍼센트. 연구자들은 칸지가 150개 이상의 영어 단어를 이해한다는 것을 알아냈다. 그러나 마찬가지로 렉시그램을 이용해서 대단히 능숙하게 의사소통을 했던 다른 유인원들은 이런 영어 테스트에서 단지 우연히 맞히는 정도에 지나지 않았다.

칸지의 능력은 당시에 놀라움과 함께 큰 관심을 불러일으켰다. 학술적인 신문들뿐 아니라 다양한 매체들이 이 말하는 원숭이에 대해 집중적인 토론을 벌였다. 어떤 사람들은 인간과 동물이 더 가까이 다가서게 된 놀라운 일을 축하했다. 어떤 사람들은 실험 결과를 의심했다. 언어는 오로지 인간만의 특징으로 간주되는 마지막 보루 중 하나이기 때문이다. 언어는 인간만의 특징으로 지켜져야 했다. 왜냐하면 칸지와 수 새비지 럼바우가 전면적인 공격을 시작한 셈이기 때문이다.

주요 비판가들 중 한 명이 바로 미국의 언어학자 노암 촘스키였다. 오직 인간만이 출생부터 소위 '보편적 문법' 실력을 소유하고 있고, 그래서 인간이 유일하게 언어에 재능을 가진 존재라고 그는 생각했다. 칸지의 말에는 인간의 언어에서 말하는 소위 '통사론,' 즉 단어들에 질서를 부여하고 그럼으로써 더 높은 뜻을 부여하는 문법이 결여되어 있다는 것이다. 그러므로 칸지와의 실험과 관련해서 언어라는 개념은 언급될 수 없다고 했다. 데카르트와 마찬가지로 촘스키도 인간과 동물 사이에 깊은 고랑이 존재한다고 믿었다.

보노보의 문법

칸지가 문법에 대한 기본 단서를 갖고 있는지 아닌지의 논쟁은 길고 격렬하게 계속되었다. 영장류 학자들은 칸지의 말을 언어학자들에게 검사하게 했다. 그 결과 칸지가 실제로 말을 할 때 간단한 규칙들을 지키고 있다는 사실이 밝혀졌다. 어린 시절에는 말하고 싶은 단어들을 순서 없이 나란히 늘어놓았다. "바나나 숨기기"라는 문장이 "숨기기 바나나"라는 문장만큼이나 자주 등장했다. 그러나 나이가 들면서 영어의 일반적인 순서를 지켜서 말했다. "잡기, 칸지" 혹은 "베어 물기, 토마토" 등과 같이 말이다. 칸지는 사육사들이 사용하는 단어의 배열 순서를 옆에서 듣고 배운 것이 확실했다. 즉 말의 규칙을 배웠다는 뜻이다.

이런 놀라운 성과에도 불구하고 수 새비지 럼바우 주변의 행동연구가들은 칸지의 표현이 인간의 복합적 언어와는 많이 다르다는 점을 확신했다. 침팬지들은 인간과 같은 길을 가지만, 그 길을 훨씬 더 천천히 가거나 인간만큼 멀리 가지 못한다고 여겼다. "베를린의 장벽은 무너졌다. 그리고 이와 똑같이 인간과 침팬지를 구분시켜 주었던 장벽도 사라졌다." 미국의 심리학자 엘리자베스 베이츠는 칸지와 다른 보노보의 언어에 대해 분석한 후 이렇게 말했다. 인간과 보노보, 이 두 종의 생물학적 토대는 동일하다. 그렇기 때문에 현재 지니고 있는 인간과 유인원의 각기 다른 능력이 우리 조상들의 시대에 언어가 어떻게 발전했는지에 대한 몇 가지 설명을 해줄 수 있을 것이다.

또한 우리 뇌 안에 있는 특정한 언어 부위, 예를 들어서 브로카 부위와 베르니케 부위 등은 매우 크기는 하지만 그런 부위들이 결코 우리에게만 있는 것은 아니다. 모든 포유동물이 이 부위를 가지고 있고, 다른 종들의 경우에도 이 부위가 소리를 생성하는 일을 맡고 있다. 칸지를 통해서 인간과 유인원은 한 걸음 더 가까워졌다. 칸지는 그 사이에 30세가 되었고 최근에는 수 새비지 럼바우와 언어훈련을 받은 다른 원숭이들과 함께 애틀랜타에서 아이오와로 이사를 왔다. 그곳에 위치한 디모인에 완전히 새로운 연구센터가 생겨났는데, 언어훈련을 받은 영장류들을 연구하는 몇 안되는 연구소 중 하나가 되었다.

유인원들에게 말을 가르치려는 시도는 이제 그 화려한 전성기를 지나보냈다. 칸지와 다른 보노보들의 놀라운 능력에도 불구하고 결과는 오히려 실망스러웠다. 우리와 친척뻘이 되는 이 동물들은 — 로버트 여키즈가 기대했던 것처럼 — 우리에게 끝없이 할 말이 많은 것은 아니었다. 그러나 칸지와 그의 동료들은 원숭이들에게도 언어의 기본 토대가 깔려 있다는 사실을 보여주었다. 그 이상 많은 것을 우리는 기대할 수 없다.

그래서 우리의 지식의 갈등 때문에 많은 유인원들에게 더 큰 대가를 치르게 하는 것은 별 의미가 없다. 칸지와 그의 말하는 동료 원숭이들은 두 세계의 사이에 살고 있기 때문이다. 그들은 인간이 되지도 않았고, 그렇다고 해서 더 이상 평범한 보노보의 삶을 살 수도 없다. 수 새비지 럼바우와 그녀의 동료들은 침팬지, 보노보, 고릴라, 오랑우탄들이 우리의 언어를 얼마나 배울 수 있는지 잘 알게 되었다. 오늘날의 연구자들은 유인원과 동물들이 자연적인 환경에서 어떻게 의사소통을 하는지 이해하는 데 집중하고 있다.

동물의 기만과 사기

"엄마, 저 오늘 리사네 집에서 잘게요." 15세의 카트린이 말한다. "그런데 우리에게 전화를 할 수는 없을 거예요. 리사네 집 전화가 고장이거든요." 확실한 거짓말이다. 두 명의 십대 소녀들이 계획하는 것은 분명 리사네 집에서 저녁을 보내는 일이 아닐 것이다. 물론 대부분의 어른들은 그런 거짓말을 꿰뚫어보겠지만 사실 그런 거짓말 뒤에는 대단한 뇌 활동이 숨겨져 있다.

우선 카트린은 비교적 신뢰가 갈 만한 이야기를 생각해 내야 한다. 그런 다음에는 그 이야기를 엄마에게 했다고 가정하고 엄마의 행동을 미리 생각해 놓아야 한다. "엄마는 전화를 걸 것이고 내가 디스코텍에 있다는 것을 알게 될 거야." 이런 문제에 대해서도 카트린은 해결책을 마련해 놓는다. 이처럼 거짓말을 하는 것은 어려운 지능적 과제를 완수하는 것과 같다. 거짓말은 통찰력과 창의력을 요구하기 때문이다. 여기서 도덕적인 측면은 완전히 제외하고 생각해 보자.

과연 동물들도 그렇게 복잡한 과제를 수행할 수 있을까? 동물의 속임수에 대해서 학자들은 최소한 동물 세계의 언어에 대해서만큼이나 격렬하게 논쟁을 벌이고 있다. 왜냐하면 언어와 속임수는 서로 밀접하게 연관되어 있기 때문이다. 언어는 확실하게 최고의 속임수 수단이다. 물론 동물들 사이에도 기만과 사기가 존재한다는 것은 한결같은 의견이다. 중요한 문제는 동물들이 의도적으로 거짓말을 하느냐는 것이다. 그들은 자신들이 무엇을 하고 있는지 알고 있을까?

동물들의 속임수를 스펙트럼으로 펼쳐놓으면 대단히 폭이 넓다. 이 스펙트럼의 시작 부분에는 각자의 생각이 전혀 숨겨져 있지 않은 단순한 거짓말들이 존재한다. 그러다가 시간이 지나고 진화를 거치면서 본격적인 거짓말들이 등장한다. 동물들의 의태(동물이 몸을 보호하거나 쉽게 사냥하기 위해서 주위의 물체나 다른 동물과 매우 비슷한 모양을 하고 있는 것 - 옮긴이)와 모방이 그런 고전적인 사례에 해당된다.

청소부라고 불리는 물고기 아귀는 자기 윗입술의 구불구불한 돌기를 미끼로 내어놓는다. 그런 다음에 어떤 물고기가 와서 벌레처럼 보이는 그것을 물 때까지 조용히 기다린다. 어느새 아무것도 모르는 물고기는 아귀의 뱃속으로 들어가 있다. 한편 해롭지 않은 뱀들이 위험한 독사의 색깔을 지니고 있기도 하다. 혹은 잎사귀 하나가 갑자기 달려간다. 실제로는 잎사귀가 아니라 뛰어나게 잘 가장한 대벌레이다.

이런 종류의 속임수는 자연에서 흔히 발견되는 일이다. 그리고 이런 일들은 약탈자와 희생자 사이에서 벌어지는 영원한 경쟁에서의 합법적인 수단이기도 하다. 어떤 한 종의 동물이 다른 종의 동물을 속이는 것이다.

그렇다면 같은 종 안에서의 속임수는 어떠한가? 콘라트 로렌츠는 여전히 동물의 행동은 기본적으로 종의 보전에 기여한다고 확실히 믿고 있었다. 그래서 같은 종의 동물들 사이에서 일어나는 속임수와 기만은 아무런 의미가 없다고 여겼다. 사자와 사자 사이에는 오로지 의사소통과 이해만이 존재한다는 것이다. 그러나 이것은 현실과 일치하지 않는 생각이다. 왜냐하면 같은 종의 동물들이 흔히 가장 무서운 경쟁자이기도 하기 때문이다.

1976년에 리처드 도킨스는 그의 유명한 저서 『이기적 유전자』를 통해서 로렌츠의 종의 보존 이론을 반박했다. 영국의 진화생물학자인 도킨스는 각기 다른 개체들(각기 다른 유전자를 가진 동물들) 사이의 이해관계가 일치하지 않을 때는 언제나 거짓말과 속임수를 발견하게 된다고 확신했다. 이것은 같은 종에 속하는 각각의 동물들에게도 해당된다. 사자들은 먹이를 위해 경쟁을 벌이고, 사슴들은 암컷을 차지하기 위해, 까마귀들은 둥지 재료를 두고 경쟁을 벌인다. 서로 다른 종들만 경쟁관계에 있는 것이 아니라 같은 종들끼리 — 도킨스가 날카롭게 표현한 대로 말하자면 — 심지어 각각의 유전자가 경쟁관계에 있는 것이다.

조용한 개구리의 속임수

결국 같은 종 안에서도 대담한 사기와 속임수가 벌어진다는 말이다. 이런 사실을 확인하고 싶다면 선선한 봄날 밤에 연못을 찾아가 보면 된다. 수컷 개구리들이 격렬하게 개굴개굴 소리를 내면서 짝짓기를 원하는 암컷 개구리들을 유혹하려 애쓰고 있다. 가장 크게 울음소리를 내는 자가 가장 좋은 기회를 차지한다. 그러나 몇몇 수컷 개구리는 조용하게 머물러 있다. 겉으로 보기에 이들은 힘차게 울어대는 동료들 뒤에서 겸손하게 기다리는 것처럼 보이지만 사실은 목소리를 보호하고 에너지를 저축하고 있는 것이다.

이 조용한 개구리들이 결코 암컷을 포기하는 것은 아니다. 왜냐하면 숙녀 개구리가 길에 나타나자마자 이들은 재빨리 점프를 해서 암컷의 등에 올라앉기 때문이다. 열심히 울어대던 수컷 개구리들은 닭 쫓던 개 신세가 되는 셈이다. 행동연구가들은 개구리들 중에서 이렇게 행운의 골을 넣은 주인공을 '인공위성 수컷' 이라고 부른다. 지나치게 많은 수컷들이 이 방법을 쓰지 않는 한 결과는 성공적이다.

그렇다면 이 '인공위성 수컷' 들은 자신들이 무슨 일을 하고 있는지 알고나 있을까? 그들은 스스로 상황을 파악하고 소리 없는 사기꾼이 되기로 결정한 것일까? 이런 문제를 판단하는 일은 사실 의태를 보이는 동물들의 경우보다 더 어렵다. 그럼에도 불구하고 대부분의 행동연구가들은 분명하게 '아니오' 라고 대답한다. 개구리들의 경우에 이런 행동은 진화의 과정에서 발달했다. 따라서 언제나 수컷의 일정한 비율이 이런 속임수를 쓰고 있지만 이것을 전략 혹은 전술이라고 부를 수는 없다.

언어 없이 거짓말이라는 것이 존재할 수 있을까? 쇼펜하우어는 이 두 가지를 전형적인 인간의 특징으로 여겼다. "세상에는 단지 기만적인 존재만이 있을 뿐이다. 그것이 바로 인간이다. 다른 모든 것은 자신의 모습을 있는 그대로 드러내고 느끼는 대로 말하는 진실하고 정직한 존재다." 그런데 이 경우에는 인간 적대자 쇼펜하우어가 착각을 했던 것이 분명하다. 왜냐하면 그 사이에 발견된 많은 사례들이, 동물들도 같은 종들끼리 지극히 의도적으로 거짓말을 할 수 있다는 사실을 알려주고 있기 때문이다. 이것을 행동연구가들은 '전략적 속임수'라고 부른다. 그리고 두 전문가 리처드 번과 앤드류 휘튼이 동물의 속임수에 관해 정의 내린 것처럼 "한 동물이 일상적인 행동이라고 할 수 있는 어떤 행동을 전혀 다른 의도로 행함으로써 주변의 친숙한 동물들을 혼란에 빠뜨리는 능력"이 그 뒤에 숨겨져 있다.

원숭이들이 상대를 속이는 방법

한편 스코틀랜드 대학의 연구자 번과 휘튼은 몇 년 전에 남아프리카의 드라켄스버그에서 '전략적 속임수'의 전통적인 사례를 관찰할 수 있었다. 사건은 한 비비원숭이 집단에서 일어났다. 학자들은 암컷 비비원숭이인 멜이 마침 맛좋은 구근을 파고 있는 모습을 보고 있었다. 그때 거의 아이라고 할 수 있는 어린 수컷인 파울이 다가왔다. 다른 무리들은 소리는 들리지만 눈에는 보이지 않는 거리에 있었다. 파울은 주변을 둘러보더니 갑자기 날카로운 소리를 질렀다. 곧 파울의 어미가 나타났고 서열상 더 아래에 있는 멜을 위협해서 쫓아냈다. 멜은 도망을 가면서 자신이 파낸 구근들을 그냥 놔두고 갔다. 멜이 발견한 먹이는 파울의 차지가 되었다.

"이 사건을 관찰했을 때 우리는 원숭이의 행동이 의도적이라는 인상을 떨쳐버릴 수 없었다"고 후에 번과 휘튼은 썼다.

이들은 바로 동료 학자들에게 알렸고, 거의 모든 영장류 연구자들이 이와 유사한 체험을 할 수 있었다. 그러나 학술서적에서는 이 주제에 대한 어떤 내용도 찾을 수가 없다. 왜냐하면 개별적인 관찰은 믿을 만한 것으로도, 학술적인 것으로도 간주되지 않기 때문이다. "나는 일화를 믿지 않는다, 나는 실험을 믿는다"고 라이프치히의 막스플랑크 진화인류학연구소에 있는 미하엘 토마셀로는 말한 바 있다. 진정한 실험의 결과란 재현되어야 하는 것인데, 그러한 개별적 경우에는 당연히 재현이 힘들기 때문이다.

그래서 번과 휘튼은 1985년에 첫번째 설문조사를 시작했다. 그들은 100명이 넘는 학자들에게 편지를 썼고 '전략적 속임수'라고 평가받을 수 있는 관찰들에 대해 물어보았다. 이에 대해 동료 학자들은 250건 이상의 사례를 알려주었고, 두 생물학자는 이 사례들을 엄격한 기준에 따라 점검했다. 그렇다면 앞서 소개되었던 파울의 경우는 진정으로 의식적인 거짓말이라고 할 수 있을까? 파울이 정말 이해력과 분별력을 갖춘 '전략적 속임수'를 사용한 것일까? 그러나 무엇보다도 분명히 해둘 점은, 동물들이 특정한 전략을 통해서 원하는 목적을 달성하는 법을 배웠던 것은 아니라는 것이다.

어린 비비원숭이 파울도 어쩌면 우연히 소리를 질렀을지도 모른다. 그리고 학습능력이 있는 원숭이로서 파울은 이런 행동이 자신에게 생각지 못한 이익을 가져다준다는 것을 깨달았을 것이다. 그리고 다음번에도 그와 똑같이 행동했을 것이다. 결국 이해나 분별과는 아무런 상관이 없을 것이라고 추측할 수 있다. 그러나 실제로 관찰을 했던 대부분의 사람은 결코 우연한 행동이라고는 생각하지 않는다. 그렇다 해도 학자들은 모든 우발적 경우를 제외시켜야만 했기 때문에 대부분의 관찰 기록들이 사라지게 되었는데 다행히 몇 가지 자료가 아직 남아 있다. 그 중에 다음에 소개할 '이중 속임수'와 '비밀스런 동침' 이야기가 있다.

네덜란드의 영장류 학자인 프란스 플루에이는 탄자니아의 곰베 국립공원에서 중요한 관찰을 하게 되었다. 한 어른 수컷 침팬지가 전기로 조절되는 먹이상자가 어떻게 열리는지 관찰했다. 상자 안을 열어보니 여러 개의 바나나가 들어 있었다. 바로 이때 제2의 침팬지가 나타났다. 그러자 첫번째 침팬지는 얼른 뚜껑을 다시 닫고 최대한 아무 일도 없다는 듯한 표정을 지었다. 새로 온 침팬지가 사라지자마자 첫번째 침팬지는 바나나를 가져가기 위해 상자로 다시 돌아왔다. 그러나 동료 침팬지도 그렇게 순순히 물러서지 않았다. 이 침팬지 역시 무언가 이상하다고 생각한 것이 분명했다. 그는 상황을 자세히 지켜보기 위해 몸을 숨겼다. 다음 순간 갑자기 두 마리의 침팬지가 동시에 먹이상자 앞에 서 있게 되었다. 속고 속이는 상황이 된 것이다.

한편 한 암컷 고릴라가 서열이 낮은 수컷과 함께 수풀 속으로 들어갔다. 이들은 놀라울 만큼 조용히 움직였다. 비룽가 국립공원에 사는 산고릴라 그룹에서는 최근에 권력 교체가 이루어졌다. 수년 동안 비츠미가 그룹에서 가장 높은 서열의 수컷 고릴라였지만, 그 사이에 더 젊은 티투스가 싸움에서 더 자주 승리를 거두게 되었다. 그럼에도 불구하고 비츠미는 '자신의 여자' 만은 넘겨주려 하지 않았다. 그러나 비츠미가 암컷 고릴라에게 접근하려 할 때마다 항상 젊은 티투스가 그 사이에 끼어들어 방해를 했다. 그러자 어느 날 비츠미는 암컷 고릴라 제니를 재촉해서 우두머리인 티투스의 눈에 띄지 않는 곳까지 멀리 갔다. 그 다음에 비로소 비츠미는 암컷과 짝짓기를 할 수 있었다. 이때 비츠미는 예전에 짝짓기를 할 때 냈던 우렁찬 소리도 지르지 않았다. 제니도 아무런 소리를 내지 않았다. 생물학자들은 이러한 은밀한 만남을 침팬지들에게서도 관찰할 수 있었다.

그 동안 밝혀진 바에 따르면 사회생활을 하는 동물의 경우에 같은 종 안에서도 속고 속이는 일이 벌어진다. 포유동물뿐만이 아니라 몇몇 새들, 예를 들면 까마귀 등도 사기와 기만의 흔적을 보여주고 있다. 그러나 진정한 거짓말의 대가는 역시 인간이다. 이를 위해서는 언어가 뛰어난 도구가 된다. 혹은 루트비히 비트겐슈타인의 말을 빌려 표현하자면, "거짓말이란 다른 모든 것이 그렇듯이 시간이 갈수록 점점 능숙해지는 언어 게임이다." 그리고 실제로 최고의 분야, 즉 자기기만은 오직 인간만이 할 수 있다.

세상에서 가장 똑똑한 새

알렉스가 의자 등받이에 앉아 있다. 알렉스 앞에는 검은색의 긴 머리칼을 가진 날씬한 여성인 이레네 페퍼베르크가 서서 네 개의 열쇠가 놓여 있는 쟁반을 가리킨다. 그리고 이어서 둘

사이에 다음과 같은 대화가 시작된다.

"이게 뭐지?" 페퍼베르크가 물어본다.

"열쇠." 알렉스가 대답한다.

"몇 개?" 알렉스는 지루하다는 듯이 딴청을 피운다. "바나나를 원해." 새가 말한다.

그러나 보상은 아직 없다.

"자 어서, 알렉스. 몇 개지?" 알렉스는 다시 한 번 쟁반을 쳐다보고 이렇게 말한다. "네 개."

"아주 잘했어. 여기 땅콩 하나 줄게."

"바나나." 알렉스는 울어대면서 땅콩은 쳐다보지도 않는다. 결국 새는 원했던 보상을 받고 만족스럽게 바나나를 쪼아먹는다.

알렉스는 회색 앵무새이다. 그러나 평범한 새가 아니라 세계적으로 유명세를 타고 있는 앵무새이다. 세계에서 가장 똑똑한 새로 여겨지는 알렉스는 말을 할 수 있을 뿐 아니라 — 그것은 다른 많은 앵무새들도 할 수 있는 일이므로 — 자신이 말하는 대로 생각할 줄 안다. 알렉스와 이레네 페퍼베르크의 인연은 30년 전에 시작되었다. 1977년 6월에 이 젊은 여성 연구원은 시카고에 있는 한 애완동물 가게에서 13개월 된 회색 앵무새를 샀다. 페퍼베르크는 새들의 머릿속에서는 어떤 일이 벌어지고 있는지 밝혀내고 싶었다. 그녀는 앵무새가 매우 영리하기 때문에 사람과 앵무새가 의사소통을 할 수 있을 것이라고 굳게 믿었다. 유감스럽게도 그녀 외에는 이런 확신을 가진 사람이 거의 없었다.

당시에 미국에서는 행동주의가 대세를 이루고 있었다. B. F. 스키너가 행동연구의 여러 개념들을 만들어냈다. 자극과 반응, 당근과 채찍, 중요한 것은 그것뿐이었다. 동물들은 언제나 오직 조건에 따라 반응하는 대상으로만 여겨졌다. 동물의 내면적 삶은 우리가 결코 들여다볼 수 없는 일종의 블랙박스였다. 동물이 언어 혹은 의식을 가지고 있는가 하는 질문 자체가 매우 낯선 것으로 치부되었다. 그래서 이레네 페퍼베르크가 썼던 초기의 연구신청서들은 모두 거부되었다.

그러나 마침내 인디애나 주의 퍼듀 대학이 페퍼베르크에게 최소한의 연구 공간을 제공해 주어 비로소 그녀는 자신의 연구를 시작할 수 있었다. 28세의 그녀는 당시에 이미 화학 분야에서 하버드 대학의 박사학위를 소지하고 있었다. 젊은 연구자 페퍼베르크는 연구를 하는 동안 도널드 그리핀의 학설에 대해 알게 되었다. 당시에 그리핀은 아마도 스키너가 주창하는 행동주의의 가장 유명한 반대자였을 것이다. 그리핀의 행동연구는 페퍼베르크를 대단히 매료시켜서 그녀로 하여금 연구를 처음부터 다시 시작하고 싶도록 만들 정도였다. 그녀는 이미 하버드에서 생물학, 심리학, 인류학을 공부했고 퍼듀 대학에서는 마침내 실질적인 연구를 시작할 수 있었다. 그녀는 이때부터 알렉스에게 언어를 가르쳤다.

이때 페퍼베르크는 이 앵무새와의 수업을 위해서 독일의 동물학자 디트마르 토트가 개발한 방식을 사용했다. 여기서는 학생, 이 경우에는 알렉스가 직접 수업을 받지 않는다. 학생은 다른 사람이 배우는 것을 그저 주시할 뿐이다. 구체적으로는 다음과 같은 방식으로 이루어진다. 한 여학생이 종이 한 장을 높이 들고 말한다. "이레네, 이것이 무엇이죠?" 페퍼베르크는 이해할 수 없는 앵무새 소리로 대답한다. 여학생이 종이를 이리저리 흔든다. "자 어서요, 이레네, 이것이 무엇이죠?" 그제야 페퍼베르크는 불평스러운 목소리로 말한다. "종이." "아주 잘 했어요." 그녀는 칭찬을 받고 종이를 받는다. 그런 다음에는 여학생과 교수가 역할을 바꾼다.

알렉스는 여기서 누구나 질문도 할 수 있고 대답도 할 수도 있다는 것을 배워야만 한다. 한참을 주시하고 있던 알렉스는 어느 순간에 자발적으로 학생과 경쟁을 하게 된다. 이것은 대단히 성공적인 방법으로 후에 보노보 칸지도 이와 유사한 방법으로 언어를 배웠다. 심지어 문어도 다른 문어가 과제를 해결하는 모습을 관찰했을 때 주어진 과제를 더 빠르게 이해했다.

1981년에 이레네 페퍼베르크는 첫번째 연구 결과를 발표했다. 당시에 이미 알렉스가 대부분의 앵무새들보다 훨씬 더 많은 일을 할 수 있다는 사실이 알려져 있었다. 페퍼베르크의 논문은 점점 인정받기 시작했다. 그녀는 연구지원금을 받았고 마침내 교수 자리도 얻게 되었다. 수년 동안 그녀는 애리조나의 대학에서 학생들을 가르쳤다. 그러는 동안 알렉스의 능력은 끊임없이 발전했다. 오늘날 그는 커피잔, 열쇠, 장난감 마차 등 100개 이상의 물건을 인식할 줄 안다. 또한 코르크, 금속, 플라스틱, 돌, 종이, 양모 등에 대해서는 이 물건들이 어떤 재료로 만들어졌는지를 알고 있다.

알렉스는 그 외에도 다섯 가지 형태와 일곱 가지 색깔을 구별할 수 있으며, 일곱까지 숫자를 셀 수 있고, '같다'와 '다르다'가 무엇을 의미하는지도 안다. 단 언제나 전제가 되어야 하는 것은 알렉스가 함께 게임을 할 준비가 되어 있어야 한다는 점이다. 알렉스가 항상 이런 준

"이것과 이것은 무엇이 같니?"
"샤워를 원해, 샤워! 모양이 같잖아"

비가 되어 있는 것은 아니다. "지능상으로 알렉스는 5세 아이와 유사하지만, 감정적으로는 그보다 더 아래로 내려가서 보살핌을 잘 받지 못한 2세 아이 정도에 해당된다"고 이레네 페퍼베르크는 말한다.

그녀는 반복적으로 다음과 같은 상황을 경험했다. 그녀가 알렉스에게 나무로 만들어진 초록색의 플라스틱 사각형과 파란색의 사각형을 가리킨다. "알렉스, 무엇이 같지?"

"샤워를 원해." 알렉스는 이렇게 요구하면서 의자의 등받이 위에서 이리저리 움직인다.

"자 어서, 무엇이 같지?"

그러나 알렉스는 자신이 원하는 것이 무엇인지 정확히 알고 있었다. "샤워!"

이레네가 물을 뿌려준 다음에야 비로소 알렉스는 게임에 동참한다. "그럼 이제 무엇이 같지?"

그제야 비로소 쏜살같이 대답이 나온다. "모양." 다음으로 "무엇이 다르지?"라는 질문에는 "색깔"이라고 대답한다. 그러나 '초록색' 혹은 '파란색'이라는 말까지는 하지 못한다. 그러나 이것만으로도 대단한 성과이다. "알렉스는 침팬지 혹은 돌고래만큼이나 아주 뛰어났다"고 사육사들은 말한다. 그러나 학자들은 아직도 알렉스가 실제로 숫자를 셀 수 있는지에 대해서 논쟁을 벌이고 있다. "초록색 주사위가 몇 개 있지?" 페퍼베르크가 물으면서 여러 가지 종류의 주사위들이 놓여 있는 쟁반을 보여준다. 2개의 빨간 실뭉치와 6개의 초록색 실뭉치 그리고 3개의 빨간 주사위와 4개의 초록색 주사위 등이 놓여 있었다. 알렉스는 잠깐 지체하다가 "네 개"라고 답한 뒤, 바로 "호두를 원해!"라고 말한다. 알렉스는 상을 받는다. 그런데 알렉스는 언제나 이런 보상을 직접 요구해야만 받을 수 있다. 가만히 있을 경우에 그가 받을 수 있는 것은 넘치는 칭찬뿐이다.

앵무새의 수학 시간

그럼에도 불구하고 몇몇 학자들, 특히 정년퇴직한 영국 요크 대학의 심리학 교수 유안 맥페일 등은 알렉스가 실제로 숫자를 셀 수 있다고 믿지 않았다. 맥페일은 자신의 생각을 다음과 같은 설명을 통해 주장했다. 그가 잠깐 동안 사진 한 장을 높이 들고 있는데, 그 사진에는 네 마리의 앵무새가 있었다. "당신은 이것이 네 마리라는 것을 알기 위해서 굳이 하나씩 셀 필요가 없다"고 그는 말한다. 사람은 7~9개보다 적으면 그저 한눈에 파악할 수 있다. "그리고 그것은 몇몇 동물이 숫자를 셀 수 있는 한계치이기도 하다." 맥페일은 여기에 어떤 특별한 인지능력이 숨겨져 있다고는 여기지 않는다. 단지 알렉스가 숫자를 세는 것에서 더 나아가 계산까지 해낸다면 그도 깊은 인상을 받을 것이다. 이레네 페퍼베르크가 이미 알렉스에게 간단한 덧셈과 뺄셈을 가르치고 있기는 하지만, 아직 그 정도에는 이르지 못하고 있다.

그러나 알렉스는 이미 가장 어려운 숫자 가운데 하나인 0을 이해하고 있었다. 0은 서구의 경우에 중세 이후에야 비로소 알려진 숫자이다. 알렉스는 0에 대한 개념을 소위 스스로 깨우쳤다. 몇 년 전에 연구자들은 알렉스에게 한 실험을 통해서 아무것도 없다는 뜻의 'nothing'

이라는 단어를 가르쳤다. 즉흥적이고 자발적으로 알렉스는 'nothing'의 의미를 계산 과제에 적용했다.

실험자는 어느 날 알렉스에게 다양한 물건이 놓인 쟁반을 보여주었다. 그 안에는 각각 같은 색깔로 되어 있는 3개, 4개, 그리고 6개의 세트들이 놓여 있었다. 함께 실험을 하던 사람 중 한 명이 실수를 해서 다음과 같이 물었다. "알렉스, 다섯 개 있는 것이 무슨 색깔이지?" "nothing." 알렉스는 이렇게 대답했고 그것은 정확한 대답이었다. "nothing은 0과 똑같은 것이 아니야"라고 페퍼베르크는 말했다. 그러나 'nothing'이 알렉스가 알고 있는 유일하게 적절한 단어였던 것이다. 그래서 페퍼베르크는 알렉스가 0의 개념을 알고 있다고 확신하게 되었다.

애리조나 대학에서 수년을 지낸 후에 페퍼베르크와 그녀의 앵무새는 얼마 전에 이사를 했다. 오늘날 그녀는 브랜다이즈 대학과 하버드 대학에서 강의와 연구를 계속하고 있다. 그러나 알렉스가 이레네 페퍼베르크가 실험하고 있는 유일한 회색 앵무새가 아닌 지는 이미 오래되었다. 가장 어린 그리핀과 월트가 수업을 할 때면 알렉스가 조련사 역할을 담당하기도 한다. 앵무새들은 같은 종의 동료가 수업하는 것을 관찰할 때 더 빨리 배운다는 것이 행동연구가들의 경험이었다. 앵무새들에게 말하기 훈련은 대단히 즐거운 작업이었음이 틀림없다. 그래서 아무도 보지 않는 때나 새들 스스로 아무도 자기를 보지 않는다고 믿는 밤에도 연습을 할 정도였다. 실제로 페퍼베르크는 한밤중의 대화를 규칙적으로 녹음했다. 나이가 더 많은 앵무새가 예를 들어서 두 번의 클릭 소리를 낸다. "몇 개지?" 그가 묻는다. "네 개." 그리핀이 대답하고는 바로 혼쭐이 난다. "엉터리 녀석, 틀렸어."

고래들의 노래경연대회

동물들의 노래경연대회가 열린다면 우승자는 아마도 혹고래일 것이다. 매년 짝짓기 시기에 이 바다의 포유동물은 영양분이 많은 물속에서 독특한 모임을 갖는다. 수컷 고래들은 진정한 콘서트를 개최하는데, 여기서 그들은 최장 10시간까지 교대로 노래를 부른다. 고래들의 노래는 확실한 구조, 즉 시의 구와 절, 그리고 가사로 이루어졌으며, 동물 세계에서 가장 복합적인 소리를 내는 것으로 알려져 있다.

이미 1970년대 초기에 코넬 대학의 로저 페인과 캐서린 페인이 최초로 고래들의 콘서트를 학술적으로 분석했다. 놀라운 것은 고래의 노래뿐 아니라 그들의 뛰어난 창의성이었다. 고래들은 끊임없이 새로운 리듬을 작곡하고 오래된 시구를 다양하게 변형한다. 그리고 아주 짧은 시간 안에 무리 전체가 그러한 변화를 소화한다. 최소한 부분적으로는 고래들도 모방을 통해 노래를 배운다. 그렇지만 창의력이 뛰어나 해마다 열리는 콘서트가 매번 약간씩 달라진다. 말하자면 그들의 콘서트에는 수년이 넘게 보존되고 있는 '올드 팝송'이 있는가 하면 다음해에는 벌써 잊혀지는 '여름 히트곡'들도 들어 있다는 말이다.

고래들의 노래를 분석하면서 캐서린 페인은 많은 고래들이 시 구절의 운도 잘 맞춘다는 사실을 알아냈다. 연구자들에 따르면, 고정된 리듬 안에서 몇 가지 시 구절이 반복된다. 고래의 노래와 인간의 시는 놀랍게도 매우 유사한데, 그것은 고래의 뇌가 운을 잘 파악할 수 있기 때문이다. 따라서 고래들에게는 반복구가 기억력의 지침으로 작용한다. 고래의 기억력은 사실 우리의 기억력과 그다지 다르지 않다. 우리도 운이 맞춰져 있지 않은 텍스트보다는 시가 더 오래 머릿속에 남는다. 그래서 널리 알려진 유행가의 반복구를 들으면 어느 순간 아무 문제없이 따라 부를 수 있는 것이다.

당시에 이미 페인 부부는 고래의 노래가 많은 변형에도 불구하고 엄격한 구조적 질서를 지키고 있을 것이라고 추측하고 있었다. 이런 추측은 30년 이상이 지난 최근에야 확인되었다. 매사추세츠 기술연구소의 류지 스즈키는 그들 노래의 구성과 구조를 살펴보았다. 이 신경학자는 특별히 그런 목적을 위해 직접 개발한 컴퓨터 프로그램을 이용해서 고래의 노래들을 각각의 요소로 분해하고 모든 요소에 하나의 상징을 배열했다. 그렇게 정리를 해보니 노래들의 구조와 복합성이 확연히 드러났다. 고래의 노래는 정해진 일련의 소리들로 구성되어 있고, 거기서부터 짧고 긴 변형이 나온다. 각각의 부분들이 절로 합쳐지고 규칙적으로 반복된다. 또한 이런 반복도 정해진 패턴을 따르고 있다. "우리는 고래의 노래 속에서 일정한 구조를 분명히 확인할 수 있었는데, 이런 구조는 아직까지 인간의 언어에 대해서만 알려져 있는 특징이다"라고 연구자들은 보고했다.

600가지나 되는 소리를 낸다지만

그러나 고래가 노래를 통해서 전달할 수

있는 정보의 용량은 극히 적다. 고래들이 초당 전달하는 자료의 양은 1바이트도 되지 않는다. 영어로 말하는 사람이 단어당 평균 10바이트의 정보를 전달한다고 한다. 그러므로 연구자들은 이 바다의 포유동물이 비록 복합적인 방식으로 의사소통을 한다는 점은 인정하지만 그것이 진정한 언어라고는 생각하지 않는다. 아직도 생물학자들은 고래의 노래에 대해 충분히 파악하지 못하고 있다. 예를 들면 고래들이 도대체 왜 그렇게 인상 깊은 콘서트를 여는지도 분명히 밝혀내지 못했다.

단지 혹고래는 짝짓기 시기에만 노래를 부르기 때문에 이들의 노래가 번식과 관련이 있다는 점만은 분명하다. 동물의 왕국에서 흔히 그렇듯이 고래들은 암컷에게 깊은 인상을 주거나 자신의 힘을 보여주어야 한다. 그렇다면 고래들이 콘서트를 여는 것은 일종의 시합으로, 화려한 뿔을 가진 사슴들의 시범 경기와 아주 유사하다. 이런 공연에서도 '내용은 적어도 볼거리는 많게' 라는 원칙이 적용된다. 모든 남성이 한 여성을 정복하고자 할 때 전달하려는 간단한 메시지는 바로 '내가 최고' 라는 것이다.

실제로 혹고래는 정보를 교환하고 싶을 때, 노래를 부르는 것이 아니라 짧고 함축성 있는 소리를 지른다. 호주의 퀸즐랜드 대학의 연구자들은 이 고래들이 600가지 이상의 각기 다른 소리를 낼 수 있다는 것을 알아냈다. 몇몇 신호는 오직 어린 동물들을 위한 것이고, 다른 신호들로는 파트너를 유혹하기도 한다. "나는 고래들이 언어를 가지고 있다고 말하지는 않을 것이다. 그것은 너무 인간적인 생각이다"라고 동물학자 레베카 던롭은 말했다. "고래들은 소리 혹은 음을 단어나 문장들로 연결하지 않는다. 오히려 일종의 원시언어라고 할 수 있다."

인간의 언어는 그 복합성에서 당연히 유일하고 독창적이다. 그러나 생물학자와 심리학자들이 더 열린 눈으로 동물의 왕국을 돌아보면 독특한 방식의 의사소통에 대해 더 많은 사례를 찾을 수 있을 것이다. 인간의 언어는 말하자면 공작의 꼬리처럼 대단히 특별하다. 즉 다른 새들도 장식용 깃털을 갖고 있지만 공작만큼 환상적으로 펼치지는 못한다는 뜻이다.

죽음의 메뚜기 떼, 힘센 청어 떼

집단지능은 어떻게 생겨나는가?

무리는 힘이 세다

매년 늦여름이 되면 찌르레기 떼는 멋진 비행 공연을 보여준다. 수천 마리의 찌르레기들은 결코 충돌하는 일 없이 하늘을 날며 선회를 한다. 거대한 물고기 떼는 바다 속에서 한없이 멀리까지 지속적으로 함께 헤엄친다. 이럴 때의 동물들은 마치 보이지 않는 손에 의해 조정되는 것 같다. 무리를 짓고 있지만 그 어떤 신체적인 연결도 없다. 각각의 동물들이 일종의 초대형 조직을 형성하고 있는 것처럼 보인다. 이들은 단독으로는 결코 할 수 없는 일을 공동으로 해낼 수 있다. 그렇다면 동물의 무리는 어떻게 움직이는가? 누가 그들을 조정하는가? 과연 집단이성과 같은 것이 존재하는가?

베를린 출신의 생물학자 옌스 크라우제는 영국의 리즈 대학에서 물고기 떼의 행동을 연구했다. 그의 실험실에는 여러 개의 대형 수족관이 설치되어 있다. 한 수족관에는 구피 떼가 원을 그리면서 헤엄치고 있었다. 그런데 갑자기 — 마치 유령의 손에 의해 조정되듯이 — 무리 전체가 방향을 바꾸는 것이었다. 최소한 인간 관찰자들에게는 그렇게 보였다. 실제로 우리의 눈은 물고기들이 아주 짧은 순간에 결정을 내리는 모습을 알아볼 수 있을 만큼 충분히 빠르지 못하다.

크라우제 교수 연구팀은 그런 식의 잦은 방향 전환을 고속 카메라로 촬영한 결과, 물고기 떼 전체가 갑자기 방향을 돌리는 것은 아님을 확인할 수 있었다. 실제로는 각각의 물고기들이 바로 옆의 물고기들을 따라서 오른쪽 혹은 왼쪽으로 방향을 돌렸다가 '방향에 대한 정보'가 점차 무리 전체에 퍼지는 것이라고 크라우제 교수는 설명했다. 이것은 진정한 캐스케이드, 즉 계단식의 폭포와 같은 움직임이다.

그러나 무리의 한 일원이 시도한 방향 전환을 모두 수용하는 것은 아니다. 언제나 먼저 몇 마리의 구피가 방향을 바꾼다. 이때 따르는 동료가 소수밖에 없다면 그들은 되돌아가서 다시 큰 무리를 따라간다. 그와 비슷한 모습을 우리는 도시에 사는 거대한 찌르레기 무리에서도 관찰할 수 있다. 찌르레기 떼는 규칙적으로 흩어졌다가 다시 하나로 뭉치곤 한다.

수족관 옆에는 대형 모니터가 놓여 있다. 화면 위에는 여러 개의 점들이 여기저기서 깜빡거리고 있다. 학자들은 컴퓨터 시뮬레이션을 이용해 물고기 떼의 행동을 살펴보았다. 관찰 결과 학자들은 그 많은 동물을 결속시키는 것이 무엇인지를 밝혀낼 수 있었다. 모든 물고기들이 세 가지의 간단한 규칙을 지킴으로써 무리 전체가 유지된다는 사실이었다. 막상 어떤 규칙을 따라야 하는지는 그 동물이 무리의 어디에 위치해 있느냐에 달려 있다.

첫째, 주변에 보이는 동물들의 중심부를 향해서 움직여라. 이 규칙을 따라야 하는 '유인구역'은 특히 무리의 가장자리에 있다. 둘째, 아무도 너무 가까이 오지 않도록 주의하라. 이 규칙을 명심해야 하는 '충돌구역'은 흔히 중심부에 있다. 셋째, 이웃들과 같은 방향으로 움직여라. 이런 '상호작용의 구역'에 무리의 대다수가 자리잡고 있다. 동물의 모든 무리는 이런 원칙에 따라 움직인다. 모기든 물고기든 새든 모두 마찬가지이다.

물고기 떼, 횡재한 먹을거리?

동물들은 도대체 왜 무리를 지어 다니는 것일까? 무리 속에서의 삶은 어떤 좋은 점이 있을까? 야외에서 물고기들을 관찰해 본 사람은 먼저 한 가지 수수께끼와 만나게 된다. 산호초 앞에서 큰 규모의 청어 떼가 이리저리 움직인다. 무리 전체가 방향을 바꿀 때는 수백, 아니 수천 마리의 물고기들이 반짝이며 빛을 발한다. 육식어들에게는 이런 한 무리의 먹잇감이 진정한 만찬처럼 보일 것이다. 상어라면 단지 입을 벌린 채 무리 속으로 헤엄만 쳐도 원하는 만큼 충분히 배를 채울 수 있을 것이다. 그러나 이것은 전혀 사실과는 다른 추측이다. 왜냐하면 실제로 다수의 무리라는 형태가 물고기들에게 안전과 보호의 기능을 하기 때문이다. 무리 속에 있는 약탈자는 수많은 나무들 때문에 숲을 보지 못하는 것과 비슷한 상황에 처한다.

해양생물학자인 한스 프리케는 물고기 떼의 특별한 전략에 대해 이미 30년 전부터 매료되어 있었다. 그는 물고기들의 이런 비밀을 밝히기 위해 직접 약탈자 역할을 자청했다. 그는 직접 잠수부가 되어 민활하게 헤엄을 쳐서 청어 떼의 한가운데로 들어갔다.

"물고기들 무리 전체에 짧은 충격이 퍼졌다. 일원들은 더 좁게 모여들었고 내 주위로 하나의 반구를 형성했다. 만약 그 물고기들이 공격적인 육식어였다면 나는 결코 그곳을 빠져나오지 못했을 것이다. 나는 둥근 반구의 중심부에 앉아 있었고, 그 반구는 이 작은 세계의 중심인 내가 조금이라도 움직이면 바로 변화를 보였다. 적의 꼬리를 잡아채는 일조차도 내게는 전혀 불가능했다."

수족관의 트라팔가 효과

한스 프리케나 다른 연구자들도 당시에는 물고기 무리의 특이한 편성에 대해 달리 설명을 찾지 못했다. 확실히 물고기들의 행동은 생존에 매우 효과적이었다. 수많은 물고기들이 밀집된 공간 안에서 공격자는 단 한 마리의 물고기도 잡을 수 없었다. 공격자가 덤벼드는 일 자체가 불가능했다. 그리고 무리 속에서의 삶은 또한 가지 장점을 지니고 있다. 즉 두 개의 눈보다 수천 개의 눈이 훨씬 더 많은 것을 본다는 사실이다.

리즈에서 옌스 크라우제와 주변의 연구자들은 고속 카메라를 이용해서 한 약탈자가 무리에게 접근할 때 어떤 일이 벌어지는지를 촬영했다. 한 물고기가 적을 발견하자마자 경악하는 반응을 보이고, 이것이 무리 전체에 경고로 전해진다. 경고 신호의 체인은 무리 전체와 연결되어 있다. "정보가 무리에 전달되는 속도가 추격자가 다가오는 속도보다 더 빠르다. 우리는 그것을 트라팔가 효과라고 부른다"고 크라우제는 설명한다. 약탈의 위협을 느낀 물고기들은 즉각 반응을 보인다. 육식어가 접근하면 청어들은 적을 둥글게 둘러싼다. 농어의 경우에는 순식간에 동굴 속이나 산호초 틈새로 사라진다.

대부분 무리를 이루는 물고기들은 방어적으로 행동하지만, 어떤 물고기들은 공격을 위해 다수의 힘을 이용하기도 한다. "함께라면 우리는 강하다"라는 모토가 아주 잘 들어맞는다. 무리 속에서는 작고 무방비 상태의 물고기들조차도 위험한 약탈자를 물리칠 수 있다. 한스 프리케는 산호초농어들이 무리를 이루어 거대한 문어를 성공적으로 몰아내는 모습을 묘사했다. 문어는 처음에는 팔을 이용해서 단체로 공격하는 물고기들에게 위협을 주었지만 결국에는 도망칠 수밖에 없었다. 또 우리는 흔히 까마귀들이 공동으로 맹금들을 '습격하고' 맹금들이 결국 도망치는 모습을 목격할 수 있다.

무리를 지어 다니는 동물은 매우 다양하다. 예를 들면 메뚜기, 물고기, 새의 경우처럼 진화를 통해서 그 종류가 더욱 늘어났다. "무리를 이루는 방식 덕분에 지극히 단순한 한 개체가 비교적 복합적인 문제들을 해결할 수 있게 되었다"고 크라우제는 말한다. 이것은 곧 특별히 지능이 뛰어난 개별적 동물이 필요하지 않다는 것을 의미한다. 무리를 이루는 전체는 단순히 각 개별 존재들의 합 그 이상이기 때문이다. 그룹 속에서 동물들은 보다 높은 수준에 도달한다. 동물의 무리가 지닌 비밀은 바로 뛰어난 융통성에 있다. 이런 무리들은 하나로 뭉쳤다가

"애들아, 우리 힘을 보여주자"
"헉! 조그만 것들이 대단한걸"

다시 해체하기도 하는데, 그때그때의 상황에 따라 대처한다. 어떤 동물은 삶의 전부를 무리 속에서 보내고, 어떤 동물은 특정한 시기에만 함께 모여 있기도 한다. 예를 들어서 흑고래는 번식기에 대형 그룹을 형성한다. 찌르레기는 특히 이동을 하는 동안이나 겨울 서식지에서 함께 모여 있다.

무리 속에서의 삶이 유리한 경우는 무엇보다도 먹이가 곳곳에 균일하게 분배되어 있지 않을 때이다. 바다 속에는 엄청난 양의 플랑크톤이 흔히 덩어리져서 나타난다. 무리를 이루면 대양 속에서 만찬을 즐길 수 있는 곳을 찾아내는 데 대단히 유리하다. 왜냐하면 무리를 이루는 물고기들은 광활한 바다에서 더욱 넓게 자리를 차지할 수 있기 때문이다. 각각의 일원들은 마치 거대한 생물체의 한 신체 부위처럼 각자 어느 곳이 플랑크톤의 집중도가 높은지를 파악하는 것이다. 북쪽에 먹을 것이 더 많으면 몇몇 동물이 방향을 돌리고 다른 동물들이 이들을 따라간다.

"무리의 주변부에 있는 물고기들이 이동 중에 얻은 경험과 정보를 무리 전체가 공유하게 된다"고 크라우제는 설명한다. 이때 무리의 주변부에 있는 물고기들은 주변 환경을 실제와 거의 흡사하게 스캐닝하여 기억한다. 물고기 떼는 마치 보이지 않는 손에 의해 조정되는 것처럼 플랑크톤을 따라간다. 무리를 이루지 않았다면 불가능한 일이다. 만약 혼자였다면 물고기는 경우에 따라서 거대한 먹이터를 아주 가까이 놓고도 스쳐지나가 버릴지도 모른다. 다수의 지능이 바로 집단의 성취도를 좌우하는 것이다.

다수의 지능

비슷한 현상을 인간에게서도 찾을 수 있다. 100년 전에 찰스 다윈의 사촌인 프랜시스 갈톤은 '다수의 어리석음'을 증명하려고 했다. 그러나 이때 알아낸 것은 정반대의 사실이었다. 영국에서 열렸던 가축동물 축제에서 상금이 걸린 시합이 있었다. 6페니를 내면 방문객은 한 황소의 무게를 알아맞힐 수 있는 기회를 얻었다. 누구든 실제 무게에 가장 근접한 수치를 말하는 사람이 상금을 받는다. 프랜시스 갈톤은 이 시합에서 나온 거의 800개의 예측 수치를 분석했다. 예측 수치의 평균값은 1,197파운드였고, 실제로 황소의 무게는 평균값보다 단 1파운드가 더 무거웠다. 바로 1,198파운드였다. 그리고 더욱 놀라운 것은 그 누구의 개인적인 추측도 다수의 평균치만큼 실제 무게에 근접하지는 못했다는 사실이다.

이런 간단한 실험을 통해서 갈톤은 처음으로 '다수의 지능(지성)'을 증명했다. 그는 자신이 깨달은 사실을 '대중의 목소리'라고 불렀다. 이때 이후로 깜짝 놀랄 만한 현상들이 여러 번 확인되었다. 많은 사람들이 주식의 변화를 예언하는데, 그런 예언은 놀랍게도 사실에 근접하게 된다. 이런 일은 선거 결과에서도 일어난다. 트렌드 연구가 페터 비퍼만에 따르면 이때 중요한 점은 사람들에게 누구를 뽑았는지를 물어보면 안 된다는 것이다. 누구를 선택했는지 대신에 어떤 결과를 예상하는지를 물어보아야 한다. 트렌드 연구가들의 전문용어로는 이렇게 지능적인 다수를 '똑똑한 군중(smart mobs)'이라고 부른다. 이를 위해 인터넷에는 새로운 생활공간이 생겨났다. 예를 들면 사회학자들은 구글과 위키피디아를 통해서 사람들의 잠재적인 집단활동을 진단하고 있다.

동물에게도 우정이 있을까?

동물의 무리는 흔히 익명의 다수로 간주되고 있다. 어떤 동물도 무리 속의 다른 동물을 알지 못한다는 말이다. 개별적인 존재는 중요하지 않고, 오로지 전체가 모든 것을 의미한다. 동물의 무리는 언제나 그렇게 표현되었다. 그러나 정말 그럴까? 리즈대학의 연구자들은 바하마에서 사회적인 생활을 하는 레몬상어들의 집단행동을 분석했다. 이 동물의 일부는 100마리가 넘는 그룹을 형성한다. 어린 상어들은 더 작은 규모의 무리로 홍수림을 통과하기도 한다. 상어들의 행동을 좀더 깊이 연구하기 위해 해양생물학자들은 얕은 바다 지역에 거대한 우리를 만들어 이들을 가두어놓았다. 상어들은 숫자와 밀집도에 따라서 다양한 무리의 편성을 보였다.

이런 연구를 계속하던 중에 1년 전 연구자들은 한 가지 놀라운 사실을 발견했다. 상어들에게도 소위 친구가 있는 것처럼 보였던 것이다. 즉 특별히 함께 헤엄치기를 좋아하는 동료가 있는 듯했다. 이 동물들이 개별적으로 서로를 알아보는 일이 가능한 일일까? 상어들에게도 소위 우정이 존재할까? 지금까지는 고도로 발달된 영장류에게서만 그런 경우를 발견할 수 있었다. 그러나 최근의 연구는 초원 위의 말들에게도 '우정'이 존재한다는 사실을 밝혀냈다. "우리의 관찰 결과에 따르면 상어들에게도 존재하는 것으로 보인다"고 옌스 크라우제는 설명하면서, 아직은 최종적인 결론을 내리지 않았다. 또한 다른 연구들도 무리를 이루는 동물들이 우리가 오랫동안 생각해 온 것처럼 그렇게 익명으로 살아가는 것은 아니라는 것을 암시하고 있다.

구피는 학자들에게 많은 사랑을 받는 물고기일 뿐 아니라 가장 흔히 볼 수 있는 수족관용 물고기이기도 하다. 구피는 아주 빠르게 숫자가 늘어나기 때문에 '백만 마리 물고기'라 불리기도 한다. 고작 6센티미터 크기의 이 물고기들은 자연 속에서는 작은 무리를 지어서 남아프리카의 강물 속에서 살고 있다. 스코틀랜드의 성 앤드류 대학에 있는 생물학자들은 최근, 구피가 시간이 지난 후에 자신의 동료를 다시 알아볼 수 있는지에 대한 실험을 하고 있다. 이를 위해서 여성 생물학자인 안우란다 바트와 안네 마구르란은 무리들로부터 몇 마리의 암컷 구피들을 분리시켜서 최대 5주 동안 따로 고립시켜 놓았다. 그런 후에 암컷 중 한 마리를 커다란 수조에 들여보냈다.

이 대형 수조 안에는 투명하고 구멍이 뚫린 병 두 개가 떠 있었다. 한 쪽 병에는 실험 대상인 암컷 구피와 같은 무리에 있던 물고기가 들어 있고, 다른 병에는 전혀 낯선 물고기가 들어 있었다. 반응은 확실했다. 암컷 구피는 끊임없이 자기와 같은 무리에 있던 물고기 근처를 맴돌며 접근을 시도했다. 5주간의 격리 후에도 물고기는 자신이 어떤 무리에 속했었는지 정확히 알고 있었던 것이다. 안네 마구르란은 물고기들이 전형적인 냄새의 도움으로 자신의 무리를 다시 알아보는 것이라고 추측한다.

두 번째 실험에서는 각각 두 마리씩의 구피들을 함께 수족관 속에 넣었다. 예전에 같은 무리에 있던 구피들은 서로 알지 못하는 쌍보다 훨씬 더 용감했다. 서로 익숙한 구피들은 확실히 예를 들어서 훨씬 더 일찍 숨어 있던 곳에서 과감히 밖으로 나왔다. 그들은 같은 무리에서 익숙해진 동료와 있는 것이 낯선 구피와 있는 것보다 더 안전하다고 느끼는 것이 분명했다. "구피들은 우리 인간과 상당히 유사한 것처럼 보인다"고 안네 마구르란은 말한다.

예전에 연구자들은 암컷 구피가 파트너 선택에서도 동료 암컷들의 영향을 받는다는 사실을 알아낸 바 있다. 즉 암컷 구피는 이미 과거에 다른 암컷의 선택을 받은 적이 있는 수컷을 선호한다. 그렇다. 백만 마리 물고기라고 불리는 구피들조차도 익명의 집단이 아니라는 말이다. 구피들은 서로에 대해 알고 있고 서로를 점차로 알아가는 복합적인 사회생활을 누리고 있다.

인간, 무리를 형성하는 존재?

얼마 전부터 생물학자 옌스 크라우제의 관심은 물고기에서 인간에게로 옮겨졌다. 인간도 경우에 따라서는 반복적으로 무리를 형성한다는 생각이 떠올랐던 것이다. 매년 여름이 되면 사람들은 무리에 휩쓸려서 휴가를 떠난다. 젊은이들은 토요일 밤이 되면 무리를 지어 춤을 추러 간다. 사람들의 무리는 축구장과 콘서트에서도 넘쳐흐른다. 대규모의 다수 안에서 인간은 동물의 무리와 똑같이 행동한다. 어떤 행사에 수천 명의 사람이 모였을 때, 그들의 움직임은 컴퓨터상에서 물고기 혹은 새 무리의 움직임을 나타내는 시뮬레이션과 거의 비슷해 보인다.

옌스 크라우제는 메카의 순례자들을 녹화해 온 모습을 분석해 보았다. "모든 사람이 자기 주변 가까이 있는 사람이 무엇을 하는지, 어떤 방향으로 움직이는지를 살피고 있는 것처럼 보인다"고 크라우제는 말한다. 먼 거리에서 관찰해 보면 그들의 모습은 거의 흐르는 물처럼 보이는데, 즉 다양한 해류들이 나란히 흐르는 모습이었다. "우리는 처음에 대규모 무리의 사람들 움직임에서 그런 모형을 발견하게 되리라고는 전혀 기대하지 않았다."

학자들이 컴퓨터 시뮬레이션에서 예를 들어 각각의 사람들이 옆사람과 유지하고 있는 거리를 더 가깝게, 혹은 더 멀게 변화시키면 모니터에는 전혀 다른 모형들이 나타난다. 혼란스럽거나 질서정연한 무리들, 고리나 원 혹은 서로 길게 늘어선 형태 등이 생겨나는 것이다. 또한 30년 전에 한스 프리케가 묘사했던 청어들의 특이한 행동도 이처럼 기본 조건을 변화시킴으로써 다양한 방식으로 분석이 가능할 것이다. 학자들은 조건 변화를 통해 컴퓨터의 시뮬레이션을 새 혹은 물고기의 자연적인 행동과 일치시키려고 노력하고 있다. "최종적으로 우리가 원하는 것은 자연 속에서의 현상을 이해하는 것이기 때문이다. 컴퓨터의 시뮬레이션은 그것을 도와주는 수단일 뿐이다."

연구자들은 무리의 메커니즘에 대한 비밀을 하나씩 밝혀내게 되었다. 무리는 매우 구체적인 유용함을 지니고 있다. 즉 집단의 지능을 이해함으로써 목적에 맞게 활용할 수 있다는 말이다. 예컨대 대형 운동장이나 건물 비상구를 설계할 때 훌륭한 건축가라면 오늘날 나타나는 인간의 집단행동을 고려할 것이다. 비상구 앞의 적절한 위치에 세워진 기둥이 첫눈에는 장애물로 보일 수 있다. 그러나 이 기둥은 사람들 무리를 적절한 코스로 유도하는 역할을 한다. 장애물이 없다면 모든 정문은 순식간에 꽉 막히게 될 것이다. 그러므로 대형 건물의 비상구를 만들 때에도 이런 점을 고려해서 무리를 자연스럽게 흐르도록 설계해야만 다음 단계에서 무리를 원하는 방향으로 유도할 수 있다.

무리를 이끄는 리더의 조건

무리 속에는 지도자도 없고, 장군도 없고, 상사나 군인도 없다. 모두가 무리의 일원일 뿐이다. 그럼에도 불구하고 다수의 무리는 쉽게 조정될 수 있다. 이미 1933년에 독일의 생물학자 얀첸은 잉어과의 민물고기인 연준모치 몇 마리의 뇌 앞부분을 제거하는 수술을 시도했다. 그는 수술한 물고기 중 한 마리를 다시 원래의 무리로 돌려보냈다. 처음에 이 물고기는 완전히 정상적으로 행동했다. 보고, 헤엄치고, 먹을 수 있었다. 이 물고기가 심각한 장애를 보인 것은 사회적 행동이었다. 뇌수술을 한 연준모치는 자신의 군서본능을 잃어버린 것이다. 더 이상 무리의 다른 일원들에 대해 신경쓰지 않았고, 어느 순간 무리로부터 벗어나 자신이 정한 방향으로 헤엄쳤다. 그런데 흥미로운 것은 이어서 무리 전체가 뇌가 없는 이 지도자를 따라서 방향을 돌렸다는 사실이다. 왜냐하면 다른 물고기들에게는 이 물고기가 어떤 태도를 취해야 할지 정확히 알고 있는 것처럼 보였기 때문이다. 단호한 결단력은 물고기들에게도 설득력 있는 행동이었던 것이다.

또한 옌스 크라우제 연구팀은 요즘 물고기 무리를 원거리로 조정하는 일을 시도하고 있다. 이를 위해서 생물학자들은 최근에 로봇 물고기를 제작했다. 앞으로 이 인공 가시고기는 무리를 이끌 뿐 아니라 그들과 의사소통을 할 것이라고 한다. 연구진은 이 실험을 통해서 물고기 무리가 유지되는 방식을 더 잘 이해할 수 있기를 기대하고 있다. 첫 번째 로봇은 무리 내에서 즉시 같은 종의 동료로 받아들여졌다.

컴퓨터에 의해 조정되는 로봇 물고기는 심지어 무리를 이끄는 역할도 넘겨받을 수 있었다. 모든 물고기들이 무조건적으로 그들의 자칭 우두머리를 따랐다. 심지어 인공 물고기는 가시고기들과 함께 한 육식어를 아주 가깝게 스쳐지나가는 모험까지도 성공했다. 일반적으로 가시고기들은 그런 위협적인 대상과는 늘 먼 거리를 유지했다. 그 어떤 물고기도 자발적으로 그런 위험을 감수하려는 생각을 하지 못했을 것이다. 그러나 한 마리가 앞서가자 모두가 따라갔다. 군서본능이 두려움보다 더 큰 것이 분명했다. 그룹 내의 각 개체들은 로봇에게 결정권을 넘겨주었다. 그들은 리더인 로봇 물고기를 따랐고, 평소에는 결코 생각하지 못했을 일들을 해내게 되었다.

인간도 그렇게 쉽게 조정을 당할 수 있을까? 옌스 크라우제는 한 가지 실험을 해보았다. 그는 대형 스포츠 강당에 대학생들을 모이게 했다. 모두가 자발적으로 실험에 참가하겠다고 밝힌 사람들이었다. 그러나 한 사람을 제외하고는 무엇에 관한 실험인지 모르는 상태였다. 학생들은 강당 전체에서 산발적으로 움직였다. 단 한 사람만이 특별한 임무를 가지고 있었다. 그는 바로 로봇 물고기의 역할을 맡아서 이 그룹을 한 특정한 지점으로 유도해야 했다.

한마디의 말도 하지 않은 채 그는 이 임무를 전반적으로 성공시켰다. 그러나 그룹 내에서 아무도 누군가 자신들을 유도하고 있다는 것을 눈치채지 못했고 그러면서도 모두가 단 한 사람의 의도적인 리더를 따랐다. 놀라운 현상이 아닐 수 없었다. 일상생활에서도 늘 이런 상황이 일어나곤 한다. 비행기에서 내려 짐을 찾으러 갈 때 승객들은 마치 보이지 않는 손에 의해 조정되는 것처럼 보인다. 일반적으로 사정을 잘 아는 사람은 소수뿐이지만 모두가 목적지를 잘 찾아간다. 그래서 무리를 지어 사는 것은 매우 유용하다. 하지만 동시에 위험성을 내포

하고 있기도 하다. 장점도 많지만 악용될 가능성도 있다는 뜻이다.

그러나 무리를 성공적으로 이끄는 데는 아주 적은 일원만으로도 충분하다. "그룹의 규모가 클수록 정보를 알고 있는 개별적인 일원의 비율은 더 작아진다"는 것이 크라우제의 연구 결과였다. 때로는 단 한 명의 리더만으로도 충분하다. 가장 이상적인 것은 5에서 10퍼센트 정도가 사정을 알고 있는 경우이다. 그러면 무리는 가능한 가장 빠른 속도로 목적지에 도착한다. 사정이나 정보를 알고 있는 일원이 많아져도 결과는 더 이상 달라지지 않는다. 5에서 10퍼센트가 동물과 인간에게 동일하게 적용되는 특별한 수치인 듯하다. 왜냐하면 여러 실험에서 반복적으로 이 수치가 나타나기 때문이다. 예를 들어서 벌들이 새로운 집을 짓기 위해 집을 떠날 때도 10퍼센트까지의 벌들만이 밖으로 날아가 장소를 물색한다. 그들은 돌아와서 무리 전체에게 공동의 목적지에 대한 정보를 전달한다. "이런 유사점은 우리를 대단히 매료시킨다. 왜냐하면 이런 특징이 무리 안에서의 정보 전달에 관한 중요한 힌트를 암시하고 있는 것처럼 보이기 때문이다."

또한 오늘날의 기술적인 시스템도 점점 더 무리의 원칙에 따라 작동되고 있다. 정보과학자들은 자료의 통신망을 곤충왕국과 같이 조직하려고 시도하고 있다. 곤충들의 통신망을 살펴보면 흔히 소수에 의해 전달된 정보가 무리 전체에 빠르게 퍼진다. 만약 일부가 이탈하더라도 전달된 지식은 그대로 남아 있다. 개별적 존재는 중요하지 않고, 무리가 모든 것을 의미한다. 독일의 유명한 스릴러 작가 프랑크 쉐칭의 베스트셀러인 『무리(The Swarm)』에 등장하는 생물체들도 그와 똑같이 움직인다.

세상을 덮치는 메뚜기 떼

메뚜기들은 무리를 형성하기 시작하면 해로울 것 없는 개체에서 갑자기 무시무시한 대식가로 변신한다. 말하자면 지킬 박사에서 하이드 씨가 되는 셈인데, 그런 현상이 수백만 마리에게서 일어나는 것이다. 수천 년 이래로 메뚜기들은 무리를 지어 다니며 반복적으로 믿을 수 없을 만큼 참혹하게 세상을 황폐화시켰다. 기록상으로 가장 대규모의 메뚜기 떼 습격은 1784년에 남아프리카를 덮친 사건이었다. 3,000억 마리의 메뚜기가 약 3,000평방킬로미터의 땅을 뒤덮었고, 매일 60만 톤의 풀과 나뭇잎과 곡식을 먹어치웠다.

오늘날에는 특히나 아프리카와 근동 지역이 반복적으로 대대적인 피해를 입고 있다. 충분한 비와 신선한 풀이 있을 경우에는 그런 무리가 해체되는 데 심지어 여러 해가 걸리기도 한다. 남겨지는 것은 황폐화된 땅뿐이다. 모든 나무와 수풀과 들판이 완전히 불모의 상태로 변한다. 그리고 얼마간 평화가 찾아오지만, 그것도 갑자기 새로운 메뚜기 떼가 출현하기 전까지에 한해서이다.

메뚜기 중에서 가장 흔한 종이 바로 사막메뚜기라고 불리는 '쉬스토세르카 그레가리아'이다. 이 메뚜기는 수년 동안을 확실한 독거성의 곤충으로 살아간다. 짝짓기 시기를 제외하고는 각자 다른 길을 간다. 그러나 때때로 — 비가 충분히 내리고 먹이가 풍성하게 있을 경우에는 — 변신을 하기 시작한다. 머리는 거대해지고, 눈은 더 작아지며, 주둥이는 넓어진다. 색깔도 눈에 띄지 않는 갈색에서 검정과 노란색으로 변한다. 아주 짧은 시간 안에 거대한 무리가 형성된다. 이러한 변신은 어떻게 이루어지는 것일까?

학자들은 메뚜기들의 이런 비밀을 아직도 부분적으로만 알아냈을 뿐이다. 학자들은 심지어 오랫동안 떼를 지어 다니는 메뚜기와 고립된 형태로 사는 메뚜기가 서로 다른 종류라고 생각했었다. 분명한 것은 동료들의 모습과 다양한 냄새가 변신을 유도한다는 것이다. 소위 페로몬(같은 종의 동물 사이의 커뮤니케이션에 사용되는 체외분비성 물질 – 옮긴이)이 무리의 행동을 조정한다. 페로몬은 메뚜기들이 같은 시기에 짝짓기를 하도록, 그리고 동시에 알을 낳도록 유도한다. 한 지역에 메뚜기가 많을수록 변신의 가능성은 더 커진다. 그리고 또 한 가지 중요한 자극이 어른 메뚜기들로 하여금 무리를 짓는 행동을 유발한다. 바로 세 번째 다리를 서로 접촉하는 경우다.

완전한 변신은 몇 세대에 걸쳐 이루어진다. 이미 애벌레들도 알 속에 있는 특수한 분비물을 통해서 무리를 지어 다니는 단계를 준비하게 된다. 무리 안에서는 모든 개체들이 합의하에 행동한다. 그리고 몇 마리의 메뚜기가 우연히 이동 중인 동료 무리를 만나면 몇 시간이 지나지 않아 이들도 무리 속의 동료들과 마찬가지로 변하기 시작한다. 그런데 평소에 혼자 다니던 메뚜기들은 대체 왜 변신을 하면서까지 무리에 합류하는 것일까?

영국 옥스퍼드 대학의 연구진은 사막메뚜기들의 행동을 컴퓨터 시뮬레이션으로 만들어보았다. 흥미로운 결과가 나왔다. 지킬 박사에서 하이드 씨로 변하게 하는 것은 바로 환경이었다. 먹이용 식물들이 성숙한 메뚜기들의 생활공간에 어느 정도 균등하게 분포되어 있으면 이들은 각자 다른 길을 간다. 그러나 같은 양의 먹이가 몇 안되는 장소에 집중되어 있으면 메뚜기들은 어쩔 수 없이 모여야만 한다. 이때 냄새와 접촉이 효과를 발휘할 수 있다. 결국 배고픔이 독자적 개체를 무리로 변신하도록 만드는 것이다. 연구실에서 진행된 실험도 연구자들의 추측을 확인시켜 주었다. 한 구역에 더 많은 먹이가 있을수록 더 많은 메뚜기들이 모여들었고 무리로 변할 가능성도 더 높았다. 그래서 각각의 메뚜기가 어느새 무리의 일원이 되는 것이다.

바람의 힘?

그렇다면 무엇이 메뚜기 떼를 조정하는 것일까? 어떤 코스를 덮칠 것인지를 결정하는 것은 누구일까? 오랫동안 학자들은 무리의 진로는 대부분 바람에 의해 결정된다고 추측해 왔다. 그래서 『코란』에서는 무리를 지어 다니는 메뚜기들을 '바람의 이빨'이라 부르기도 했다. 그러나 시간이 지나면서 메뚜기들이 최소한 어느 정도는 스스로 조정을 담당한다는 증거들이 나오고 있다. 이런 점이 눈에 띈 것은 2004년에 이르러서였다. 당시에 이동 중인 메뚜기들은 갑작스럽게 진로를 변경함으로써 홍해의 측면인 아일랏 만을 건너는 일을 피했던 것이다. 시나이 사막에서 오는 길이었던 메뚜기들은 해안가에서 자연스럽게 북쪽으로 방향을 돌렸다. 그런데 아일랏 만의 끝에 이르러서 갑자기 무리의 대부분이 다시 동쪽으로 방향을 바꾸어 날아갔다. 물을 피하기 위한 놀라운 진로 변경이었다.

예루살렘의 헤브라이 대학에 있는 나다브 샤스바르 연구팀은 메뚜기들이 실제로 물과 육지를 구별할 수 있는지 알아내고자 했다. 사람들은 이미 메뚜기들이 — 다른 곤충들과 마찬가지로 — 편광을 알아본다는 사실을 알고 있었다. 그러므로 이론적으로는 메뚜기들이 물이 없는 지대와 있는 지대를 구분할 때 이런 능력을 사용할 수도 있다. 왜냐하면 육지 표면은 불분명한, 편광되지 않은 빛을 반사시키고 이와 달리 물의 표면은 편광을 반사시키기 때문이다.

연구자들은 사막메뚜기들을 잡아서 긴 줄에 고정시켜 놓았다. 그런 다음 커다란 거울을 지면에 뉘어놓고 근처에 메뚜기들을 풀어놓았다. 대부분의 경우에 메뚜기들은 거울 표면을 건너가는 일을 피했다. 그들이 거울을 중심으로 어느 쪽에 있든 거울이 마치 바다처럼 빛을 반사시켰기 때문이다. 그러나 강한 맞바람과 싸워야 할 때는 어쩔 수 없이 매끄러운 거울 표면을 건너갔다. 따라서 장차 거대한 메뚜기 떼를 거울이나 비닐 포장지를 이용해서 제지시킬 수 있을지도 모른다는 희망은 비관적으로 보인다.

메뚜기들은 수면 위에는 먹이도 없고 쉴 수 있는 자리도 없기 때문에 특별히 물을 좋아하지는 않는다. 그러나 어쩔 수 없는 경우가 되면 자발적으로 대서양을 건널 수도 있다는 뜻이다. 강한 바람이 불 때는 수백 미터 높이까지 올라가기도 한다. 그럴 때 많은 손실이 있기는 해도 메뚜기 떼는 무리 전체가 거의 언제나 카나리아 제도와 남부 유럽에 도달하곤 한다. 한 무리의 일치된 행동이 다시금 성공을 거두는 것이다.

개와 늑대와 여우의 시간

가축들은 무엇을 알고 있는가?

처음에는 늑대였다

2007년 1월 20일, 한 텔레비전 프로그램에 '스윗피' 라는 개가 출연했다. 이 콜리잡종견은 물이 가득 채워진 유리컵을 머리에 올려놓은 채 계단을 오르락내리락 했다. 이 암컷 개는 단 한 방울의 물도 흘리지 않고 앞으로 혹은 뒤로 움직였다. 개의 주인은 알렉스라는 사람이었는데 자신의 개를 훈련시킨 사람이기도 했다. 그는 아무런 접촉 없이 단지 목소리와 제스처를 통해서 자신의 개를 지휘했다. "고개 들어, 이젠 똑바로, 조심스럽게, 천천히." 스윗피는 극도로 집중해서 주인을 말을 따른다. 알렉스처럼 개를 많이 키우는 사람은 자신의 애견이 모든 말을 이해한다고 확신하고 있다. 그렇다면 개는 과연 얼마큼이나 영리한 것일까? 그리고 닥스훈트, 달마티아 품종들

속에는 늑대의 혈통이 얼마나 많이 숨겨져 있을까?

아득한 옛날에 우리 선조들은 늑대를 아주 천천히 길들였다. 경우에 따라서는 늑대들이 먼저 다가오기도 했다. 모닥불 자리에는 늑대들이 건질 만한 것들이 있었기 때문이다. 늑대들은 남겨진 쓰레기에서 먹이를 얻었고 이에 대한 보상으로 '자신의' 사람들을 보호해 주었다. 이 이론에 따르면 늑대와 인간 사이의 파트너십은 처음부터 양쪽 모두에게 유용한 일종의 공생관계에 따른 것이었다.

오랫동안 학자들은 약 1만 4,000년 전에 인간과 늑대의 공동 역사가 시작되었다고 추측해 왔다. 그러나 새로운 유전자 조사에 따르면 늑대와 개는 이미 그보다 훨씬 더 전에 서로 분리되었다고 한다. 로스앤젤레스에 있는 캘리포니아 대학의 진화유전학자들은 인간이 이미 약 13만 5,000년 전에 개라는 동물을 알고 있었다고 추측한다. 학습능력이 가장 뛰어나고 사람을 잘 따르는 개들은 인간의 거주지 근처에서 점점 그 수가 늘어났다. 그리고 호모 사피엔스는 시간이 지나면서 새로운 동지들이 얼마나 유용한지를 깨달았다. 예를 들면 개는 양을 지키는 일과 사냥에서의 도우미 역할을 톡톡히 했다. 그러나 500년 전에야 비로소 인간은 이 길들여진 늑대를 의도적으로 사육하기 시작했고, 오늘날까지 200종이 넘는 다양한 품종의 개가 생겨났다.

늑대와 인간의 성공적인 팀플레이

그런데 우리의 선조는 왜 하필이면 늑대를 그들의 가장 가까운 동반자로 선택하게 되었을까? 유유상종이라고 하듯, 무리를 지어 사는 동물인 인간과 늑대 사이에 존재하는 놀라운 유사점들도 한 가지 이유가 되었을 것이다. 이미 데스먼드 모리스가 자신의 고전서인 『털없는 원숭이』에서 인간과 늑대가 사회적이고 정신적인 측면에서 서로 대단히 유사하다는 사실을 확신했다. 인간과 늑대는 모두 무리 속에서 살아가며 계획적이고 지극히 조직화된 생활을 한다. 옛날 사람들은 늑대를 보고 사냥 기술을 배우기도 했다. 늑대 전문가들은 이 동물이 사냥을 할 때 거의 군사적인 전략을 사용한다고 끊임없이 보고하고 있다.

먼저 늑대들은 영양의 무리나 그 밖의 약탈 대상의 무리를 흩어지게 만든다. 어떤 동물이 특별히 약하고 느린지를 알아보기 위해서이다. 그 결과에 따라 목표물을 정한 다음에 비로소 진정한 사냥을 시작한다. 이때 무리 내에서 각자의 임무가 확실하게 분담된다. 몇 마리는 공격을 하기 위해 바람의 방향과 맞서서 조심스럽게 앞으로 다가간다. 그러는 동안에 다른 늑대들은 먹잇감을 둘러싸고 살금살금 다른 쪽에서 다가간다. 희생물이 앞쪽의 늑대들을 발견하자마자 사냥은 시작된다. 영양은 뒤로 돌아서서 도망을 치는데 이때 자동적으로 뒤쪽을 막고 있는 늑대들을 향해 달려오게 된다. 늑대 무리가 마침내 먹잇감을 손에 넣으면 제일 먼저 우두머리 늑대가 고기를 먹는다. 무리의 다른 늑대들은 순서가 올 때까지 끈기 있게 기다린다. 늑대와 인간은 혼자서는 결코 해내지 못할 거대한 야생동물 사냥을 팀을 이루었을 때 비로소 해낼 수 있다.

늑대와 인간 두 종의 공통점은 사냥뿐만이 아니다. 두 종은 확고한 가족집단 안에서 살고 있다. 그리고 두 경우 모두 사회적인 서열이 있다. “자랑스럽게 높이 세운 알파늑대의 꼬리와 자랑스럽게 보이기 위해 장식한 장군의 어깨 휘장과 금실이 무엇이 다르단 말인가?” 오스트리아의 동물학자이자 자연보호가인 로베르트 호프리히터는 자신의 저서인 『야생동물의 귀환』에서 이렇게 질문하고 있다. 인간 세계의 회사에는 대개 이사, 부장, 그리고 단순한 작업자들이 있다. 늑대의 무리에도 확실하게 알파, 베타, 오메가 늑대가 있다.

이외에도 아직 더 많은 유사점들이 존재한다. 두 종의 동물 모두 공격, 비굴함, 혹은 호의를 표현하기 위해서 섬세한 제스처를 사용한다. 우리는 화가 나는 일이 있을 때 몸을 구부리고 머리를 감싸쥔다. 그리고 비굴한 태도는 공격을 저지하는 효과를 낸다. 늑대는 이때 등을 바닥에 대고 누워서 목 부위를 내보인다. 인간의 경우도 상대가 바닥에 누우면 싸움은 끝난다.

또한 무리의 모든 일원은 — 내지는 가족의 구성원들은 — 어린 새끼들의 양육을 책임진다. 할머니, 할아버지, 삼촌, 이모와 고모 그리고 그 외의 친척들이 흔히 사랑스러운 아이들에게 정을 베푼다. 또한 늑대와 인간 모두 자신의 영역을 표시하는데, 한 쪽은 냄새 표시를, 다른 쪽은 시각적인 신호를 선택한다. 시각적인 신호란 예를 들어서 정원의 울타리, 대문, 혹은 옷장 등을 말한다. 그리고 침입자가 접근하면 인간과 늑대 모두 자신의 구역을 방어하는데, 심지어 총을 사용하기도 한다. 아이들과 어린 늑대들은 뛰어난 사냥과 놀이 본능을 가지고 있고 나이가 든 사람이나 늑대는 어린아이나 새끼들에게 관대하고 인내심을 보인다.

길들여진 늑대

이런 모든 공통점에도 불구하고 오늘날 우리는 개의 조상이라고 알려진 늑대를 증오와 두려움이 혼합된 독특한 감정으로 대하고 있다. 그러면서도 우리는 이 길들여진 늑대, 즉 개만큼은 마음 속 깊이 뜨겁게 사랑하고 있다. 수천 년 동안 우리는 개로부터 늑대의 특징들을 많이 몰아냈지만 결코 전부를 몰아내지는 못했다. 야생의 늑대는 200가지가 넘는 품종의 개들로 — 로트와일러부터 치와와까지 — 쪼개어졌다.

여러 가지 차이점에도 불구하고 그들은 한 가지 공통점을 가지고 있다. 모두가 — 그들의 선조에 비해서 — 비교적 온순하고 순종적이라는 점이다. 단지 외적으로만 늑대의 모습을 거의 알아볼 수 없게 된 것이 아니다. 송곳니, 주둥이 그리고 앞발도 점점 작아졌다. 인간의 사육은 동물들의 성격까지 변화시켰다. 개는 마치 어린 상태로 머물러 있는 늑대처럼 행동한다. 즉 그들은 일생 동안 놀이를 하고, 기어오르고, 낑낑대고, 짖는다. 늑대와 코요테의 경우에 새끼들은 때때로 짖을 때도 있지만 다 자란 후에는 더 이상 짖지 않는다.

가장 놀라운 것은 개들의 학습능력이다. 영화에서만 개들이 자전거를 타고 말을 배우는 것이 아니다. 개들은 맹인에게 길을 안내하고, 낙오자들을 구하며, 폭발물을 찾아낸다. 이런 일은 늑대에게서는 결코 생각할 수 없는, 훈련에 의한 것이다. 엄청난 학습능력에도 불구하고 뇌는 늑대에서 개가 되는 과정에서 약 30퍼센트가 축소되었다. 이것은 길들여짐의 전형적인 증거이기도 하다. 이런 현상은 거의 모든 가축에게서 확인할 수 있다. 매일 밥그릇 그득하게 먹이를 얻는 자는 그다지 많은 이해력을 필요로 하지 않기 때문이다.

또한 개는 사냥을 성공적으로 하고 안하고가 생존을 위해 전혀 중요하지 않다. 개의 코도 더 이상 먹잇감의 섬세한 흔적을 찾아낼 필요가 없게 되었다. 이때 그런 기능을 담당하는 뇌 부위는 축소될 수 있다. 더 이상 사용하지 않는 기관은 퇴화하게 마련인 것이다. 특히나 뇌와 같이 중요한 기관은 더욱 그러하다. 그러므로 우리의 개들은 대단히 영리하지만, 그 대신에 더 이상 특별히 독립적이지 않다.

늑대의 경우는 이와 정반대이다. 간단한 테스트가 차이점을 뚜렷하게 보여준다. 고기가 가득 들어 있는 냄비에 뚜껑을 덮어놓았다. 늑대는 끊임없이 고기를 얻기 위한 시도를 한다. 그리고 결국에는 어느 순간에 먹이를 손에 넣을 가능성이 대단히 높다. 반대로 개는 자신 없는 태도로 몇 번의 시도를 해본 뒤에 그저 도움을 구하는 눈빛으로 주인을 쳐다본다. 개의 눈빛은 "이제 좀 도와주세요!"라고 애원하는 것처럼 보인다. 개는 자신이 어느 순간에 도움을 받을 수 있는지를 정확히 알고 있는 것이다. 물론 이것도 지능의 한 형태이기는 하다.

누가 가장 영리할까? — 침팬지, 늑대, 개

라이프치히에 있는 막스플랑크 진화인류학연구소에서는 다양한 동물들의 지적 능력을 검사하고 비교했다. "개가 인식(이해력) 연구에서 최고의 자리를 차지했다"고 여성 생물학자 율리안네 카민스키는 말한다. 라이프치히의 연구진은 검사를 통해서 개들이 어떤 테스트에서는 심지어 침팬지를 능가한다는 것을 확인했다. 예를 들어서 개들은 사회적인 신호를 이해하는 데 있어서 훨씬 더 앞서 있었다. 개를 키우는 사람이라면 경험을 통해 잘 알 것이다. 개들은 말, 제스처, 시선을 거의 인간처럼 잘 해석할 수 있다.

이와 달리 우리와 가장 가까운 친척인 침팬지들은 비교적 간단한 과제에서도 실패를 보였다. 다음과 같은 실험에서도 증명되고 있는 것처럼 말이다. 학자들은 그릇 두 개를 나란히 놓고 동물들에게 두 개의 그릇 중에서 하나에만 먹이가 숨겨져 있다는 것을 가르쳤다. 동물들은 시험 공간에 들어서면 단 한 번만 선택할 수 있다. 먹이가 든 그릇으로 달려가면 보상을 받고, 반대의 경우에는 아무것도 얻지 못한다. "이때 우리는 동물들에게 다양한 힌트를 준다. 예를 들면 실험자가 먹이가 숨겨진 그릇을 손으로 가리키거나 집중적으로 그쪽을 바라본다"고 카민스키는 설명한다. 그런데 침팬지는 이런 신호들을 무시한다. 그들은 때로는 올바른 것을 선택하기도 하고, 때로는 그른 것을 선택하기도 한다. 수많은 테스트 후에 비로소 단 몇 마리의 침팬지만이 신호를 올바르게 해석하는 법을 배웠다. 그 외의 침팬지들에게 나타난 테스트 결과는 순전히 우연에 따른 것이었다.

그러나 같은 상황에서 개는 전혀 다르게 행동했다. "첫번째 시도부터 개들은 신호를 해석할 수 있었다. 개들은 거의 항상 올바른 그릇을 선택했다"고 라이프치히 막스플랑크 연구소에서 일하고 있는 심리학자이자 인류학자인 브라이언 헤어는 말했다. 그는 이미 미국 하버드 대학 학생 시절에 부모님 집의 창고에서 개를 데리고 실험을 한 적이 있었다. 침팬지와 개의 차이점은 헤어와 그의 동료들에게 오래전부터 수수께끼였다. 어째서 개는 인간의 신호를 침팬지보다 더 잘 이해할 수 있는 것일까?

다양한 이론들이 이 질문에 대한 해명으로 등장했다. 첫번째, 개는 그런 능력을 선조들로부터 물려받았다는 이론이다. 즉 개의 조상인 늑대는 무리를 지어 사냥을 한다. 아마도 그들은 무리 안에서 다른 일원들의 신호를 이해하는 데 더 잘 훈련이 되었을 것이다. 실제로 늑대들은 뚜렷한 표정 변화를 통해서 서로 의사소통을 하기도 한다. 이런 면에서 보면 늑대는 표현하기 게임에서 최소한 개들만큼 좋은 성적을 낼 것이 틀림없다. 혹은 두 번째 이론처럼 길들여지는 과정이 개를 특정한 영역에서 더 영리하게 만들었을지도 모른다. 사회적인 능력과 의사소통 능력이 늑대에서 개로 발전하는 과정에서 증대된 것은 아닐까?

계속적인 실험을 통해 확실한 답을 얻어야 했다. 브라이언 헤어는 이제 개를 침팬지가 아니라 늑대와 비교했다. 각각 7마리의 개와 늑대들이 같은 조건하에 있게 되었다. 같은 모양의 그릇 두 개가 동물들 앞에 놓였고, 하나의 그릇에만 먹이가 들어 있다. 실험 진행자가 동물들에게 제스처나 시선을 통해 어느 쪽이 그토록 원하는 보상을 받을 수 있는 것인지를 보여준다. 그런 다음에 늑대들 내지는 개들이 각자 선택을 할 수 있었다. 결과는 모든 과정에서 개들이 그들의 거친 친척보다 좋은 성적을 보였다. 개들은 어떤 신호를 받은 후에는 거의 항상 올바른 그릇을 선택했다.

실제로 개는 길들여지면서 인간을 더 잘 이해하게 된 것 같다. 그러나 학자들은 여전히 완전하게 확신할 수 없었다. 왜냐하면 세 번째 이론이 아직 있었기 때문이다. 혹시 이런 현상에 대한 해답은 테스트를 받은 모든 개들이 인간과 함께 살았고 늑대들은 그렇지 않다는 데 있는 것은 아닐까? 말하자면 개들이 살아가면서 삶의 동반자인 인간의 제스처를 해석하는 법을 배우게 된 것은 아닐까?

이런 의혹을 확인하기 위해서 연구진은 태어난 지 9~26주 된 새끼 강아지들을 데리고 테스트를 반복했다. 몇 마리의 강아지는 사람에 의해 키워졌고, 다른 몇 마리는 다른 개들과 함께 우리 안에서 자랐다. 그러나 이런 모든 상황들이 결과에는 별다른 영향을 미치지 않았다. 강아지들이 인간과 접촉을 했든 안했든 상관없이 모든 새끼 강아지들은 인간의 신호를 이해하고 이용했다. 이런 특징은 개의 나이와도 아무런 상관이 없었다.

이제 결과는 분명하다. 개가 침팬지나 늑대보다 사람을 훨씬 더 잘 이해하는 것은 확실하다. 개는 인간의 신호를 힘겹게 배울 필요가 없다. 인간에 대한 이해는 개들에게 소위 선천적인 특징인 것이다. 라이프치히의 연구자들은 다음과 같은 결론을 내리게 되었다. 개들은 수천 년 동안 지속된 길들여짐의 과정에서 특별한 능력을 얻게 되었다. 의식적으로 혹은 무의식적으로 인간은 언제나 다른 동물보다 특히 밀접한 개를 사육할 동물로 선택했다. 그리고 그런 과정에서 조금씩 개의 기질이 바뀌었다. 거칠고 사나운 늑대에서 잘 따르고 순종적인 개로 말이다.

이런 변화는 심리학적으로도 증명이 가능하다. 개들은 피 속에 늑대보다 훨씬 더 적은 양의 스트레스 호르몬을 가지고 있다. "우리는 아마도 늑대와는 함께 살 수 없을 것이다. 늑대가 우리를 무는 것이 두려운 것이 아니라 늑대가 우리를 대단히 두려워하기 때문이다"라고 율리안네 카민스키는 설명한다. 그녀 역시 일을 할 때 대부분 개를 동반하고 다닌다.

그 동안 개들이 인간에게 얼마나 익숙해졌는지를 보여주는 또다른 연구도 있다. 학자들이 강아지들을 한 공간에 데려다놓았다. 어린 강아지들은 선택을 할 수 있었다. 오른쪽 옆방에는 다른 개들이 기다리고 있었고 왼쪽 방에는 사람이 있었다. 대부분의 강아지가 인간에게로 달려갔다. "매우 놀라운 결정이었다. 어린 강아지들은 다른 개들보다 인간과 함께 있는 것을 더 선호한다는 뜻이다"라고 카민스키는 말했다. 그런데 어린 늑대들은 이 상황에서 전혀 다르게 반응했다. 그들은 언제나 동료 늑대들을 선택했다. 설사 사람이 키운 새끼 늑대라 해도 마찬가지였다.

스탈린의 여우들

스탈린 치하에서 시베리아 한가운데 세워진 학술도시인 러시아의 아카뎀고로도크에서는 이미 1959년 이래로 특이한 실험이 진행되고 있다. 길들여진다는 것은 어떤 과정을 거치는가? 그리고 야생동물이 가축이 되는 과정에는 어떤 일이 발생하는가? 이런 의문점을 밝혀내기 위해서 한 모피수 농장의 은색여우들이 실험 대상이 되었다. 먼저 러시아의 연구진은 여우를 두 그룹으로 나누었다. 그룹 A에는 두려워하지도 않고 공격적으로 행동하지도 않는 여우들이 속했다. 나머지 여우는 그룹 B에 속했다.

한 여우가 어떤 그룹에 속하는지를 파악하기 위해서 연구진은 반복적으로 같은 테스트를 활용했다. 그들은 두꺼운 장갑을 낀 손을 여우들 우리 안에 넣었다. 이때 여우들은 어떻게 행동할까? 손을 피해서 달아날까? 혹은 사람을 위협하거나 심지어 손을 물까? 그렇게 행동하는 여우는 그룹 B로 보내졌다. 그러나 사람의 손에 호의적으로 접근하거나, 심지어 손을 핥는 여우는 그룹 A로 구분했다.

그룹 A의 여우들은 단지 8세대 만에 놀랄 만한 변화를 보였다. 40년이 지난 후에는 제1세대 은색여우의 흔적은 거의 남아 있지 않았다. 기질만 변한 것이 아니라 외적으로도 완전히 달라져 있었다. 갑자기 얼룩반점의 털을 가진 여우들이 생겨났다. 몇 마리는 흰색 반점을 지니고 있거나, 늘어진 귀와 고리 모양의 꼬리가 달린 여우도 있었다. 이빨은 더 작아졌고 여우들의 피 속에 함유된 스트레스 호르몬도 줄어들었다. 모든 것이 가축의 전형적인 특징들이다. '새로운 여우'들은 훨씬 더 많이 짖고, 갑자기 꼬리를 흔들며, 훨씬 더 자주 드러눕는다. 간단히 말해서 여우들은 마치 개처럼 행동하고 있었다.

여우는 더 잘난 개들인가?

브라이언 헤어가 수년 전에 이런 실험에 대해 들었을 때 일명 '집 여우'의 진화는 이미 종결된 상태였다. 그럼에도 불구하고 그는 큰 충격을 받았다. 길들임이 동물의 사회적인 지능을 변화시키는지, 그리고 변화시킨다면 어떤 과정을 거치는지, 즉 헤어의 전문 분야를 연구할 특별한 기회가 시베리아에 있다는 것을 알게 되었던 것이다. 헤어는 즉시 시베리아로 갔다.

그리고 두 그룹의 여우를 상대로 그가 개, 침팬지 그리고 늑대들에게 했던 것과 유사한 테스트를 실시했다. 그는 여우들에게 두 개의 그릇 중에서 하나를 선택하도록 가르쳤다. 다른 종류의 동물들과 마찬가지로 그는 여우들에게 시선이나 제스처를 통해서 어디에 먹이가 숨겨져 있는지를 보여주었다. 실제로 '집 여우'들은 다른 야생 그룹보다 매우 좋은 성적을 보였다. 이들은 처음부터 인간의 신호를 거의 개들만큼이나 잘 이해했다. 40년 동안의 사육이 야생의 여우를 온순한 가축으로 변화시키기에 충분했던 것이다. 대단히 놀라운 결과이다. 왜냐하면 여우들은 — 이전의 늑대들처럼 — 인간 가까이에서 함께 살지 않았기 때문이다. 그러나 지능, 감정이입, 협동력 등이 증대되었다고 해서 그에 따른 복합적인 도태는 없었다. 결국 러시아의 연구진은 두 가지 특징에 관심을 기울였다. 바로 두려움도 없고 공격성도 없다는 점이었다. 그러니까 한 동물이 두려움이나 공격성을 잃어버리면 동시에 사회적인 능력이 증가하는 것처럼 보인다.

그리고 여기서 늑대와 여우에게 해당되는 것은 — 최소한 원칙적으로는 — 인간에게도 적용할 수 있다. "인간의 기질 변화가 지속적인 사회적 그리고 정신적 진화를 위한 길을 마련했다는 것이 우리의 가정이다"라고 브라이언 헤어는 말한다. 다르게 표현하면 같은 종의 동료들에 대한 관용이 증가하면서 인간의 이성도 점차 발달했다는 말이다.

의사와 치료사 역할을 하는 개

오늘날 개는 인간 사회의 구성요소가 되었다. 그리고 이 네 발 달린 동물은 두 발 달린 우리 인간이 어떤 성향을 지녔는지를 배워서 알고 있다. 결국은 여기에 개들의 생존이 달려 있기도 하다. 이제 개들은 우리 인간을 너무 잘 파악한 나머지 스스로 의사와 치료사로서 도움을 줄 수 있는 정도가 되었다.

열두 살 정도의 어린 소년인 맥스(가명)가 두려운 듯이 방 한구석에서 있다. 아이는 수줍은 듯 커튼 뒤에서 밖을 내다보고 있다. 방의 한가운데에는 티노가 누워 있다. 티노는 아일랜드 테리어 종의 개로 커피브라운 색의 덥수룩한 털이 잔뜩 나 있다. 티노가 자꾸 소년 쪽을 바라본다. "우리는 티노가 얼마나 소년이 있는 곳으로 가고 싶어하는지 알 수 있었다"고 여의사인 안케 프로트만은 설명한다. "그러나 티노는 아이가 두려워할까봐 배려를 하고 있었다."

두 번째 만남에서 맥스는 커튼 뒤에서 앞으로 나왔다. 아이는 의자에 앉았지만 계속해서 티노와 거리를 유지하고 있었다. 세 번째 만남에서 비로소 맥스는 처음으로 개를 손으로 만졌다. 프로트만은 이 모습이 담긴 비디오테이프를 자세히 살펴보았다. 소년은 조심스럽게 손을 뻗어서 티노의 등을 쓰다듬었다. 이때 개는 진심 어린 마음으로 이런 신호를 보내고 있는 것처럼 보였다. "나는 너에게 아무런 짓도 하지 않아. 나는 전혀 해롭지 않단다." 티노는 아이에게 안전한 자신의 엉덩이 부분을 들이대고 꼬리를 흔들었다. "개는 여기서 사람에 대한 뛰어난 공감능력을 보여주고 있었다"고 소아과 의사이며 스스로도 개를 키우고 있는 프로트만은 말하고 있다. "그런 능력은 내가 티노에게 전혀 가르친 적이 없는 것이었다."

현재 세 마리의 개가 라이프치히 대학병원에서 아동과 청소년의 정신치료를 위해 교대로 일하고 있다. 일주일에 두 번 안케 프로트만은

"이리 나오렴.
나는 너를 해칠 마음이 없단다."

자신이 키우는 뮌스터랜더 잡종견인 나프티를 병원에 데리고 온다. 그런 다음 두 시간 동안 동물들과 함께 하는 치료 프로그램을 진행한다. 라이프치히의 연구진은 특별한 시도를 하고 있는 셈이다. 왜냐하면 이 프로그램에서는 개가 단지 아이들을 위한 오락용 대상만이 아니기 때문이다. 개는 의사가 진단을 내리는 데에도 도움을 주고 있다.

"그렇다고 해서 물론 개가 귀를 쫑긋거리면서 진료를 한다는 뜻은 아니다. 우리는 이미 아이에게 어떤 이상이 있는지 알고 있다. 그럼에도 불구하고 개와 함께 있을 때 아이의 행동을 관찰해 보면 어디에 큰 문제점이 있는지를 훨씬 더 잘 파악할 수 있다"고 프로트만은 설명한다. 말하자면 이 프로그램의 전략은 다음과 같은 것이다. 개가 여기 있으면 아이는 개에 대해 어떤 반응을 보일 것이 분명하다. 이런 상황에서는 아이가 흔히 그렇듯이 치료를 보이콧할 수도 없고 치료사를 속이거나 진단과 연관된 질문지를 엉터리로 채우는 일도 없을 것이다. 개는 아이로 하여금 가능한 한 자연스럽게 행동하도록 만들고 거기서부터 치료사는 다시금 중요한 힌트들을 찾아낼 수 있다.

개는 더 많은 것을 알아듣는다

"우리는 흔히 다른 방법으로는 더 이상 진전이 없을 때 아이와 개가 함께 하는 치료 방법을 선택한다"고 안케 프로트만은 말한다. 열네 살짜리 소년인 얀의 경우도 그랬다. 얀은 심각한 행동장애를 가진 상태에서 병원을 찾았는데 개와 함께 있을 때에도 대단히 폐쇄적이었다. 처음 몇 시간 동안 얀은 오직 개에게 욕을 할 뿐이었다고 한다. "멍청한 동물, 저리 가!" 소년은 이렇게 외치고는 치료사에게 개들은 너무 멍청해서 아무것도 같이 할 수 없을 것이라고 말했다.

두 번째 시간이 되어도 소년의 태도가 달라지지 않자, 프로트만은 이 치료를 중단하려 했다. 그러나 그녀가 그렇게 하지 않은 단 한 가지 이유는 개의 행동 때문이었다. 왜냐하면 개는 계속해서 꼬리를 흔들면서 소년에게 다가가서 그와 접촉하려고 시도했던 것이다. 세 번째 만남에서는 상황이 많이 진전되었다. 소년은 티노에게 다가왔고 바닥에 앉아서 티노를 쓰다듬었다. "그것이 하나의 돌파구였다. 왜냐하면 거의 그와 동시에 소년은 무엇이 자신을 짓누르고 있는지를 말하기 시작했기 때문이다"라고 프로트만은 말한다.

얀은 2년 전에 미국에서 독일로 돌아왔다. 그때 이후로 그는 상실감을 느꼈고 미국에 있는 친구들을 그리워했으며 여기서는 마음이 맞는 친구를 찾지 못하고 있었다. 소년은 마치 탱크처럼 마음의 문이 닫혀 있었지만, 개가 그런 장애물을 깨뜨릴 수 있었던 것이다. "실제로 소년은 개에 대해 어떤 반감도 지니고 있지 않았다." 오히려 그 반대였다. 소년은 개를 좋아했다. 아마도 개는 그런 점을 감지했던 것이 분명하다. 소년의 거친 말은 개에게 아무런 의미가 없었고, 개는 소년의 신체언어에 반응했던 셈이다. 그리고 그 신체언어는 분명하게 이런 내용을 전달하고 있었다. "여기 도움을 필요로 하는 외로운 어린 소년이 앉아 있다." 수천 년 동안 인간과 함께 해온 세월 속에서 개들은 인간의 신호에 대단히 민감하게 반응하는 법을 배웠던 것이다.

이런 능력은 원칙적으로 모든 개들이 소유하고 있다. 콜리, 테리어,

뮌스터랜더, 혹은 잡종견 등 다양한 품종의 개들이 프로그램에 참여했다. 치료 도우미 개가 되기 위한 가장 중요한 조건은 사람을 좋아해야 하고 너무 쉽게 흥분하지 않아야 한다.

미국과는 달리 독일에는 치료 도우미용 개를 위한 표준화된 테스트가 따로 없다. 각기 다른 단체들이 테스트를 시행하고 있고 이때 엄격함의 정도도 각기 다르다. 우선 개가 휠체어, 목발, 뛰어다니는 사람들 혹은 움직이는 침대처럼 병원에서 부딪칠 수 있는 모든 대상에 익숙해져 있어야 한다. 또 성격이 거칠고 사나운 아이에게는 개가 어떻게 반응하는지를 알아보는데, 사고가 생기지 않도록 먼저 조련사가 테스트를 위해 인형을 이용한다. 끝으로 개가 갑자기 스트레스를 받는 경우에 어떤 반응을 보이는지도 알아보아야 한다. 이런 경우를 항상 피할 수 있는 것은 아니기 때문이다. 예외적 상황을 시험하기 위해서 조련사는 커다란 숄로 몸을 숨기고 개에게 다가가서 위협적인 소리를 낸다. "이때 개가 뒤로 물러서는 경우는 괜찮다. 두려움을 보이는 개도 통과다. 그러나 어떤 경우에도 치료 도우미용 개는 공격적 반응을 보이면 안된다"고 프로트만은 말한다.

시간이 지나면서 치료 도우미용 개는 — 경찰견 혹은 맹인견과 똑같이 — 일종의 직업정신을 발전시키게 된다. 맹인견은 일단 가죽끈이 매어지면 극도로 집중해서 길을 간다. 그 어떤 것에 의해서도 흐트러지지 않는다. 그러나 같은 개라도 가죽끈에서 다시 벗어나면 지나가는 다른 개들을 향해 짖어대고 마치 어린아이처럼 주변을 돌아다닌다. "그러한 자발적인 조정과 타협이 꼭 필요하다. 개들은 이처럼 일과 여가를 구분할 수 있다."

한편 그녀가 키우는 나프티는 예를 들어서 집에서는 대단히 순종적이지만 개들 무리에 들어가면 힘센 우두머리가 된다. 그러나 치료 프로그램 동안에는 나프티의 이런 점을 전혀 찾아볼 수 없다. 나프티는 아이들의 욕구에 무조건적으로 호응하고 맞춰준다. 그래서 프로트만은 정거장에서 잠을 자는 개를 상상할 수 없다. "개에게도 가족과 따뜻한 가정이 필요하다"고 여기기 때문이다.

심리학자 역할을 하는 개

안케 프로트만은 박사 논문을 위해 자신의 치료 시간 가운데 상당 부분을 비디오로 녹화해서 분석했다. 그 결과 몇 가지 전형적인 모델이 뚜렷이 나타났다. 다이어트 중독에 걸린 소녀들은 흔히 행동이 매우 경직되어 있다. 이들은 개에게 거의 다가가지도 않았고 개와 일정한 거리를 유지하려 했다. 다이어트 중독에 걸린 한 소녀가 있다. 그녀는 다리를 뻣뻣이 편 채로 치료 도우미견인 나프티를 향해 몸을 숙였다. 소녀는 개를 쓰다듬었지만 그 외에 개의 요구에는 부응하지 않았다. 공놀이를 하고 싶었던 나프티는 공을 가져다가 소녀 앞에 내려놓고 요구하듯이 바라본 다음 몇 걸음 뒤로 물러났다. 지금 개의 제안은 분명했다. 그러나 소녀는 개를 무시했다. "이런 불편해 보이는 신체적 태도는 다이어트 중독에 걸린 소녀들의 전형적인 특징이다"라고 프로트만은 말한다.

이와 달리 두려움을 가진 환자는 개를 특히 자주, 그리고 대단히 정성껏 쓰다듬는다. 그것은 마치 환자가 개를 진정시키려는 것처럼 보인다. 의사들은 검사를 통해서 쓰다듬기가 실제로 안정시키는 효과가 있다는 사실을 확인했다.

또한 환자에 대한 개의 태도에도 많은 의미가 내포되어 있다. 흔히 어린 환자의 문제점이 개의 태도에 반영되기 때문이다. 예를 들어서 자폐증 아이 앞에서 개는 뒤로 물러선다. 이런 경우 개는 놀이를 하자는 요구도 거의 하지 않고 흔히 우두머리 개에게로 가버린다. 이런 방식으로 개는 치료사가 진단을 내리는 데 도움을 준다.

심지어 어떤 개는 지극히 극단적인 방법으로 두 가지 반응을 보이기도 했다. 헝가리의 포인터견인 레아는 폭식증 환자에 대해 구토로 반응했다. "물론 개가 구토를 할 경우 앞에 있는 아이가 항상 폭식증이라고 말할 수는 없다. 하지만 개가 보인 반응은 흥미로운 유사점이 아닐 수 없다"고 프로트만 박사는 말했다. 치료사들은 이 장면 역시 녹화를 해서 자세히 살펴보았다. 16세 소녀 카트린은 레아와 함께 소리치며 뛰어다녔고, 레아를 끌어안고 목을 단단히 감싸 안았다. 개는 여러 번 이런 행동이 싫다는 신호를 보내며 뒤로 돌아서 빠져나오려 했다. 그러나 환자는 개의 거부하는 행동에 반응을 보이지 않았다. 그러자 갑자기 개가 몸을 돌려 메스꺼운 몸짓을 하더니 구토를 했다.

소녀는 개의 조련사나 치료사들과 마찬가지로 매우 놀랐다. 이 시점까지는 아무도 카트린의 다이어트 중독이 폭식증으로 바뀐 것을 알지 못했다. 개와 이런 경험을 한 후에 소녀는 비로소 치료 시간에 자신의 문제에 대해 이야기할 수 있었다. 그녀는 남자친구 때문에 상당히 스트레스를 받고 있었다. 특히 그가 소녀를 껴안으면 그녀는 바로 화장실로 달려가서 구토를 했다. 바로 그렇게 똑같이 개가 반응을 보였던 것이다. "현실이 그대로 반영된 상황이었다. 단지 역할만 바뀌었을 뿐이다." 그 이후로도 레아는 한 번 더 폭식증 환자와의 치료 시간에 구토를 했다. 개의 이런 특이한 행동 뒤에 무엇이 숨겨져 있는지 아직 라이프치히의 연구진은 확실하게 해명할 수 없다. 어쩌면 특별히 민감한 개의 영혼이 숨겨져 있을지도 모른다. "다른 개의 경우에는 그런 모습이 관찰되지 않았다."

또한 환자와 개의 접촉에서는 아이가 다른 사람들과의 관계에서 지니고 있는 문제가 뚜렷이 드러나기도 한다. 열 살 정도 되는 소년이 아무런 움직임 없이 벤치에 앉아 있다. 소년 앞에는 마찬가지로 헝가리산 포인터견인 티치가 뛰어다니고 있다. 티치는 마티아스 앞에서 높이 뛰어오르기도 하고 소년의 손이나 심지어 얼굴까지도 핥고 있다. 그런데도 소년은 아무런 반응을 보이지 않는다. 무엇보다도 그는 티치에게 어떤 경계선도 긋지 않는다. "보통 아이라면 그런 행동을 좋아하지 않을 것이다." 그리고 아주 미세한 신호 하나만으로도 이미 개는 아이로부터 떨어져 나갔을 것이다. 거부하는 손짓, 분명한 'No'라는 말, 몸을 돌리는 것 등의 신호면 충분했을 것이다.

그러나 마티아스는 어떤 행동도 하지 않았다. "소년은 경계선이란 것을 전혀 알지 못했다. 자신에 대해서나 다른 사람들에 대해서나 경계선을 그을 줄 몰랐다"고 프로트만은 설명한다. 그래서 마티아스는 개를 상대로 그렇게 무력하게 반응한 것이고 자신도 다른 사람들에게 일정한 경계선이 없는 행동을 보였다. 그는 병원에서 아이들을 못살게 굴고 물건을 던지거나 식당에서 그냥 옷을 벗기도 했다. 결국 개가 소년에게 어떤 문제가 있는지를 알아낼 수 있는 예민한 안테나를 지니고 있기 때문에 개를 이용한 치료를 통해서 행동장애의 정도가 쉽게 드러나게 된 것이다.

또 어떤 문제들은 개와 함께 있음으로써 저절로 사라지기도 한다. 마리안네는 오른쪽 다리의 알 수 없는 마비 증상 때문에 병원을 찾았다. 수많은 검사와 물리치료를 받았지만 마비 증상에 대한 정확한 이유는 발견되지 않았다. 이미 첫번째 시간에 마리안네는 개에게 대단히 긍정적인 반응을 보였다. 그녀는 뻣뻣한 다리를 옆으로 길게 뻗은 채 바닥에 앉아 있었다. 그런데 갑자기 개를 쓰다듬기 시작했고 이때 무릎을 굽혀서 책상다리를 하고 앉는 것이었다. 그녀는 자신의 마비된 다리를 완전히 잊고 있었다. "그런 일이 첫번째 만남에서 단 11분 만에 일어났다"고 치료사는 말했다. "개와 함께 있을 때는 그녀에게 더 이상 뻣뻣한 다리가 필요하지 않았던 것이다."

그러나 치료 시간 후에는 마비 증상이 다시 나타났다. 그렇게 몇 번의 치료가 계속되었다. 개가 있으면 마리안네는 개와 함께 뛰어다니고 장난을 쳤다. 그런 다음에는 다시 절뚝거리면서 치료실을 떠났다. "우리와 마리안네는 개와 함께 한 치료 시간을 통해서 그녀의 마비 증상이 정신적인 것 때문임을 알게 되었다." 물론 이런 인식이 치유를 의미하는 것은 아니다. 그러나 성공적인 치료를 위한 중요한 단서인 것만은 확실하다.

200명이 넘는 환자들과의 경험 후에 라이프치히 연구진은 개와 함께 하는 치료에 대해 긍정적인 평가를 내리게 되었다. 개와 함께 하는 치료 시간이 의사의 진료나 지속적인 대화 치료를 대신할 수는 없다. 그러나 그 두 가지를 위한 중요한 보충 역할은 할 수 있다. 아이들은

'개와 함께 하는 시간'을 좋아했다. 아이들이 직접 표현한 바에 따르면 개와 함께 한 치료를 통해 병원에서 예전보다 훨씬 더 편안해졌다고 한다. 아이들이 개를 친구 같은 존재로 여겼기 때문에 치료도 더 성공적으로 진행될 수 있었던 것이다.

네 발 달린 단어 천재, 리코

리코는 태어난 첫 해에 심각한 어깨 부상을 입지 않았다면 아마도 지극히 평범한 보더콜리가 되었을 것이고 그 누구도 이 개의 특별한 능력을 깨닫지 못했을 것이다. 그러나 리코는 부상을 당했고 몇 년 후에 텔레비전 스타가 되었다. 오늘날 리코는 독일에서, 심지어 전세계에서 가장 영리한 개로 알려져 있다.

리코는 9개월 때 견갑골 수술을 받았다. 이후 몇 주 동안 단지 줄에 매달린 채로만 밖으로 나갈 수 있다. 모든 어린 개에게 그것은 고통이고, 특히 보더콜리에게는 일종의 재앙이었다. 보더콜리는 순전히 작업용 개로 사육되었다. 영국의 섬에서는 흑백의 색깔을 가진 이 개들이 오늘날까지도 독립적으로 양떼를 지키고 있다. 이 개들은 대단히 영리하지만, 또한 아주 잘 돌봐야 하는 품종이다. 보더콜리는 하루에 최소한 5시간을 일하지 않으면 발육이 부진해진다.

리코의 주인인 수잔네 바우스는 자신의 아픈 개가 약간의 기분전환을 할 수 있도록 애완견용 장난감을 시줬다. 처음에는 고무로 만든 뼈와 천으로 만든 연이었다. 그녀는 반복해서 장난감을 숨기고는 리코에게 '고무' 또는 '연'을 가져오라고 요구했다. 얼마 지나지 않아서 리코는 두 개의 장난감을 구분할 수 있게 되었다. 개는 이 새로운 놀이가 무척 재미있었던 것이 분명했다. 그래서 장난감 수집이 점점 늘어나게 되었다. 말, 용, 산타할아버지 인형 등 리코는 여느 어린아이보다도 더 많은 동물 봉제인형들을 갖게 되었다. 그리고 리코는 그 모든 동물의 이름을 구별할 줄 알았다. 오히려 리코의 주인은 때때로 그 모든 이름을 구분하는 일이 어려웠다. 사람들은 '괴물' 인형과 '용' 인형을 자꾸 혼동한다. 그러나 개는 단어가 서로 비슷하게 들리는 경우에만 혼동했다.

리코는 벌써 오래전에 다시 밖에서 뛰어다닐 수 있게 되었다. 그러나 단어 게임은 여전히 리코의 취미로 남아 있다. 리코가 마침내 100가지 물건을 구분할 수 있었을 때 이 가족의 친구들이 리코를 "내기할까요?"라는 텔레비전 프로그램에 출연신청을 했다. 학자들이 이 재능 있는 개를 본 것은 리코가 2001년에 두번째로 이 프로그램의 특집방송에 출연했을 때였다. 라이프치히의 막스플랑크 진화인류학연구소의 율리아 피셔와 율리안네 카민스키는 리코에게 관심을 갖게 되었고 이 일은 리코의 삶에서 두번째로 중요한 우연의 순간이 되었다. 두 명의 여성 생물학자는 당시에 동물들의 의사소통에 관한 수수께끼를 알아내려고 애쓰고 있었는데, 리코가 바로 적절한 순간에 눈에 띈 것이다. 리코는 그들에게 진정으로 중요한 발견이었다.

"시간이 날 때마다 나는 그곳으로 가서 리코와 함께 연구를 했다"고 카민스키는 말한다. 학자들은 먼저 리코의 믿을 수 없는 기억력 뒤에 어떤 속임수가 없는지를 살펴보았다. 왜냐하면 그들은 숫자를 계산한다는 말 '똑똑한 한스'의 주인과 비슷한 오류를 범하고 싶지 않았기 때문이다. 그러나 리코의 경우는 모든 것이 분명했다. 개는 단어들을 다 알고 있었다. 그리고 계속 새로운 단어들이 첨가되고 있었다.

그 동안에 이 보더콜리는 200개가 넘는 어휘를 배우게 되었다. "리코의 어휘 실력은 언어훈련을 받은 영장류, 돌고래, 바다사자 그리고 앵무새들과 비교된다"고 카민스키는 말한다. "단어에 의미를 부여하는 능력은 말을 하는 능력과 전혀 상관없이 훨씬 더 일찍 발전하는 것이 확실하다." 그러나 정확히 어떻게 리코는 그런 어휘를 배우게 되었을까? 리코가 어휘를 배우는 과정은 언제나 동일한 원칙에 따라 이루어진다. 사람이 리코에게 새로운 물건을 보여주면서 여러 번 이름을 반복해서 말해준다. 예를 들면 이렇게 말이다. "여기 봐 리코, 말, 이것은 말이다." 그런 후에 물건을 장난감 상자 속에 숨겨놓는다.

개를 위한 단어 훈련

그렇다면 리코는 혹시 이런 구체적 표현에 의한 수업이 아닌, 소위 '제외의 원칙'을 활용해서도 단어를 배울 수 있을까? 아이들은 말의 대부분을 바로 그런 방식으로 습득하고 있기 때문이다. "릴리, 거기 책상에서 펀치를 가져다주겠니?" 아빠가 옆방에서 외친다. 다섯 살짜리 릴리는 '펀치'라는 단어를 한 번도 들어본 적이 없음에도 불구하고 정확한 물건을 집을 것이 거의 확실하다. 왜냐하면 만년필, 종이 그리고 그 외에 책상 위에 있는 물건들은 릴리가 이미 확실하게 알고 있는 것들이기 때문이다.

릴리는 아빠에게 펀치를 갖다드리고 동시에 새로운 단어를 알게 된다. 이런 특별한 학습 메커니즘을 '빠른 의미 연결 능력(Fast Mapping)'이라고 한다. 그리고 막스플랑크 연구소의 학자들이 보더콜리 품종의 리코를 발견하기 전까지는 생물학자, 교육학자, 심리학자들은 오직 인간만이 이런 방식으로 학습할 수 있다고 믿었다. 사실 이 방법은 대단히 효과적이다. 아이들은 태어나서 두 해째부터 하루에 열 개까지의 새로운 단어를 습득하게 된다.

리코가 이런 '빠른 의미 연결 능력'을 가지고 있는지 알아내기 위해서 학자들은 잘 알고 있는 많은 물건들과 모르는 물건 하나를 옆방에 가져다놓았다. 이제 물건 가져오기 게임이 시작된다. 먼저 리코에게 잘 알고 있는 물건을 말한다. 그 다음에 게임의 중간 정도에 잘 알지 못하는 단어를 말한다. 예를 들면 추상적인 단어인 '봄'을 가져오라고 한다. 전체 시도 중에서 70퍼센트의 경우에 리코는 배우지 않았던 물건을 가져왔다. 제외의 원칙을 알고 있는 것이 분명했다.

그렇다면 이 개가 새로운 단어를 이런 방식으로도 기억할 수 있을까? 그런 점을 알아보기 위해 연구진은 옆방에 아홉 개의 장난감을 가져다놓았다. 잘 알고 있는 것 네 개, 잘 모르는 것 네 개, 그리고 방금 배운 물건 하나. 주인이 리코에게 '봄'을 가져오라고 요구하자, 이 개는 여전히 전체의 60퍼센트의 경우에 아까 배웠던 물건을 가지고 돌아왔다. 리코는 이미 '봄'이라는 단어와 새로 알게 된 물건을 연관시켜 기억했던 것이다. 즉 '빠른 의미 연결' 원칙에 따라 학습했던 것이다. 학자들은 이 연구 결과를 2004년에 학술지 『사이언스』에 발표했다.

그때 이후로 사람과 동물을 구분하는 벽에 또 하나의 돌이 빠지게 되었다. 막스플랑크 연구소의 학자들은 그 사이 또다른 언어 천재를 찾고 있다. 실제로 그들은 몇 마리의 개를 찾았지만 그렇게 많지는 않다. "그런 능력을 가진 동물이 매우 드물거나 혹은 사람들이 개와 그런 게임을 하지 않기 때문이다"라고 율리안네 카민스키는 말한다. 리코는 그 사이에 열다섯 살이 되었고 소위 은퇴했다. 리코는 이제 학문적인 측면에서는 더 이상 연구에 참여할 필요가 없지만 여전히 집에서 단어 게임을 즐기고 있다.

3장

동물의 학습과 본능

네 발 달린 의사, 날개 달린 약사

동물은 어떻게 약초 상식을 얻는가?

의학박사 침팬지

1987년 11월 21일에 마이클 허프만은 탄자니아의 마할레산에서 침팬지 집단을 관찰하고 있었다. 교토 대학의 이 영장류 연구자와 그의 탄자니아 현지 조수인 모하메디 칼룬데는 아무런 특별한 점도 발견하지 못했다. 그러나 되돌아보면 바로 이날 대단히 새로운 연구 방향이 마련되었던 셈이다.

학자들은 수개월 동안 침팬지의 식습관을 연구하기 위해 이들을 추적해 왔다. 이날 아침 암컷 침팬지들은 과일과 견과류로 위를 잔뜩 채우고 있었다. 한 마리만 제외하고는. 샤우시쿠는 설사를 했다. 이 침팬지는 아무것도 먹지 않았고 아픈 것이 분명해 보였다. 그러다 갑자기 지금까지 거들떠보지도 않던 한 식물에게로 갔다. "나는 침팬지들 중

누가 이 풀에 손을 대는 것을 본 적이 없었다"고 허프만은 설명한다. 샤우시쿠는 이 식물의 잎 몇 개를 입에 넣고 이리저리 씹었지만 삼키지는 않았다. 그런 다음 이빨로 가지의 껍질을 벗겨내고 안의 속살을 핥아먹었다. 반시간 이상을 샤우시쿠는 이 일에 몰두했다.

모하메디 칼룬데는 자신의 눈을 의심했다. 왜냐하면 원주민들이 음존소(Mjonso)라고 부르는 이 식물은 독성이 있고 맛이 매우 쓰기 때문이다. 침팬지들이 평소에 전혀 좋아하지 않는 식물이었던 것이다. "침팬지들이 주로 먹는 200가지가 넘는 다양한 종류의 식단에서 쓴 맛이 나는 것은 단 두 가지뿐이다"라고 마이클 허프만은 설명한다. 그런데 다행히도 모하메디 칼룬데는 뛰어난 영장류 연구자일 뿐 아니라 자기 부족의 약초 치료사이기도 했다. 그는 마할레산에서 자라는 모든 종류의 풀에 대해 잘 알고 있었다. "원주민들은 음존소를 약초로 사용한다. 이 식물은 예를 들어서 장 기생충, 위의 불쾌감, 그리고 열 등을 다스리는 데 사용된다"고 칼룬데는 말한다. 이 식물이 샤우시쿠에게도 도움이 되었을까?

하루 종일 샤우시쿠는 걷는 것조차 아주 힘겨워 보였다. 그래서 그녀는 아들 초핀을 동료 암컷 침팬지의 거처에 머물게 했다. 저녁에 샤우시쿠는 해가 지기도 전에 자신의 잠자리로 기어올라갔다. 다음날 아침에 침팬지 집단이 다시 활동을 시작했을 때에도 여전히 몸 상태가 좋지 않아 보였다. 몇 분마다 계속 휴식을 취해야 했고, 그런 상황은 오전 내내 지속되었다. 그러다가 갑자기 그녀의 상태가 극적으로 좋아졌다. 점심 휴식 시간에, 그러니까 2시 20분경에 샤우시쿠는 갑자기 마치 거친 동물처럼 주변을 뛰어다녔다. "우리는 거의 샤우시쿠를 뒤쫓을 수 없을 정도였다." 그후 한 시간 반 동안 샤우시쿠는 최대한 할 수 있는 만큼 많이 먹었다. 무화과, 생강, 코끼리풀 등 그녀가 하루 전날에는 전혀 건드리지도 않았던 모든 것들이 이제 다시 맛있는 먹이가 되었다. 설사와 다른 증상들도 사라졌다.

이런 갑작스러운 치유가 실제로 심하게 쓴맛이 나는 식물들과 어떤 관련이 있는 것일까? 침팬지가 약초를 가지고 자기 치료를 한 것일까? 사실 이런 생각은 대단히 무모한 가정이었다. 그러나 마이클 허프만은 이 문제를 더 자세히 연구하기로 결심했고, 이때부터 그는 연구자로서 자신의 인생 전부를 동물들의 자기 치료를 알아내는 데 바쳤다.

먼저 그는 두 가지 문제에 관심을 가졌다. 샤우시쿠는 무엇 때문에 병이 났던 것인가? 그리고 학자들이 '베르노니아 아미그달리나'라고 부르는 이 식물 안에는 어떤 성분들이 들어 있는가? 학자들은 배설물 검사를 통해서 무엇보다도 장 기생충이 침팬지를 힘들게 한다는 사실을 알아냈다. 장 기생충은 설사, 빈혈, 무감각적 행동 등을 유발한다. 심한 경우에는 죽음에 이르게도 한다.

침팬지들은 대부분 우기에 이 병에 감염되는데 이때가 바로 그들이 특히 자주 쓴맛의 베르노니아 아미그달리나를 먹는 계절인 것이다. "모든 침팬지들이 이 풀을 이용하는 것이 아니라 샤우시쿠와 비슷한 증상을 가진 침팬지들만이 이 풀을 먹었다. 예를 들면 식욕부진, 설사, 허약 등으로 시달릴 때 이 풀을 찾았다"고 허프만은 설명했다. 다른 동물들은 주의 깊게 보기는 했지만 결코 그 쓴맛 나는 풀에 손을 대지는 않았다.

그후 2년에서 3년 동안 허프만과 그의 동료들은 침팬지들이 이 풀을 먹고 난 후에 장 기생충으로 인한 질병이 뚜렷하게 감소한다는 사실을 발견할 수 있었다. 학자들은 확인을 위해 침팬지들의 배설물 속에 들어 있는 기생충 숫자를 셌다. 어떤 경우에는 그 숫자가 밤새 급격히 줄기도 했다.

이런 효과는 무엇을 통해 일어나는 것인가? 그리고 이런 효과가 실험실에서도 증명될 수 있는가? 허프만은 이 식물의 표본을 다양한 대학들로 보냈는데, 그 중에는 교토 대학, 하이델베르크 대학, 버밍햄 대학 등도 있었다. 그곳에서 학자들은 탄자니아의 원주민들과 침팬지들이 아마도 이미 오래전부터 이 식물을 알고 있었다는 사실을 확인하게 되었다. 베르노니아 아미그달리나는 의학적으로 흥미로운 여러 가지 성분을 지니고 있었다. 이미 예전에 화학자 홀츠가 이 식물의 수피와 잎을 검사한 적이 있는데, 왜냐하면 아프리카에서는 사람들이 이것들을 활용했기 때문이다. 예를 들어서 와통웨족은 위장 장애, 말라리아, 기생충 감염 등의 질병을 고치기 위해 이 식물의 잎을 찬물에 넣어 마시거나 그 물을 끓여서 마신다. 침팬지들은 이 식물의 수피를 입에 넣고 씹었는데, 그 전에는 아무도 그런 행동을 한 적이 없었다.

"우리는 이 식물 속에서 30가지의 새로운 물질을 발견했는데, 이 물질들이 쓴맛을 내는 원인이었다. 그리고 한 종류의 물질은 특히 장 기생충을 없애는 데 탁월한 효능을 보였다"고 마이클 허프만은 설명한다. 이 성분들 중 어떤 것은 기생충을 마비시키고, 또다른 성분은 알을 낳는 것을 방해하며, 또 어떤 것은 독으로 기생충을 죽인다.

실험실에서의 결과는 허프만과 칼룬데의 이론을 확인시켜 주었다. 침팬지들은 마치 훌륭한 치료사처럼 자신들의 병을 특수한 약초들을 이용해 치료하고 있었던 것이다. 또한 그 사이 영장류 학자들은 다른 침팬지들과 고릴라 집단에서도 그들의 의학적인 기본 지식을 확인했다. "아프리카는 인류의 탄생지일 뿐 아니라 현대 의학의 탄생지이기도 하다"고 마이클 허프만은 주장한다.

침팬지 휴고의 기생충 치료법

마이클 허프만의 관찰을 통해 학자들은 또다른 수수께끼도 해결할 수 있었다. 이미 수년 전부터 곰베 국립공원에서 연구를 하고 있는, 제인 구달의 협력자 리처드 랭햄은 특이한 행동을 관찰하게 되었다. 그도 숲속을 다니며 침팬지 집단을 추적하고 있었다. 그런데 갑자기 수컷 침팬지인 휴고가 무리에서 벗어나 울창한 수풀 속으로 사라졌다. 랭햄은 휴고가 어떤 풀 앞에 앉아서 어린 잎 몇 개를 따는 모습을 보았다. 휴고는 천천히 어린 잎들을 입안에 밀어넣더니 씹지도 않은 채 꿀꺽 삼켰다. 그 풀은 특별히 맛이 쓰지는 않았지만 잎 표면에 털이 많이 나 있는 해바라기과의 식물로 아스필리아종에 속했다. 휴고의 찌푸려진 코를 보아도 그렇게 즐거운 만찬이 아님을 랭햄은 분명히 알 수 있었다.

다른 집단에서도 야생 연구자들은 여러 번 이런 종류의 특이한 행동을 관찰했다. 유인원들은 언제나 이 풀을 씹지 않고 그대로 꿀꺽 삼켰다. 그리고 이런 잎들은 항상 거칠고 털이 많이 나 있었다. 마이클 허프만은 마침내 이 수수께끼의 해답을 알아냈다. 그는 침팬지의 배설물에서 작은 벌레들이 버둥거리고 있는 것을 발견했다. 벌레들이 씹히지 않은 잎의 털과 주름에 걸려 밖으로 나온 것이다. 장을 통과하면서 기생충들은 마치 끈끈이 테이프처럼 거친 잎에 달라붙었다. 유인원들은 위에 통증이 있거나 불쾌한 느낌이 들면 이런 자연식물을 이용한 기생충 치료법을 활용한다.

숲속의 의학 연구

그런데 동물들은 언제 어떤 약초를 스스로에게 처방해야 하는지를 어떻게 알았을까? 이런 의문에 대해서 마이클 허프만은 단지 부분적인 대답을 할 수 있을 뿐이다. 어린 침팬지들은 건강할 때 의학적 성분을 가진 식물과의 첫번째 접촉을 하게 된다. 그들은 병이 난 엄마 침팬지가 그런 식물을 먹는 것을 보고 그 다음에는 자신이 직접 시험을 해보게 된다. 샤우시쿠의 아들 초핀도 그와 똑같은 경우였다. 샤우시쿠는 자신이 아팠을 때 아들인 초핀에게 쓴맛이 나는 잎을 주었다. 초핀은 잠깐 냄새를 맡아본 후에 입에 넣었지만 바로 다시 뱉어냈다. 그리고 자신이 좋아하는 생강과의 식물들에게로 향했다. 이런 방식으로 어린 침팬지들은 숲속의 다양한 식물들을 알아가게 된다.

그러다가 어느 순간 직접 병에 걸리면 어떻게 할까? 새끼 동물들은 아픈 엄마가 어떻게 했는지를 기억하는 것인가? 혹은 쓴맛의 식물들을 기억하고 있는 것인가? 캘리포니아 대학의 벤 하르트는 쓴맛이 나는 식물을 먹는 동물들의 습관이 진화의 과정에서 생겨난 것이라고 추측하고 있다. 그는 의약용 식물의 성분을 검사했는데 의학용 식물의 80

"윽, 엄마 너무 써요"

퍼센트가 쓴맛이 난다는 사실을 확인했다. "그러므로 때때로 그런 식물을 먹은 동물은 질병에 대한 면역력이 훨씬 더 높았다"고 탄자니아에서 18년 동안 동물들의 자기 치료의 비밀을 연구한 마이클 허프만은 추측하고 있다.

자연 속 밀림 약국

마이클 허프만은 침팬지들에게서 질병이나 스트레스의 적절한 치료와 더불어 건강관리의 두 번째 방식을 발견했다. "침팬지들의 식단에 포함된 식물의 15퍼센트는 의학적으로 유용하다"고 허프만은 말한다. 이런 식물의 대부분을 침팬지들은 기생충이 많은 우기에 아주 소량 섭취한다. 일종의 치료를 목적으로 먹기 때문이다. 그중에 침팬지들이 정기적으로 그리고 대량으로 먹는 의학용 식물은 몇 가지밖에 없다. "이런 습관은 자기 치료의 다른 형태, 즉 예방을 의미한다."

침팬지들이 먹이 속의 특정 성분을 통해 면역체계를 강화시키면 결과적으로 이들은 보다 더 건강한 상태를 유지할 수 있다. 그래서 대부분의 침팬지들은 많은 시간 동안 건강하게 지낸다. 또한 다음과 같은 행동들도 예방에 기여한다. 건기에 주변에 탁하고 변질된 물밖에 없을 때 침팬지들은 나무 막대기로 모래를 판다. 그래서 그 안에 알갱이가 없는 맑은 물이 모일 때까지 기다렸다가 그 물을 마신다.

의학은 여전히 높은 차원의 기술이며 인간의 전유물로 간주되고 있다. 그리고 실제로 인간의 의학은 문자와 언어를 통해서 크게 도약해 왔다. 오늘날 시중에는 1만여 가지의 다양한 약품이 나와 있고, 거기다가 엑스레이 장비부터 핵스핀단층촬영기까지 값비싼 기구들도 있다. 동물은 물론 이런 것들과는 경쟁을 할 수 없다. 그러나 그들은 자신의 질병을 무력하게 방치하지 않는다. 그들도 스스로를 치료하기 위해서 능숙하게 자연 속의 밀림 약국을 활용하고 있다.

자연 속의 약사들

동물의 자기 치료에 대한 연구는 아직 출발 단계에 있다. 그러나 분명한 것은 자연 속에는 여러 질병에 대처할 수 있는 약초들이 자라고 있다는 사실이다. 그리고 단지 유인원들만이 그런 약초들을 활용하고 있는 것도 아니다. 이런 현상에 대한 진정한 해명을 할 수 있기까지는 아직 학자들이 가야 할 길이 멀다. 최근에 그들은 여러 곳의 관찰 결과를 취합했는데, 그런 사례들이 대단히 많았다.

아프리카에서는 코끼리를 비롯한 동물들이 흙을 먹기 위해서 대형 간벌지에 모인다. 학자들은 이곳의 흙이 점토를 매우 많이 함유하고 있고 마그네슘, 칼슘, 칼륨과 같은 미네랄이 풍부하다는 것을 알아냈다. 점토 속의 이런 미네랄들은, 후피류의 동물이 식물성 먹이와 함께 대량으로 섭취하게 되는 건강에 나쁜 알칼로이드와 타닌을 중성화시키도록 도와준다. 코끼리는 흙을 섭취함으로써 해독이 되는 셈이다. 동시에 미네랄 부족도 예방해 준다. 여기에서 약품과 식품 사이의 경계가 불분명해진다. 추측건대 흙을 먹는 것, 즉 토식은 시대를 막론하고 자기 치료의 아주 오래된 형태로 보인다.

케냐와 우간다 사이의 국경에 위치한 사화산 엘곤산에서 코끼리들은 수천 년 동안 160미터 깊이까지 산 속의 흙을 파먹었다. 이 회색의 거구들은 오직 이곳에서만 자발적으로 땅 속을 파고 들어갔다. 거기에는 그럴 만한 충분한 이유가 있었다. 왜냐하면 비가 많은 화산 지역의 식물들은 거의 염분을 함유하고 있지 않기 때문이다. 그러나 바위 구멍들 속에는 염분이 많이 들어 있다. 그래서 코끼리들은 밤마다 지하 속의 미로를 탐지하러 다닌다. 코끼리는 흙과 돌멩이들을 많이 먹음으로써 생명에 필수적인 미네랄을 섭취한다.

페루의 아마존 우림 지역에서는 매일 아침 펼쳐지는 독특한 자연의 모습에 감탄하게 된다. 수천 마리의 앵무새들이 특정한 흙을 먹기 위해서 마누 강의 굴곡부인 '콜파'에 모여드는 모습이 그것이다. 새들은 강 바로 위의 절벽 해안가에 매달려서 흙을 쪼아 먹는다. 이 특정한 점토성의 흙은 가는 띠 모양으로 수백 미터에 걸쳐서 강을 따라 형성되어 있다. 앵무새들이 오로지 이 부분의 흙만을 먹고 그 위나 아래에 있는 흙은 먹지 않는 이유는 무엇일까?

샌프란시스코 해양협회의 제임스 길라르디는 앵무새들의 비밀을 풀고 싶었다. 이런 현상은 마치 수수께끼 같았다. 새들이 좋아하는 흙은 그 외의 다른 토지층보다도 훨씬 더 적은 미네랄을 함유하고 있었기 때문이다. 또한 이 흙은 알갱이가 부드러워서 소화를 돕지도 못한다. 혹시 이 흙이 새들의 장 속에 있는 산 성분을 배출시키는 역할을 하는 것은 아닐까? 그러나 검사 결과 이 특수한 흙은 증류수만큼이나 그런 작용에 전혀 도움이 되지 않았다.

이런 현상에 대한 설명은 훨씬 더 복잡하다. 학자들은 실험실에서 앵무새들이 즐겨 먹는 흙의 성분들을 분해했고 마침내 이 흙 속에서 특별한 점을 찾아냈다. 이 흙이 함유하고 있는 점토 입자의 표면에는 음성적인 적재물이 있었다. 그런데 앵무새들이 먹이를 통해 섭취하는 유독성의 식물 성분들은 이와 반대로 주로 양성적인 성향을 띠고 있다. 즉 흙의 입자가 식물의 유독함을 순화시켜 주는 것이다. 아프리카의 코끼리들이 했던 것과 같은 해독요법이라고 할 수 있다.

학자들은 이어서 앵무새의 먹이도 더 자세히 관찰해 보았다. 실제로 이 새들은 씨와 덜 익은 열매들을 대단히 많이 먹는다. 이것은 사람과 다른 많은 동물들에게는 치명적일 수 있는 식단이다. 그런데 앵무새들이 강가의 약국에서 구하는 약품, 즉 이 특별한 흙을 먹음으로써 그들의 먹이는 몸에 좋은 것으로 중화된다. 학자들은 이처럼 점토 토양의 효과에 대해 분명한 확신을 얻을 수 있었다. 그런데 앵무새들은 어떻게 자신들에게 무엇이 필요하고 어디서 그것을 얻을 수 있는지를 아는 것일까? 이 점은 아직까지도 수수께끼로 남아 있다.

실제로 사람들도, 오늘날에는 특히 문명이 아직 미치지 않은 자연민족들이 규칙적으로 토양을 먹는다. 임신한 여성들은 미네랄이 들어 있는 특정한 흙을 먹어야 한다고 믿는 곳도 있다. 나이지리아에서는 점토를 설사에 대한 전통적인 치료제로 사용하고 있다. 아마도 주술 치료사들은 이런 비밀 지식을 흔히 동물에게서 보고 배웠을 가능성이 높다. 예를 들어서 토식법이 이에 대한 좋은 사례이다. 오늘날 제약회사는 새로운 약품을 만들기 위해 우림 지역에서 아직 알려지지 않은 성분을 찾고 있다. 그들에게도 동물들의 본능이 소중한 힌트가 될 수 있을 것이다.

알래스카의 불곰들은 기계적인 기생충 퇴치법을 이용한다. 이들은 겨울잠을 자러 가기 전에 규칙적으로 뾰족하게 모가 난 방동사니 속의 식물들을 먹는데, 바로 촌충을 배출시키기 위해서이다. 왜냐하면 불곰들은 추운 겨울에 자신들의 빠듯한 영양분을 기생충들과 나눠 가질 수 없기 때문이다. 또 그들은 상처가 나면 그 부위를 나무에 비비는데, 송진이 감염을 예방하는 효능이 있기 때문이다.

고릴라는 이런 경우 더 적극적으로 대처한다. 이들은 상처를 흔히 직접 만든 연고로 치료한다. 행동연구가 다이안 포시는 어깨에 큰 상처를 입은 한 고릴라가 특별히 타닌이 많이 함유된 식물을 입에 넣는 모습을 관찰했는데, 고릴라는 이 식물을 씹어서 침과 섞인 혼합물을 자신의 상처에 뱉어냈다.

또한 학자들은 상처 입은 긴팔원숭이들에게서도 이런 사례를 발견했다. 그들도 씹어서 뱉은 식물로 상처를 치료하고 있었다. 원숭이들은 그 지역의 주민들이 같은 목적으로 사용했던 식물을 약초로 선택했다.

고양이들은 풀을 많이 먹음으로써 위를 자극한다. 이런 방식으로 고양이들은 매일매일 몸 관리를 하면서 함께 삼킨 털을 토해낸다.

남아메리카의 코스타리카에 사는 카푸친 원숭이들은 곤충들로부터 스스로를 보호한다. 이들은 비어 있는 나무의 그루터기에서 규칙적으로 목욕을 한다. 그곳에 있는 물에 송진이 들어 있는데, 이 송진이 곤충들을 퇴치시켜 주기 때문이다. 추가적으로 이 원숭이들은 특정한 나무의 껍질에 몸을 비비는데, 현지 주민들도 마찬가지로 곤충을 쫓기 위해 이 껍질을 이용한다.

몇몇 딱따구리 종류는 정기적으로 개미집으로 날아가서 개미의 분비물을 몸 전체에 바른다. 추측건대 개미산이 곤충들로부터 딱따구리의 깃털을 보호해 주는 것으로 보인다. 개미산은 이와 진드기 등을 몰아내는 역할을 한다.

곤줄박이(참새목 박새과의 조류 – 옮긴이)는 자신들의 둥지를 흔히 라벤더와 박하처럼 향기가 강한 식물들로 치장해 놓는다. 이런 식물은 사람들이 특히 청소제로 사용하는 에테르를 함유한 기름을 지니고 있다. 이 기름이 실제로 새들을 이나 진드기로부터 보호해 주는지는 학술적으로 아직 증명되지 않았다.

토끼는 흔히 숲의 가장자리로 이동하는데, 왜냐하면 거기에는 특별히 많은 약용식물들이, 예를 들면 마요라나, 페퍼민트, 카밀리에와 같은 식물들이 자라고 있기 때문이다. 토끼는 이런 약초들을 우물거리며 씹어서 위와 장의 귀찮은 기생충들로부터 스스로를 보호한다. 최소한 프라이부르크의 동물학자 미하엘 보프레는 그렇게 추측하고 있다. 이런 모습은 오래전부터 사냥꾼들에게서도 볼 수 있었다. 그래서 사냥꾼들 사이에서는 숲의 가장자리를 '토끼들의 약국' 이라고 부른다. 예나에 있는 막스플랑크 화학생태학연구소에서 동물들의 약용식물 중 몇 가지를 검사했다. "이런 성분들은 적은 분량으로 처방될 때는 약품과 같은 효과를 낼 수 있다"고 연구소 소장인 이안 발드윈은 밝혔다. "동물들의 약용식물 섭취에 대해 알게 됨으로써 우리는 동물들의 여러 행동을 새로운 관점에서 보게 되었다."

심지어 나비들도 독특한 행태로 건강을 관리한다. 아프리카의 모나크 나비의 수컷은 말라죽은 꽃 받침대를 규칙적으로 빨아먹는다. 동물학자 미하엘 보프레는 나비들이 이때 특정한 알칼로이드를 섭취한다는 사실을 알아냈다. 이 성분은 이중의 효과가 있다. 하나는 적으로부터 자신을 보호하는 것이다. 다른 한편으로 알칼로이드를 향료로 바꿔 이것을 암컷 나비를 유혹하는 데 사용한다. 짝짓기에서 수컷은 이 방어 성분을 소위 결혼선물로 암컷에게 선사한다.

동물원의 약국

원숭이를 비롯한 모든 동물은 자연 속의 식물을 거의 무제한적으로 사용할 수 있다. 동물들은 여기서 먹고 저기서 군것질을 하다가 때때로 위 상태가 좋지 않을 때 맛이 쓴 약초를 찾아나선다. 그러나 동물원의 우리 안에 있을 때에는 인간이 정한 식단에 만족해야 한다. 그렇다면 동물의 의학적인 본능이 이런 환경에서도, 예를 들면 동물원 안에서도 발휘될까? 네덜란드의 동물학자들은 이런 점을 알아내고자 했다.

네덜란드 아펠도른에는 아주 특별한 동물원이 있다. 여기서는 사자, 호랑이, 코끼리는 찾아볼 수 없다. 동물원의 이름 자체가 그곳의 특징을 말해주는 곳으로 바로 네덜란드어로 '원숭이산'을 뜻하는 아펜호일 동물원이다. 여기에는 오직 원숭이와 유인원들만 살고 있다. 아펜호일의 방문객들은 70종 이상의 다양한 원숭이와 유인원들을 만날 수 있는데 그 중 일부 원숭이들과는 단순히 반가운 것 이상으로 가까워지기도 한다. 많은 원숭이들이 동물원의 각 구역에서 자유롭게 돌아다니고 있다. 그 안에서 그들은 방문객의 주머니에서 작은 먹을거리들을 대단히 능숙하게 슬쩍하는 솜씨를 발휘하곤 한다. 자유롭게 돌아다니는 일에 적절하지 않은 종은 거대한 야외 방목 사육지에서 지낸다. 원래는 남아메리카 출신인 양모원숭이들은 동물원 안에 그들만을 위한 작은 섬을 가지고 있다. 그리고 이곳에서 수년 전부터 특이한 실험이 진행되고 있다.

실험의 동기는 주의력 깊은 한 방문객 때문이었다. 나이가 지긋한 이 남자는 연회원 카드를 가지고 있었고 거의 매일 동물원에 왔다. 그런데 언젠가부터 그에게 눈에 띄는 모습이 있었다. 양모원숭이들이 집단 내에서 싸움을 벌인 후에는 언제나 멜리사(꿀풀과의 여러해살이풀 - 옮긴이)를 먹는 것이었다. 방문객은 사육사에게 이 사실을 알렸고 그의 관찰은 사실이었다. 양모원숭이들은 한바탕 싸움이 끝난 후에는 항상 마치 야생에서처럼 멜리사에게로 몰려들었다.

원숭이를 위한 약초 정원

사육사들은 이런 모든 일을 몇 주 동안 자세히 관찰한 다음에 동물원 원장과 의논했다. 원장은 "해가 되지는 않을 것입니다"라고 말하고 동물들을 위해 약초 정원을 만들어주기로 결정했다. 한 약초 전문가가 적절한 야생식물들을 골랐다. 그것은 결코 쉬운 일이 아니었다. 왜냐하면 약초들이 쉽게 구할 수 있는 것이어야 했고, 네덜란드의 기후를 잘 견뎌야 했으며, 무엇보다도 대량으로 섭취해도 독성이 없어야 했다. 16세기의 연금술사 파라켈수스의 유명한 말은 여전히 유용하기 때문이다. "같은 약초라도 그 용량이 어떠한가에 따라서 유용한지 혹은 해가 되는지가 결정된다."

마침내 약초 정원이 완성되었고 모두가 긴장한 채 지켜보았다. 원숭이들은 어떤 반응을 보일 것인가? "우리는 원숭이들이 약초들에게로 달려들어서 잎과 뿌리가 있는 모든 것들을 먹어치울까봐 걱정했다"고 생물학자 콘스탄츠 멜리샤렉은 말한다. 그러나 잠깐 동안의 적응 기간이 지나자 원숭이들은 비교적 목적에 따라 각각의 약초들을 찾아다녔다. 처음에 원숭이들이 열심히 찾아다닌 풀은 진정효과가 있는 고양이풀이었다. 무과의 식물도 많은 사랑을 받았다. 이것을 보고 생물학자는 당시에 원숭이들이 어딘가 감염되어 있었던 것으로 추측한다. 왜냐하면 무는 자연적인 항생물질을 함유하고 있기 때문이다. 두 번째 해에는 무를 거의 건드리지 않았다. 생물학자에게는 분명한 증거였다. "원숭이들은 단지 맛이 있어서가 아니라 상황에 따라 적절한 것을 골라 먹는다."

그러나 가장 놀라운 것은 양모원숭이들이 아펜호일에서 엄마와 아빠 혹은 할머니와 할아버지로부터 약초들에 대해 배울 기회가 없었다는 점이다. 또한 그들은 태생적으로 네덜란드의 식물들에 익숙하지 않을 수도 있다. 왜냐하면 이들의 고향인 남아메리카에는 전혀 다른 식물들이 자라기 때문이다. 그럼에도 불구하고 원숭이들은 확실히 어떤 식물이 어떤 효과를 유발하는지 알고 있었다. 학자들에게는 이것 역시 아직까지 풀리지 않는 수수께끼이다. 이들은 냄새와 맛이 동물들에게 특정한 힌트를 주었을 것이라고 추측하고 있다.

아펜호일에서 동물학자와 수의사들은 이런 모습을 보고 중요한 사실을 배웠다. 우리 안에서도 동물은 본능적으로 무엇이 자신에게 좋은

지를 알고 있다는 점이었다. "동물원에서조차도 수의사는 자신이 개입을 해야 할지를 대단히 조심스럽게 고민해야만 했다. 왜냐하면 동물들에게는 모든 치료가 자극이며 스트레스이기 때문이다"라고 멜리샤 렉은 말한다.

자연 상태의 양모원숭이들은 세계에서 식물의 종류가 가장 다양한 지역에 서식한다. 그들은 200가지가 넘는 다양한 종류의 식물을 먹는다. 그 누구도 정확한 성분을 알지 못한다. 그러나 원숭이들은 건강 유지에 필요한 모든 것을 얻도록 식단을 짠다. "우리는 동물원에서도 동물들에게 가급적 다양한 식물과 열매를 제공하기 위해 노력하고 있다." 원숭이들은 자신에게 무엇이 필요한지를 누구보다도 스스로 가장 잘 알고 있다. 예방이 치료보다 더 중요하다는 말은 사람뿐 아니라 동물에게도 똑같이 적용된다.

축구하는 금붕어, 장사하는 물고기

물고기는 얼마나 똑똑한가?

수족관 속의 축구선수

딘 포머리우와 그의 열 살 된 아들 카일은 수족관 속의 두 스타에게 알베르트 아인슈타인과 아이작 뉴턴이라는 이름을 붙여주었다. 그들은 지극히 의도적으로 이런 이름들을 선택했다. 두 물고기들이 거둔 성과가 거의 두 물리학자의 실적만큼이나 놀라웠기 때문이다. 아인슈타인은 물속에서 축구를 하는데 골대를 향해 차례차례 슈팅을 한다. 이 금붕어 두 마리는 헤엄을 치면서 손쉽게 터널, 고리 혹은 그 밖의 장애물들을 통과한다. 이들의 기술은 서커스쇼에 내놓아도 손색이 없을 정도이다.

금붕어들의 놀라운 능력은 약 3년 전에 발견되기 시작했다. 카일은 어느 날 학교축제에서 금붕어 두 마리를 얻어 집으로 가져왔다. 카일과 그의 여동생 켄달은 이미 오래전부터 소원했던 일을 이루게 되었다. 집에서 동물을 키우는 일이었다. 부모들도 기꺼이 물고기들을 새로운 가족으로 반겼다. "우리는 금붕어의 작은 머리 안에 흔히 사람들이 추측하는 것보다 훨씬 더 많은 것들이 숨어 있다는 사실을 바로 알아차렸어요." 동물학자가 아닌 엔지니어로서 지능형 자동차 개발에 몰두하고 있던 딘 포머리우는 말했다.

포머리우 가족에게는 물고기들이 단지 '살아 있는 실내장식품' 그 이상이었고 이들을 어떻게든 훈련시키고 발달시키려 노력했다. 개와 말, 그 밖의 다른 동물들을 훈련시킬 수 있는 방법들이 왜 금붕어에게는 통하지 않겠는가? 이 가족은 그렇게 생각했던 것이다. 어느 날 이 초보 물고기 부모는 마음이 내키는 대로 훈련을 시작해 보기로 했다. 모든 동물 훈련에서 가장 중요한 것은 확실한 보상이다. 동물이 맡은 일을 해냈을 때에는 무엇보다도 즉시 달콤한 먹을거리를 제공해야 한다. 물속에서는 그런 과제가 그리 간단하지는 않았지만 포머리우 가족은 연구 끝에 해결책을 찾아냈다. 카일과 아버지 딘은 이쑤시개와 다른 기구들을 이용해서 먹이를 주는 막대기를 만들었고 그 외에도 물고기들을 위한 다양한 게임 도구와 훈련 도구들을 제작했다. 작은 축구공, 수중 골대, 파이프와 고리 등이었다.

그런 다음 바로 훈련에 돌입했다. 처음에 물고기 아인슈타인은 자신의 부리를 축구공에 대자마자 바로 상을 받았다. 나중에는 공을 한 번 밀어서 움직이게 해야만 상을 받았다. 이 금붕어는 한 걸음씩 천천히 흔히 사람처럼 골인시키는 방법을 배워갔다. 이제 아인슈타인은 헤딩의 대가가 되었다. 그는 아주 익숙하게 공을 골대 안에 넣고는 그 위로 유유히 헤엄쳐 나온다. 그런 다음에 비록 아무 말도 하지 않지만 그 눈은 이렇게 말하고 있다. '내가 받을 보상은 어디 있죠?' 딘 포머리우는 이런 물고기의 생각을 알아차리고 먹이 한 조각을 던져준다.

이제 아인슈타인과 뉴턴은 더 이상 단 둘이 지내지 않는다. 시간이 흐르면서 새로운 물고기 가족이 들어왔고 새로운 기술들이 도입되었다. 그리고 포머리우의 집에 있는 물고기 학교는 점차로 유명세를 타기 시작했다. 처음에는 친구들과 친척들이, 나중에는 신문사와 방송국 사람들이 똑똑한 물고기들을 구경하기 위해 몰려들었다. 요즘 포머리

"헤딩은 이제 일도 아니라구요."

우 가족은 인터넷을 통해 훈련 도구와 안내에 대한 정보를 제공하고 있다. 이 물고기 학교 설립자들은 학자들이 계속해서 물고기들의 놀라운 능력을 발견해 내고 있는 것에 대해서도 별로 놀라지 않는다. 날마다 그들이 직접 자신들의 눈으로 수족관에서 일어나는 새로운 사실들을 확인하고 있기 때문이다.

산호초 안의 시장경제

헤어살롱과 뷰티스튜디오도 결코 인간의 전유물이 아니다. 이와 비교할 만한 것들이 바다에도 있다. 태평양의 산호초 안에서는 청소부 물고기들이 제대로 된 살롱을 운영하고 있다. 이 작은 청소부들은 눈에 확 띄는 색상의 옷을 입고 특수한 움직임으로 자신들의 직업을 알린다. 일명 놀래기라는 물고기는 언제나 모래톱의 같은 장소에서 손님을 기다린다. 하루 종일 다양한 물고기들이 몸을 깨끗이 하기 위해 그곳을 지나간다. 심지어 쥐가오리와 같은 대양의 물고기도 이 살롱에서 자신의 몸에 붙은 기생물들을 제거한다.

또한 매우 위험한 육식어들도 이곳에서는 평화적으로 행동한다. 그들은 청소부들에게 자신의 방문이 평화적인 것임을 알리기 위해 물속에서 아무런 반응 없이 그대로 멈춰 있거나, 한쪽으로 누워 있거나, 물구나무서기를 한다. 그러면 몸 길이가 11센티미터밖에 되지 않는 놀래기들이 아무런 위험 없이 육식어의 부리와 식도로 들어가서 몸속 도처에 있는 기생물, 균류, 죽은 피부 찌꺼기 등을 제거해 준다. 게다가 작업 후에는 특별 서비스로 상처까지 소독해 준다. 만약 손님이 가던 길을 다시 가고 싶을 때는 가벼운 움직임으로 표시를 하면 되고 청소부들은 즉시 작업을 끝내고 위험 지역을 떠난다.

청소부 물고기들과 그들의 고객 사이에는 진화의 과정에서 섬세한 의사소통 방법이 발달해 있었다. 오래전부터 이런 관계는 일명 공생, 즉 양쪽 모두에게 유용한 관계의 대표적인 사례로 알려져 있다. 이 경우의 교환 대상은 '먹이'와 '위생'이다. 그러나 살롱 소유자와 그 고객들 사이의 사업관계는 경제학자들이 오랫동안 믿어온 것보다 훨씬 더 복합적이다. 스위스 대학에서 행동연구를 담당하고 있는 리두안 브샤리 교수는 모래톱에서 일어나는 일을 보다 자세히 관찰한 결과 청소부 물고기들이 중소기업 정도는 문제없이 꾸려갈 만큼의 체계를 지니고 있다고 확신했다.

브샤리 교수가 물고기 연구를 시작하게 된 것은 몇 가지 다른 과정을 거친 다음이었다. 그는 뮌헨에서 생물학 공부를 끝낸 뒤에 먼저 제비젠에 있는 막스플랑크 행동생리학연구소에서 연구원으로 일했다. 그는 닭과 영장류에 대해 연구했지만 이 두 종에서는 자신이 찾는 것을 발견하지 못했다. "나는 항상 동물 세계의 협동과 속임수에 관심이 많았다"고 그는 말한다. 그 중에서도 서로 친척관계에 있지 않은 종들의 관계에 대해 알고 싶은 것이 많았다고 했다. 그는 소위 '죄수의 딜레마'에 매혹되었다. 그는 물고기들이 이런 상황을 어떻게 해결하는지 궁금했다. 그리고 모래톱의 살롱에서 그 해답을 얻을 수 있기를 기대했다.

금지된 열매와 고객 서비스

놀랍게도 청소부 물고기는 고객들이 제공하는 기생생물에 특별히 집착하지는 않는다. 예를 들면 오히려 농어의 피부를 둘러싸고 있는 영양 많은 점액을 훨씬 더 선호한다. 먹이 실험에서 리두안 브샤리 교수 연구팀은 살아 있는 요리가 청소부들에게 어떤 반응을 일으키는지 실험했다. 연구자들은 물고기들에게 소위 뷔페를 차려주었다. 제공된 음식으로는 다른 물고기의 피부 점액, 다양한 기생생물, 그리고 다른 검사용 물질 등이었다. 요리들은 다양한 플라스틱 글라스판 위에 놓여 제공되었다. 청소부 물고기들이 가장 선호한 음식은 확실히 피부 점액이었다. 사실 이런 점액은 일상적인 거래에서는 금지된 품목이다. 왜냐하면 모든 물고기들의 건강은 상처 없는 점액층에 달려 있기 때문이다. 즉 점액층은 물속에서의 마찰 저항을 줄여주고 감염으로부터 물고기를 보호해 준다.

그러니까 청소부 물고기와 고객은 사실 지극히 상이한 관심사를 가지고 있는 셈이다. 한쪽은 자신에게 붙어 있는 기생생물을 처리해 주기를 기대하고, 한쪽은 맛있는 점액층에 훨씬 더 관심이 많은 것이다. 그럼에도 불구하고 거래는 이루어지는데, 왜냐하면 어떻게든 고객들은 청소부들이 바로 부리 앞에 위치해 있는 이 맛있는 먹이를 지나치도록 만들기 때문이다. 결국 이 작은 물고기는 맛있는 점액층 대신에 별로 좋아하지 않는 기생생물을 열심히 찾아다닌다. "청소부 물고기는 대부분의 시간 동안 자신의 기호와는 상관이 없는 먹이를 먹는다"고 브샤리는 말했다. 이집트의 도시 샤름 엘 샤이히 앞의 홍해에서 그는 자신이 찾던 동물들의 '죄수의 딜레마' — 수년 전부터 언제나 새로운 놀라움을 선사했던 — 를 발견했다.

청소부 물고기는 피부의 점액이 금지된 열매라는 사실을 확실히 알고 있는 것처럼 보인다. 그리고 대부분의 시간 동안 자신의 욕구를 억제한다. 그러나 때때로 유혹이 너무 커지면 아주 세게 한 번 고객 물고기를 문다. 그러나 이런 행동은 당한 고객이나 잠재적 고객인 관중들이 알아차리지 못하는 일종의 속임수인데, 왜냐하면 물린 고객은 그저 잠깐 움찔거릴 뿐 그것이 청소부의 소행이라고는 여기지 않기 때문이다. 브샤리 교수는 이런 경우가 얼마나 되는지 세어보았다. 청소부 물고기는 평균적으로 2분에 두 번 정도씩 고객을 물었다. 그런데 관찰 과정에서 행동연구가들의 눈에 띈 점이 또 한 가지 있었다. 청소부 물고기가 속임수를 쓸 때면 대단히 기술적이고 영악하게 행동한다는 사실이다. 그들은 결코 자신의 사업을 위험에 빠뜨리고 싶지 않기 때문이다. 예를 들어서 청소부 물고기는 절대로 육식어는 물지 않는다. 그런 속임수가 아차 하는 순간에 치명적으로 끝날 수 있다는 것을 이들은 분명하게 알고 있었다.

그러나 대부분의 고객은 해롭지 않은 평화주의 물고기들이다. 이들은 '이에는 이, 눈에는 눈'의 방식으로 직접적인 복수를 할 수는 없을 것이다. 그러나 그들에게도 한 가지 방법이 있기는 하다. 청소부 물고기가 너무 지나치게 이런 행동을 하면 다음번에 다른 살롱을 찾아간다. 우리는 그것을 '소비자의 힘'이라고 부른다. 그러나 청소부 물고기는 가급적 그렇게까지 일이 커지지 않도록 주의한다. 그래서 "청소부 물고기가 실제로 어떤 고객을 너무 자주 물었을 때는 바로 이어서 특별히 좋은 서비스로 화해를 한다"고 브샤리 교수는 설명한다. 덕분에 때때로 피해를 입은 고객은 매우 훌륭한 마사지를 받게 된다. 이런 서비스를 할 때 청소부 물고기는 몸을 상하로 움직이면서 고객의 등위로 올라간다. 혹은 다음번 방문 때는 이 고객을 깨물지 않고 특별히 세심하게 봉사함으로써 보상을 해주기도 한다.

물고기들의 고객 관리

청소부 물고기들의 사업 수완은 여기서 그치지 않는다. 여러 명의 고객이 살롱 앞에서 기다릴 때면 주인은 뜨내기 고객을 먼저 상대한다. 단골 고객들은 기다려야 한다. 현명한 사업가라면 누구라도 그렇게 행동할 것이다. 왜냐하면 단골 고객들은 청소부 물고기들과 같은 지역에 살고 있어서 가까운 곳에 있는 살롱을 놔두고 굳이 다른 경쟁업체를 찾아갈 이유가 별로 없기 때문이다. 그러나 뜨내기 고객은 다르다. 예를 들어서 어떤 가오리에게 기다리는 줄이 너무 길다고 느껴지면 이 가오리는 계속 길을 더 가다가 어딘가 다른 곳에서 서비스를 받으면 된다.

"청소부 물고기들은 다른 물고기들이 현재 어떤 상황에 있는지 그리고 그들 자신과 어떤 관계에 있는지를 이해하고 있는 것처럼 보인다"고 브샤리 교수는 말한다. 그리고 청소부 물고기는 확실히 제3의 등장인물, 즉 기다리는 고객들의 눈치를 살피고 있었다. 청소부 물고기는 자신의 고객과 둘만 있을 때는 자주 한 입 가득 맛있는 점액을 먹지만 다른 물고기들이 보고 있으면 정확하게 작업을 한다. "청소부 물고기도 자신의 명성이 훼손되는 것을 원하지 않는다."

그렇다면 고객과 청소부는 서로를 관찰하는 것일까? 그렇게 복잡한 시스템이 균형 있게 유지될 수 있을까? 기만과 속임수가 만연하면 이들의 시스템 전체가 무너질 텐데? 이런 문제를 알아보기 위해 리두안 브샤리와 호주 퀸즐랜드 대학의 알렉산드라 그루터는 청소부 물고기들을 수족관으로 옮겨서 연구를 계속했다.

소비자의 힘

학자들의 첫번째 의문은 이런 것이었다. 자기 몸의 청소를 맡기는 물고기는 청소부 물고기가 얼마나 일을 잘하는지 기억하고 있을까? 이 물고기는 소위 살롱 서비스의 질에 대한 정보를 가지고 있을까? 우리 인간들은 흔히 이렇게 행동한다. 새로운 미용실을 이용하기 전에 이웃 여자에게 그곳의 서비스가 만족스러웠는지를 물어보는 것이다. 이웃 여자에게 서비스가 좋았다면 분명 자신에게도 잘해줄 것이기 때문이다.

브샤리와 그루터는 실험을 위해서 세 개의 영역으로 나뉜 특수한 수족관을 개발했다. 공간이 넓은 중간 부분에서는 청소 살롱의 잠재적 고객인 농어 한 마리가 살고 있다. 오른쪽과 왼쪽 편에서는 각각 한 마리씩의 청소부 물고기가 작업을 하고 있다. 기다리는 고객은 유리벽을 통해서 양쪽 살롱의 작업 모습을 관찰할 수 있다.

오른쪽에서는 청소부 물고기가 모조품 물고기를 열심히 청소해 주고 있다. 이 물고기는 쉬지 않고 일을 하는 것처럼 보이는데, 연구진이 가짜 물고기의 몸에 맛있는 먹이인 게살반죽을 발라놓았기 때문이다.

청소부 물고기는 완벽한 살롱 경영자로 보였으니, 잠재적 고객인 농어에게도 이 물고기는 이상적인 협동 파트너처럼 보였을 것이다.

왼쪽에도 마찬가지로 모조 물고기가 물속에 떠 있다. 그러나 왼쪽에 있는 청소부 물고기는 자신의 손님에게 전혀 관심을 보이지 않는다. 왜냐하면 여기에 있는 모조품은 플라스틱으로 만들어져 있고 맛있는 반죽이 묻어 있지 않았기 때문이다. 농어가 보기에 왼쪽의 청소부 물고기는 파트너로 부적합하다고 여겨졌을 것이다.

그렇다면 농어는 이런 차이점에 대해 반응을 할까? 실제로 농어는 대단히 현저한 선호도 차이를 보였다. 농어는 정해진 시간의 80퍼센트를 열심히 일하는 청소부 물고기의 바로 옆에 머물렀다. 그리고 다른 쪽에 있는 '게으른' 동료에게는 시선조차 돌리지 않았다. "농어는 스스로 판단하기에 옳은 행동을 한다고 여긴 청소부 물고기 근처로 갔다"고 브샤리는 설명한다.

그러므로 고객들은 그들의 사업 파트너가 얼마나 성실하고 신용이 있는지를 정확하게 파악하는 것이 분명하다. 그렇다면 청소부 물고기들도 자신이 관찰당하고 있다는 것을 알고 있을까? 관중들이 지켜보는 곳에서는 다르게 행동할까? 브샤리는 자연적인 환경 속에서 가까이 지켜보는 관객이 있을 때는 서비스를 받는 고객들이 몸을 움찔거리는 횟수가 더 적다는 것을 발견했다. 그렇다면 실제로 청소부 물고기들이 염탐을 당할 때는 더 정신을 차려서 작업을 한다는 의미일까? 이들은 자기 사업의 소위 마케팅을 위해서 유혹적인 점액이 한입 거리밖에 떨어져 있지 않은데도 불구하고 별로 좋아하지 않는 기생충들로 만족하는 것일까?

수족관에서의 상호적 이타주의

이런 상황을 실험실에서 시험해 보기 위해 학자들은 인위적인 고객들을 만들었다. 즉 먹이 접시를 말하는 것인데 몇 군데에는 물고기가 좋아하는 게살반죽을, 다른 부분에는 그다지 인기가 없는 물고기 껍질 부스러기들을 발라놓았다. 첫번째 단계로 먼저 청소부 물고기들은 게살반죽이 맛있는 피부 점액을 대신하는 것임을 배워야 한다. 그러니까 이것은 금지된 음식이다. 이것을 먹는 자는 거기에 상응하는 벌을 받는다. 즉 먹이 접시를 완전히 빼앗겨버린다. 이와 달리 물고기 껍질 부스러기는 원하는 만큼 양껏 먹을 수 있다. 물고기들이 이런 원칙을 이해한 후에 비로소 본 실험이 이어졌다.

우선 학자들은 두 종류의 먹이 접시를 수족관 안에 넣었다. 하나는 실질적인 고객을, 다른 하나는 관객을 의미한다. 본 실험에 앞서 사전 실험이 시행되었다. 이때는 청소부 물고기가 어떤 일을 하든 관객 접시가 계속 그대로 놓여 있었다. 즉 청소부 물고기가 게살반죽을 먹었을 때 고객에 해당하는 접시는 원칙대로 바로 사라지게 했지만 관객 접시는 그대로 남아 있게 했다는 뜻이다. 이런 경우 청소부 물고기는 이상적인 방법대로 먼저 고객 접시에 있는 껍질 부스러기를 먹고 그 다음에 게살반죽을 먹었다. 이어서 여전히 남아 있는 관객 접시의 껍질 부스러기와 게살반죽을 차례로 먹을 수 있었다.

그러나 그 다음에 시행된 본 실험에서는 관객 접시를 계속 놓아두지는 않았다. 실제로 바다 속에서도 관객 물고기들은 관심을 기울일 가능성이 높다. 흔히 기다리는 고객, 즉 관객은 청소부 물고기가 무슨 일을 하는지 자세히 관찰하고 그것에 따라 결정을 내리기 때문이다. 실험에서 청소부 물고기는 게살반죽을 먼저 먹었다. 그러자 두 개의 접시, 즉 고객과 관객 접시가 모두 자취를 감추었다. 사실 이런 경우에 최상의 전략은 달라야 한다. 청소부 물고기가 먼저 고객 접시의 물고기 껍질만 먹고 게살반죽을 완전히 무시했다면 양껏 먹이를 얻을 수 있었을 것이다. 그런 다음 관객 접시로 옮겨가서 마찬가지로 물고기 껍질 부스러기를 먹은 다음에 끝으로 금지된 먹이를 시도해 보아야 했을 것이다.

결국에는 청소부 물고기들도 그렇게 행동했다. 몇 번 안되는 과정을 거친 후 물고기들은 이 원칙을 이해했다. 심지어 새우 먹이가 유혹을 하는데도 불구하고 청소부 물고기들은 그다지 좋아하지 않는 껍질 부스러기를 먹었다. 확실히 그들은 새우반죽을 먹으면 먹이가 계속 제공되지 않을 위험이 있음을 이해한 것이다. 그들은 실제로 바다 속에서도 자신의 행동 때문에 고객을 잃을 수도 있을 것이다.

청소부 물고기와 고객 사이의 협동은 — 아무런 계약도 없이, 경찰이나 판사도 없이 — 균형을 유지하고 있다. 이런 원칙을 '상호적 이타주의'라고 부른다. 겉으로 보기에 이타적인 행동이지만 그 뒤에 이기적인 이해가 숨어 있다는 뜻이다. 후에 나에게 도움이 될 것이므로 나는 너를 돕는다는 생각이 깔려 있다. 암초 옆 살롱에서는 결코 단순하지 않은 원리가 심지어 제3자, 즉 관객과도 더불어 작동된다. 나는 A를 돕고, B가 그것을 관찰한다. 그러면 B도 나를 도울 것이다. 그렇게 청소부, 고객, 그리고 관객으로 이루어진 트리오가 움직인다.

브샤리 교수 스스로도 이곳에서 이루어지는 너무도 섬세하고 사회적인 조정 작업에 놀랐다고 말한다. 물고기들이 이런 원리를 실제로 모두 꿰뚫어보고 있는지, 그래서 그들에게 '인식'이라는 것이 존재하는지는 브샤리도 아직 분명하게 말하지 못한다. "우리는 이제 막 그런 사실을 실험하고 있는 중이다."

물고기들의 아버지

콘라트 로렌츠가 야생 오리의 아버지라면 '물고기의 아버지'라는 타이틀은 한스 프리케에게 돌아가야 할 것이다. 이미 어린 시절부터 그는 물속의 세계에 매료되었다. 그는 열두 살에 이미 긴 호스를 이용해 첫번째 잠수 탐색을 시작했다. 프리케의 한 친구가 커다란 펌프를 이용해서 직접 고안한 호흡장비 속으로 공기를 불어넣었다. 오늘날 프리케 스스로도 회고하듯이 위험천만한 일이었다. 그러나 이 해양생물학자는 어떤 모험도 두려워하지 않았다. 66세가 된 프리케는 오늘날까지도 그런 점에서는 달라진 것이 없다.

프리케는 생물학도로서 열대 해양의 엄청난 종의 다양성에 매료되었다. 그는 그곳에서 잠수를 해보고 싶었다. 그런데 여행 경비가 없어서 자전거를 타고 하노버에서 피에루스까지 갔고 거기서부터는 증기기관차를 이용해 알렉산드리아까지 간 다음 마침내 매력적인 잠수지인 홍해에 도착했다. 물속의 화려한 세상에 대한 첫번째 인상은 그에게 여행의 피로를 순식간에 사라지게 했다. "그것은 파도 속에 있는 에덴의 동산이었다. 나는 초록색과 푸른색의 산호초 위를 왔다갔다 하는 화려한 물고기들의 모습에 거의 취해버렸다"고 그는 후에 자신의 저서인 『암초에서의 보고서』에 썼다.

그 다음 몇 년 동안 그는 매해 여름마다 잠수를 하고 사진을 찍고 최초의 실험들을 하기 위해 홍해로 갔다. 물론 이때는 자전거가 아닌 자동차를 타고 갔다. 그가 50년 뒤에 세계에서 가장 유명한 해양생물학자가 되리라고는 당시에는 아무도 예상하지 못했다.

대학에서 공부를 끝낸 뒤에 프리케는 산호어 연구를 하고 싶다는 목표를 분명히 했다. 당시에 이 분야에서 가장 위대한 학자 중 한 사람이 콘라트 로렌츠인데, 그는 결코 야생 오리에만 관심을 가진 것이 아니었다. 콘라트는 제비제에 있는 막스플랑크 연구소의 거대한 해수 수족관에서 연구를 하고 있었다. 믿을 수 없을 만큼 갖가지 색으로 빛나는 산호초의 색깔과 형태들은 무엇을 위한 것일까? 콘라트는 여기에 대해 '포스터칼라(눈에 띄게 돋보이는 색)'라고 표현했고 여기에 대해 자기만의 이론을 가지고 있었다.

"화려하고 현란한 포스터칼라의 이 물고기들은 이동 중인 물고기들이 아니라 모두 그곳에 오래 살고 있는 물고기들이다. 단지 이 물고기들에게서만 자기들의 영역을 방어하는 모습을 볼 수 있었다. 그런데 이들의 격렬한 공격성은 오직 그들과 같은 종을 목표로 할 때에만 발휘된다. 나는 한 번도 다른 종류의 물고기들이 서로 공격하는 것을 본 적이 없다. 그들 개별적으로는 대단히 공격적인데도 말이다."

로렌츠의 이론에 다르면 화려한 색깔은 같은 종의 물고기들에게 이 영역은 내가 점령했다는 것을 알리는 것이라고 한다. 즉 개의 냄새 표시나 우리집 앞마당에 있는 정원 울타리와 같은 역할을 하는 것이다. 후에 로렌츠의 이론은 몇몇 종에게는 해당되지만 다른 종의 경우에는 별 상관이 없다는 사실이 밝혀졌다.

대학 공부가 끝날 때쯤 한스 프리케는 콘라트 로렌츠에게 편지를 썼고, 로렌츠는 바로 프리케를 제비제로 초대했다. 두 사람은 오리들에게 먹이를 주면서 서로를 알게 되었다. 그리고 얼마 뒤에 프리케는 자신이 산호초 안의 생활공동체를 연구할 적임자임을 당대의 가장 유명한 행동연구가였던 콘라트로 하여금 확신하게 만들었다. 그러나 프리케는 그런 연구가 수족관이 아니라 자연적인 생활공간에서 이루어져야 한다고 믿었다. 수족관이 아무리 거대하다 해도 결코 열대 산호초의 엄청난 종을 모두 옮겨놓을 수는 없다고 확신했기 때문이다.

물고기들의 아이큐 테스트

생물학자 한스 프리케는 산호초에 사는 수많은 물고기들의 관계, 사냥하는 자와 사냥당하는 자 사이의 끝없는 싸움, 그리고 그들의 경쟁과 협동에 관심이 많았다. 특히 가장 좋아하는 먹이를 얻기 위해 패기 있고 능숙하게 작업을 하는 열대 쥐복치가 그를 매료시켰다. 그 먹이란 바로 뾰족뾰족한 성게였다. 이때 쥐복치는 마치 광부들처럼 작업을 한다. 왜냐하면 성게들이 낮에는 좁은 구멍이나 틈 속에 숨어 있기 때문이다. 그래서 쥐복치는 까칠까칠한 성게를 꺼내기 위해 자신의 강력한 턱을 이용해서 돌이나 산호초 등의 장애물을 제거한다. 이런 작업이 성공하자마자 성게는 도망을 가지만 이때 커다란 쥐복치는 특수한 무기를 사용한다. 바로 그들의 희생물에게 강력한 물줄기를 쏘는 것이다. 쥐복치는 말 그대로 성게에게 살짝 속임수를 써서 입 부위를 장악한다. 이 부위의 가시가 더 짧기 때문이다.

쥐복치는 단 한 번 세게 물어버림으로써 성게의 껍질을 깬다. 한스 프리케는 이런 사냥 기술을 묘사한 최초의 사람이었다.

한스 프리케는 쥐복치들의 능숙한 사냥 기술에 푹 빠졌다. 그는 이 물고기들이 좀더 복잡한 과제들을 해결할 수 있는지 알아보기 위해 일종의 아이큐 테스트를 개발했다. 당시에 아카바 만에는 세 마리의 쥐복치들이 살고 있었는데, 잠수부인 프리케와 아주 친숙해지게 되었다. 프리케가 이 물고기들과 실험을 함께 할 수 있을 정도였다. 그들은 두 마리의 암컷 베르타와 오도누스, 수컷 플립이었다. 프리케는 물고기들이 보는 앞에서 성게 한 마리를 둥근 유리 용기 안에 가둔 다음 뚜껑으로 닫아놓았다. 물고기들은 어떻게 행동했을까? 그들은 유리 용기를 불어서 넘어뜨리고 성게를 얻으려는 시도를 했을까?

오도누스는 그런 방법을 쓰지는 않았다. 문제를 몇 초 동안 바라보았고 곡선으로 헤엄을 치더니 23초 후에 다시 돌아왔다. 그리고는 망설임 없이 작업에 들어갔다. 이 물고기는 강력한 힘으로 뚜껑을 물어서 떨어뜨렸다. 문제 1번은 해결되었다. 그러나 뾰족뾰족한 먹잇감은 아직 유리 용기 안에서 몸을 웅크리고 있었다. '구출작전'은 조금 더 시간이 걸렸는데, 왜냐하면 오도누스가 이빨을 이용해서 시도했지만 유리 테두리 때문에 계속 미끄러졌기 때문이다. 그러나 오도누스는 결국 해냈다. 유리 용기가 벗겨지자 성게가 드러났고 곧바로 잡아먹었다. 베르타와 플립도 같은 방식으로 문제를 해결했다. 이들은 잠깐 생각하는 듯하더니 곧이어 목표 지향적으로 작업을 시작했다.

포유류와 조류의 경우라면 우리는 이런 상황에서 생각 혹은 인식이라는 표현을 쓸 것이다. 그런데 이 물고기들도 그런 경우에 해당되는지 프리케는 확신할 수가 없었다. 왜냐하면 최종적으로 물고기의 뇌 안에서 일어나는 일을 증명할 방법이 없기 때문이다. 자연과학자들에게는 대답하기가 매우 어려운 문제이다. 그렇다 해도 물고기들이 최소한 어느 정도의 공간 개념을 가지고 있을 것이라고 프리케는 생각하고 있다. 그렇지 않다면 여러 가지 방법들로 문제를 해결하려는 노력을 하지는 않을 것이기 때문이다.

개성 강한 물고기들

한스 프리케는 여러 물고기를 상대로 다양한 숨바꼭질 형태의 실험을 해보았다. 그 결과 원래 학생 시절부터 알고 있던 사실을 확인할 수 있었다. 바로 '물고기들에게도 개성이 있다'는 것이었다. 몇몇 물고기들은 새로운 과제에 대해 대단히 패기 있게 접근했고, 같은 종류의 다른 대표자들은 상대적으로 미숙하게 대처했으며, 몇몇 물고기는 전혀 방법을 배우지 못했다. 개별적인 차이가 있기는 했지만 베르타, 오도누스, 플립은 재능이 있는 쥐복치에 속했다. 한 실험에서 프리케는 성게를 잘 보일 수 있게 철사망 안에 숨겨놓았다. 이 경우에는 플립이 최고의 기술을 보여주었다. 6분 만에 플립은 성게를 손에 넣었다. 베르타는 14분이 걸렸으므로 두 배 이상이 걸린 셈이다. 그 다음 과정에서는 두 마리 모두 기록을 갱신할 수 있었다. "쥐복치들은 대단히 빨리 학습할 수 있다"고 프리케는 말한다. 그러나 플립이 끝까지 경쟁에서 이겼다.

어느 날 한스 프리케는 베르타에게 특별히 어려운 과제를 내서 그녀석을 힘들게 했다. "나는 정말 끊임없이 베르타를 데리고 실험을 했다." 베르타는 와서, 보고, 그리고 이겼다. 그러나 베르타가 마침내 성게를 얻자마자 성게가 다음 장애물 아래로 사라졌다. 시간이 흐르면서 베르타의 움직임은 더욱 분주해졌다. "베르타는 제대로 진력이 난 것처럼 보였다." 프리케가 성게를 다시 숨겨놓으려고 하자 베르타는 자기를 괴롭히는 인간을 공격하기 시작했다. 그때 푸른색이었던 베르타의 몸은 창백하게 변했다. "나는 카메라로 베르타의 돌진을 막으면서 밀쳐내고는 최대한 빠른 속도로 헤엄을 쳐서 도망쳤다. 30센티미터밖에 되지 않는 베르타에게 쫓겨서 말이다."

놀래기의 성게 사냥

때때로 한스 프리케는 침팬지, 오랑우탄 등의 성과를 언제나 유일무이한 것으로 설명하는 영장류 학자들의 교만에 화가 난다고 말한다. 2002년에 그는 동료인 리두안 브샤리, 볼프강 비클러와 공동으로 물고기의 능력에 대한 전반적인 내용을 발표했다. 대단히 인상 깊은 모음집이었다. 도구 사용, 기억력, 공간적인 사고능력, 사회적인 학습, 협동과 전통 등 우리가 지능과 연결시키는 그 어떤 개념도 거의 빠지지 않았다. 세 명의 교수들은 끝부분에 분명한 결론을 밝혔다. "영장류에게 흥미로운 대부분의 현상을 우리는 물고기들에게서도 발견했다."

물고기들에게 도구의 사용은 해부학적인 이유에서도 이미 어려울 것으로 보인다. 그럼에도 불구하고 프리케는 이미 30년도 더 전에 이와 관련된 전조를 경험했다. 그는 허기진 한 마리의 놀래기가 무방비 상태로 모래 바닥에 앉아 있는 성게의 주변을 맴도는 모습을 관찰하게 되었다. 그런 상태였는데도 물고기는 쉽게 공격을 할 수 없었다. 왜냐하면 성게의 가시들이 위협적으로 물고기의 모든 움직임을 따라다녔기 때문이다. 성게는 자신을 공격하려는 약탈자에게 바로 여러 개의 문제를 제시한다. 성게의 길고 유동적인 가시들은 대단히 뾰족하고 몇몇 종의 경우에는 독성까지 지니고 있다. 추가적으로 단단한 석회 골격이 예민한 기관들을 보호하고 있다. 커다란 쥐복치라면 이 껍질을 강력한 턱으로 깨뜨려서 간단히 해결하겠지만 작은 물고기들은 마치 호두를 앞에 놓고 있는 침팬지와 비슷한 상황에 처하게 된다.

그런데 타이 국립공원의 침팬지들과 똑같이 놀래기도 이런 문제를 해결하는 방법을 찾아냈다. 프리케는 놀래기가 갑자기 바닥에 옆으로 누워 있는 모습을 보았다. 이 놀래기는 강력한 헤딩으로 성게를 뒤집어버렸다. 그런 다음 약탈자는 노획물의 가장 민감한 주둥이 쪽을 물더니 헤엄을 치며 그곳에서 사라졌다. 잠수부이기도 했던 한스 프리케가 놀래기를 따라갔다. 이 물고기는 마치 확실한 목적지가 있는 듯한 태도로 곧장 매끄러운 산호 덩어리가 있는 곳으로 가서 성게를 여러 번 두들겨 댔다. 그러자 가시들이 떨어져나갔고 이 해양생물학자의 눈앞에서 놀래기는 자신의 노획물을 꿀꺽 삼켜버렸다. 그때 이후로 프리케는 산호초의 아주 특정한 장소에서 이와 같은 과정을 여러 번 목격했다. "그러니까 놀래기들은 자신의 노획물을 먹기 좋게 만들기 위해서 외부의 물체를 마치 도구처럼 사용했던 것이다."

물고기는 파트너를 알아볼까?

"동물의 사회적·정신적 능력에 관심이 있는 사람은 결코 물고기를 대상으로 연구를 하지 않는다"고 리두안 브샤리는 말한다. 그런데 이런 경향은 점차로 변하기 시작했다. 생물학자와 행동연구가들이 물고기들이 할 수 있는 많은 일들을 발견해냈기 때문이다. 한스 프리케가 이미 수십 년 전에 진행했던 연구들은 갑자기 새로운 조명을 받게 되었다. 견고한 사회적 관계는 포유류와 조류들에게만 있는 것이 아니라 물고기들에게도 존재한다.

예를 들어서 아네모네 피쉬는 일부일처제를 지키며 파트너와 함께 살아간다. 아네모네에게 접근하는 모든 침입자는 공격을 당한다. 그렇다면 이 물고기는 자신의 파트너를 낯선 환경에서도 바로 알아볼까? 아니면 단지 자신의 영역만을 방어할까? 분리벽이 있는 한 수족관에서 한스 프리케는 다음과 같은 실험을 했다. 실험 대상인 물고기 헤르베르트가 수족관의 가운데 영역에서 헤엄을 치고 있다. 프리케는 오른쪽 영역에는 파트너인 루이제를 넣고, 왼쪽에는 낯선 물고기를 넣었다. 그러자 헤르베르트는 주저 없이 바로 유리벽을 통해 낯선 암컷 물고기에게 공격을 가했다.

이들은 어떻게 파트너를 알아보는 것일까? 냄새일까, 외양일까, 아니면 그저 행동을 보고 아는 것일까? 또다른 실험에서 프리케는 암컷 파트너에게 초록색의 천외투를 입혔다. 눈과 지느러미만이 드러났다. 그렇게 옷을 입힌 채로 프리케는 이 암컷 물고기를 수족관에 있는 헤르베르트에게 보냈다. 그러나 헤르베르트는 전혀 반가워하지 않았다. 초록색의 루이제를 헤르베르트는 받아들이지 않았다. 헤르베르트는

천외투를 물고는 깜짝 놀라는 파트너를 이리저리 흔들어 댔다. "그러므로 냄새와 언어는 아무런 역할을 하지 않는다"고 프리케는 말한다. 특색 있는 색깔을 가진 물고기들이 외양으로 서로 알아보는 것이라고 프리케는 추측한다. 그러나 정확히 무엇을 보고 그런 정체성을 확인하는 것일까? 이것을 알아내기 위해 프리케는 헤르베르트에게 불투명 유리 뒤에서 먼저 루이제의 머리 일부분과 꼬리를 보여주었다. 그러자 헤르베르트는 여전히 거칠게 공격을 시도했다. 머리 위쪽 부분이 보이자 비로소 헤르베르트는 자신의 파트너를 알아보았다. 실제로 모든 동물은 머리에 있는 띠 모양이 조금씩 다르다. "물고기 머리의 띠 모양은 마치 사람의 지문과 같다"고 프리케는 설명한다. "물고기들은 이것을 보고 상대를 알아본다."

결론적으로 물고기들은 파트너를 한번 받아들이면 그렇게 빨리 잊어버리지 않는다. 한스 프리케는 한 쌍의 아네모네 피쉬를 한 수족관 안에 함께 넣음으로써 소위 강제결혼을 시켰다. "처음 30초 동안 몸집이 더 큰 암컷이 수컷을 괴롭혔고 그후에는 평화가 유지되었다"고 프리케는 관찰 결과를 보고했다. 10분 후에 그는 결혼시킨 커플을 다시 떼어놓았다. 얼마나 오랫동안 물고기들은 서로를 기억할까? 처음에 그는 8시간 후에 이 물고기들을 다시 만나게 했다. 그들은 즉시 파트너를 알아보았다.

프리케는 이어서 여러 커플의 물고기들을 상대로 실험을 계속했는데 점점 시간 간격을 늘렸다. 하루, 8일, 14일……. 물고기들은 30일 후에도 서로를 알아보았다. 그러나 프리케는 이 물고기들이 가진 기억력의 한계를 알아낼 수는 없었다. 왜냐하면 어느 순간에 수족관이 반복된 실험 때문에 그만 고장이 났기 때문이다. 성 앤드류 스코틀랜드 대학의 학자들은 최근에 물고기들이 자신의 파트너와 5주간이나 떨어져 있었는데도 서로 알아보았음을 밝혀냈다.

보석물고기의 자식 사랑

물고기들은 충실한 파트너일 뿐 아니라 성실한 부모이기도 하다. 쥐복치는 스스로 지은 모래무덤 속에 알을 낳는다. 그런 다음 인간 잠수부를 포함한 모든 침입자로부터 알을 지키고 공기를 불어넣어 준다. 프리케가 쥐복치의 알을 촬영하기 위해 카메라를 들고 접근했을 때 안타깝게도 이런 사실을 확인해야만 했다. 바다 마네모네 피쉬도 자신의 알을 지킨다. 이 물고기는 서서히 죽어가는 알들을 분리한 다음 지느러미를 움직여서 이들에게 신선한 산소를 불어넣어 준다. 접근하는 육식어는 사냥을 당한다. 대부분의 물고기들에게 새끼를 돌보는 일은 알의 부화와 함께 끝난다. 그러나 몇몇 종의 경우, 특히 거대한 아프리카의 바다에 사는 채색농어는 자신들의 후손을 더 오랫동안 돌본다. 입으로 알을 품어 부화시키는 많은 물고기들은 알이 부화될 때까지 입안에서 보호할 뿐 아니라 그후에 어린 새끼에게도 안전한 은신처를 제공한다.

알의 부화를 돌보는 정성이 어느 정도인지를 콘라트 로렌츠는 수족관 속에서 화려하게 빛나는 보석물고기들에게서 관찰할 수 있었다. 매일 저녁 물고기 부모는 새끼들을 잠자리로 데려갔다. 그것은 몇 주 동안 계속된 일종의 의식이었다. 거기다가 엄마 물고기는 둥지 위에 서서 자신의 빛나는 등지느러미를 강하게 흔들어 새끼들에게 신호를 보낸다. 그러면 새끼들은 이 신호를 따라한 후에 헤엄쳐 가서는 바닥에 몸을 가라앉히고 깊은 잠에 빠져든다. 이때 새끼 물고기들은 부레에서 모든 공기를 빼내 마치 돌멩이처럼 납작하게 바닥에 누울 수 있다. 아빠 물고기는 그 사이에 잃어버린 낙오자 새끼들을 모으기 위해 영역을 돌아다니며 경비를 선다.

어느 날 콘라트 로렌츠는 정확히 바로 그런 순간에 수족관에 오게 되었다. 그는 물고기들에게 지렁이 몇 마리를 먹이로 주었다. 그러나 엄마 물고기와 새끼들 무리는 더 이상 자신들의 잠자리로부터 나오지 않았다. 하지만 아빠 물고기는 맛있는 먹이를 거부하기 힘들었는지 특히 두툼한 지렁이를 골라서 잡아챘다. 바로 그 순간에, 그러니까 아빠 물고기가 자신의 노획물을 삼키려는 순간에 가출한 새끼가 눈에 보였다. 로렌츠는 자신이 목격한 그 다음 장면을 자주 묘사했고 해설을 덧붙이기도 했다.

"물고기가 깊이 생각하는 것을 본 적이 있는가? 내가 목격한 적이 있다면 바로 그때일 것이다. 아빠 보석물고기는 새끼의 뒤로 헤엄쳐 가서 이미 가득 차 있는 입 속에 새끼를 넣었다. 긴장감 넘치는 순간이었다. 아빠 물고기는 하나는 위 속으로 가야 하고 다른 하나는 둥지 속으로 가야 할 두 가지 것을 동시에 입안에 넣고 있었던 것이다. 어떤 일이 일어날까? 나는 솔직히 이 순간에 어린 보석물고기의 목숨이 위태로울 것이라고 의심했음을 고백하지 않을 수 없다. 그러나 실제로 벌어진 일은 대단했다! 아빠 물고기는 경직된 채 그대로 있었고, 입안은 터질 듯이 가득 찬 상태였지만 결코 안에 들어 있는 것을 씹지 않았다. 한 마리의 물고기가 진정한 갈등 상황에 빠질 수 있다는 것, 그런 상황에서 물고기가 마치 사람과 똑같이 행동하는 것, 즉 사면초가의 상황에서 가만히 선 채 앞으로도 뒤로도 가지 못하는 모습은 얼마나 놀라운가? 몇 초 동안 아빠 보석물고기는 마치 굳어버린 것처럼 그 자리에 서 있었다. 그러나 우리는 아빠 물고기의 입 안에서 어떤 일이 벌어지고 있는지를 분명하게 볼 수가 없었다. 그렇게 서 있던 보석물고기는 우리가 한마디로 경의를 표할 수밖에 없는 방법으로 상황을 해결했다. 아빠 물고기는 입 속의 모든 내용물을 뱉어냈고, 지렁이가 바닥에 떨어졌다. 어린 보석물고기도 같이 바닥에 떨어졌다. 그 다음 아빠 물고기는 단호하게 지렁이 쪽으로 가서 침착하게 먹이를 집어삼켰다.

그러나 아빠의 시선은 순종적으로 바닥에 누워 있는 새끼를 향하고 있었다. 아빠는 지렁이를 다 먹은 후에 새끼를 다시 입에 넣고 엄마가 있는 집으로 데려갔다."

보석물고기는 진정으로 그 순간에 깊은 생각을 했을까? 최종적으로 확실한 대답이 내려질 수 없는 질문이다. 그 이후로도 물고기들이 특정한 상황에서 얼마나 융통성 있고 적절하게 반응하는지를 잘 보여주는 여러 사례가 관찰되었다.

총기류, 살아 있는 화석

산호초에서의 첫번째 연구 후에 한스 프리케는 아주 특별한 물고기, 바로 총기류(어류와 양서류의 중간적인 성질을 갖는, 고생대 데본기에 나타난 무리 - 옮긴이)에 관심을 집중했다. 이 물고기는 이미 거의 4억 년 전부터 지구상에 존재해 왔기 때문에 생존 기술의 대가라고 할 수 있다. 총기류 스스로는 거의 변하지 않은 상태로 공룡들의 발전과 쇠퇴 시기를 체험했고 살아남았다. 오랜 세월 동안 이들은 멸종된 것으로 간주되어 왔다. 그런데 갑자기 1938년에 아프리카의 한 어부 그물에 죽은 총기류가 모습을 드러냈다. 센세이션이었다. 한스 프리케는 이 특이한 물고기에 대한 책을 읽은 후에 다음과 같은 결심을 하게 되었다. "언젠가 반드시 이 물고기가 살아 있는 것을 내 눈으로 보고 말 것이다."

프리케는 다양한 잠수 탐사를 기획했다. 그러나 결국에는 잠수함의 도움으로 비로소 살아 움직이는 총기류들의 생활공간으로 들어갈 수 있었다. 코모로(아프리카 동쪽 인도양의 제도로 이루어진 나라 – 옮긴이) 앞에서 거의 200미터 깊이까지 내려간 한스 프리케는 그 이전에 어떤 학자에게도 일어나지 않았던 행운을 잡게 되었다. 그는 자연적인 생활공간 속에 있는 총기류들을 발견했고 그 모습을 촬영할 수 있었다. 이 탐사가 그를 세계적으로 유명하게 만들었으며, 그의 사진들은 전세계로 퍼졌다.

진화생물학자들에게 총기류의 재발견은 믿을 수 없는 행운이었다. 왜냐하면 총기류는 살아 있는 화석으로 여겨질 뿐 아니라 모든 육상 척추동물의 소위 선조이기도 하기 때문이다. 오늘날까지 살고 있는 이 총기류의 가까운 친척들이 어느 순간에 바다로부터 육상으로 걸음을 옮겼던 것이다. 총기류에게서 눈에 띄는 점은 바로 이들의 특이한 움직임이다. 총기류는 마치 네 발 동물처럼 지느러미를 교대로 움직인다. 일명 화석 물고기가 다시 나타난 이후로 수많은 학자들이 이 물고기의 비밀을 캐기 위해 노력하고 있다.

이들의 오래된 생활 형태는 어떻게 오늘날까지 유지될 수 있었을까? 그러나 이 물고기의 성공 비결은 특별한 정신적 능력에 있는 것이 아니다. 총기류는 다른 전략을 쓰고 있는데, 바로 에너지를 절약하는 것이다. 총기류는 알려진 모든 척추동물 중에서 가장 적은 양의 신진대사를 한다. 가속화라는 말은 이들의 세계에서는 통용되지 않는다. 그들은 마치 슬로모션으로 움직이는 것 같다. "성격 급한 관리자들은 한번쯤 이 물고기를 본보기로 삼는 것도 좋을 것이다. 총기류는 말하자면 명상적인 물고기라고 할 수 있다"고 프리케 교수는 말한다.

수년 동안 한스 프리케는 총기류 연구에 몰두했고, 이제 이 주제를 마무리하는 단계에 있다. 그리고 지능 연구가 활발해지고 물고기가 갑자기 새로운 스타들이 되었다는 점이 그를 예전에 연구하던 바다로 다시 돌아가게 만들었다.

물속에서의 모자 게임

한스 프리케는 "사람은 나이가 들면 자신의 뿌리로 돌아간다"며 물고기의 지능을 다룬 자신의 최근 다큐멘터리에서 설명했다. 그는 이번 촬영을 위해 다시 자신의 옛 친구들인 쥐복치들과 함께 실험을 했다. 그 결과에 따르면 물고기들은 부분적으로 심지어 2세 아동의 능력을 뛰어넘는다는 것이다. 아이들은 소위 '모자 게임'에서 큰 어려움을 느꼈다. 다큐멘터리에서는 프리케 교수가 다음과 같은 테스트를 하고 있는 모습을 보여준다. 그의 앞에 똑같아 보이는 그릇 두 개가 놓여 있다. 아이들이 보는 앞에서 그는 두 개 중 하나에 장난감을 넣었다. 그런 다음 뚜껑을 닫은 그릇을 이리저리 밀고 오른쪽과 왼쪽의 것을 서로 바꾸었다. 이때 아이들은 손놀림에 현혹되어 아주 금방 장난감의 위치를 놓치고 말았다.

그렇다면 쥐복치들은 장난감이 숨겨진 그릇을 어떻게 좇아갈까? 한스 프리케는 잠수를 해서 쥐복치들을 상대로 같은 실험을 했다. 그가 성게 한 마리를 똑같은 그릇 두 개 중 하나에 숨기는 동안 쥐복치는 옆에서 이리저리 헤엄을 치고 있었다. 프리케는 바다의 바닥에 놓여 있는 그릇을 이리저리 움직였다. 쥐복치는 벌어지고 있는 상황을 관찰했고 그런 다음 성게가 들어 있는 그릇을 향해 달려들더니 머리를 이용해 강력한 움직임으로 뚜껑을 물었고 마침내 그릇을 열었다. 몇 초가 지나지 않아 쥐복치는 자신의 노획물을 가지고 사라졌다.

쥐복치에게는 눈에 보이지 않는 성게를 생각 속에서 추적하는 데 문제가 없는 것이 분명했다. 발달심리학자들은 이것을 대상불변성이라고 부른다. 아동의 경우에는 시간이 흐르면서 점차적으로 발달하는 능력이다.

그 다음 과정을 위해서 프리케는 난이도를 더 높였다. 이번에는 세 개의 그릇이 게임에 등장했다. 쥐복치는 성게가 그 그릇 중 한 개 안에 숨겨지는 모습을 보았다. 이 물고기가 여전히 자신의 사냥감을 생각만으로 추적할 수 있을까? 생물학자들은 다양한 물고기들을 대상으로 실험을 했는데 결국 모든 물고기들이 자기만의 아이디어를 가지고 있다는 점이 밝혀졌다. 몇몇 물고기는 단번에 숨겨져 있는 성게를 향해 헤엄을 쳤고, 어떤 물고기는 자신의 사냥감을 찾을 때까지 항상 왼쪽에서 출발해서 차례로 그릇을 열었다.

그루퍼와 알락곰치의 이상한 동맹

66세의 나이에도 여전히 한스 프리케는 바다에서 활동하고 있다. 제비제 연구소 시절의 오래된 동료이자 친구인 리두안 브샤리와 함께 그는 홍해에서 믿을 수 없는 동맹을 관찰하고 촬영할 수 있었다. 두 마리의 무시무시한 약탈자들인 그루퍼(농어과의 식용어 – 옮긴이)와 알락곰치(큰 바다뱀장어라고 부르는 곰치과의 육식성 물고기 – 옮긴이)는 서로 약속을 하고 공동 사냥을 시작했다.

공동 사냥을 부추기는 것은 그루퍼이다. 그루퍼는 알락곰치가 거처하는 동굴로 헤엄쳐 가서 파트너에게 사냥을 제안한다. 처음에는 그루퍼가 등지느러미를 이리저리 흔들다가 점차 몸 전체로 움찔거리기 시작한다. "그루퍼는 알락곰치와 의사를 교환한다"고 프리케는 주장한다. 이미 그것만으로도 대단히 기이한 일이다. 두 마리의 약탈자들이 서로 의견을 교환했다는 것은 마치 사자와 표범이 사냥을 위해 합의를 하는 것과 유사하다. 알락곰치는 파트너의 생각을 이해한 것이 분명했다. 왜냐하면 자신의 거처를 나와 그루퍼와 함께 사냥을 하러 길을 나섰기 때문이다.

한스 프리케는 아무도 자신의 말을 결코 믿지 않을 그 다음의 유일무이한 장면을 다행히도 촬영할 수 있었다. 그루퍼가 물속에 거꾸로 서 있었다. 이때 그루퍼는 자신의 몸 전체를 떨면서 흔들었고 시선은 아래쪽을 향하고 있었다. 그리고 알락곰치는 다시 파트너가 어떤 신호를 보내고 있는지 이해했다. 알락곰치는 아래쪽으로 구불구불 헤엄쳐 가서 순식간에 먹잇감에게 달려들어 물었다. 이 경우에 그루퍼는 빈손으로 돌아간다. 그럼에도 불구하고 결과적으로 보면 이런 동맹은 양쪽에게 모두 이익이 된다. 왜냐하면 이 약탈자들은 대단히 다양한 능력과 전략을 가지고 있기 때문이다.

둘은 함께 사냥감을 에워싼다. 그루퍼는 원래 탁 트인 물에서 사냥을 하기 때문에 사냥감 물고기가 산호초의 구멍이나 틈새에 숨는 데 성공하면 알락곰치가 작업을 넘겨받는다. 알락곰치는 날렵한 몸짓으로 좁은 틈새 사이로 헤엄쳐서 사냥감을 구석으로 몬다. 이 고기가 다시 넓은 바다로 도망치면 그루퍼가 대기하고 있다. 두 마리의 사냥꾼은 알고 있다. 먼저 잡는 자가 먹는 것이다. 나누는 일은 없다. 그럼에도 불구하고 이런 공동 사냥은 양쪽 모두에게 이득이 된다.

물고기 사회의 위계질서

침팬지나 늑대는 링에 오르기 전에 조심스럽게 자신의 상대를 이리저리 살피고 평가한다. 과연 내가 이길 가능성이 있는가? 경쟁자가 막강한 근육을 자랑하는 자라면 그 어떤 동물도 스스로 위험 속에 뛰어들지 않는다. 그렇다면 물고기도 결투를 하기 전에 상대의 전투력을 감정해 볼 것인가? 최소한 몇몇 종류는 능숙한 전략가이자 훌륭한 관찰자인 것이 분명하다. 그런 사실은 최근에 캘리포니아의 스탠포드 대학에 근무하는 로간 그로제닉의 연구팀에 의해 밝혀졌다.

동부 아프리카의 탕가니카 호수에는 350종의 다양한 채색농어들이 살고 있다. 검은목 마우스브리더(입 안에서 알이나 새끼를 기르는 관상용 열대어 – 옮긴이)의 경우에는 수컷들이 영역을 차지하고 있다. 이러한 영역은 생존을 위해 필요한데, 왜냐하면 채색농어들의 경우에는 다음과 같은 규칙이 적용되기 때문이다. 영역이 없으면 암컷도 없고, 암컷이 없으면 후손도 없다. 그러나 최고의 자리는 대개 늘 점령되어 있다. 그래서 집이 없는 수컷들은 끊임없이 한 영역을 정복해야만 한다. 그러려면 중대한 결정을 내려야 하는데, 누구를 상대로 결투를 하는 것이 가장 좋을 것인가?

승리를 많이 해본 싸움꾼들은 쉽게 알아볼 수 있다. 수컷 물고기는 싸움을 많이 할수록 더 강렬한 색깔로 빛난다. 마치 승전 장군처럼 뚜렷하게 눈에 띄는 휘장으로 장식되어 있다. 그런 모습을 하게 되면 암컷과 후손이 보상으로 주어진다. 알파 수컷은 검은색의 줄무늬와 함께 진한 파란색과 노란색 옷을 입고 있다. 그리고 영원한 패배자는 이와 달리 쥐회색으로 남아 있다. 대부분의 물고기는 그 사이의 어디쯤에 속하며 시각적으로 거의 구별되지 않는다.

한편 영역을 확보하지 못한 수컷들은 동료들의 싸움을 옆에서 관찰했다. 그리고 여기서 얻어낸 정보를 이용해서 결투의 대상으로 층이 넓은 중간 계층의 물고기들을 고를 수 있었다. 이것은 행동연구가들이 '이행적 추론'이라고 부르는 복합적인 능력이다. 이 복잡한 개념 뒤에는 '논리적인 추론을 해낼 수 있는 능력'이라는 의미가 담겨 있다. 말하자면 다음과 같은 방식이다. 안야는 사비네보다 몸이 크고 사비네는 마리온보다 크다. 따라서 안야는 마리온보다 클 것이 분명하다. 아이들의 경우에는 이런 추론이 4세에서 5세에 가능하다. 영장류와 몇몇 영리한 조류도 마찬가지로 이런 능력을 가지고 있다. 그러나 물고기는 어떨까? 오랫동안 그 어떤 학자도 냉혈동물에게도 이런 능력이 있을 것이라고는 생각하지 않았다.

물고기들의 결투를 위한 입장표

로간 그로제닉은 채색농어들을 실험 대상으로 선택했다. 실험용 물고기는 유리벽으로 분리된 채 다양한 순위의 싸움을 관찰하게 되었다. 먼저 물고기 A가 물고기 B를 상대로 싸워서 이겼다. 그런 다음 B가 C를 상대로 싸워서 이겼다. C는 D를 이겼고, D는 E를 이겼다. 결국 분명한 위계질서가 생겨난다. A〉B〉C〉D〉E. 첫번째 실험에서 관중 물고기는 자신이 A 혹은 E 가운데 누구와 싸울 것인지를 선택할 수 있었다. 실험용 물고기는 스파링 상대로 E를 선택했다. 이 물고기는 가장 약한 상대에 대해서는 전혀 두려워하지 않았다. 그러나 이런 선택은 비교적 간단한 결정이다. 실험용 물고기는 A를 단지 승자로만 보았고 이와 반대로 E는 오로지 패배자로만 보았기 때문이다.

두 번째 결정은 조금 더 복잡했다. 실험용 물고기가 B와 D와 함께 한 수족관에 있게 되면 어떤 일이 일어날 것인가? 이 두 마리의 물고기 B와 D는 아직 한 번도 싸운 적이 없었다. 따라서 실험용 물고기는 직접적인 비교를 할 수 없다. 그 외에도 두 마리의 물고기는 모두 실험용 물고기 앞에서 한 번은 지고 한 번은 이겼다. 그럼에도 불구하고 위계질서는 존재한다. 왜냐하면 B는 C를 상대로 이겼지만, D는 C를 상대로 졌기 때문이다. 이에 따라서 D는 B를 상대로 질 것이 분명하다. 물고기들이 과연 이런 종류의 생각 게임을 할 수 있을 것인가?

그런데 실제로 실험용 물고기는 더 강한 경쟁자 B를 피해 D와의 결투에 도전했다. 실험용 물고기는 경쟁자들의 서열을 파악했던 것이다. "물고기들은 이행적 추론을 활용한다. 비록 간접적인 정보만을 가지고 있을지라도 거기서부터 추론을 이끌어낼 수 있다"고 학자들은 전문 학술잡지인 『네이처』에 쓰고 있다. 자유로운 야생의 공간에서 물고기들은 불필요한 싸움을 하지 않는다. 이들은 우선 안전한 거리에서 몇몇 싸움을 관찰하고, 그 다음에 가능한 한 약한 상대를 찾는다.

오랜 세월 동안 물고기는 비사회적이고 어리석은 동물로 여겨져 왔다. 본 대학의 동물학 교수인 호르스트 블렉만은 이런 인식은 잘못된 판단이라고 생각한다. 오히려 우리 인간이 비사회적이고 어리석을 수 있다는 것이다. 물고기에 대한 이런 인식에는 "물고기가 어떤 얼굴 표정도 가지고 있지 않다는 점"이 그 원인으로 작용한다고 그는 말한다. 흔히 사람들은 표정이 인간 내면의 결정적인 투영막이라고 생각한다. 또 우리는 당연하게 개나 원숭이들에게 인간과 유사한 생각과 감정이 있다고 인정한다. 어미 개는 자신의 새끼를 '사랑' 하고 우리가 옆집의 피피를 쓰다듬어주면 '질투' 를 느낀다. 원숭이들은 즐거워하거나 화를 낸다. 그런 모든 행동에는 무엇보다도 동물들의 얼굴 표정이 함께 드러난다.

이와 달리 물고기는 언제나 똑같아 보인다. "아가미 뚜껑을 열었다 닫았다 하는 일 외에는 더 이상 많은 일을 하지 않는 수족관 속의 물고기가 우리에게는 한마디로 어리석게 보이는 것이다." 이제 점차로 인식 연구자들은 자신들의 편견을 극복했고 보다 자세히 물고기들을 들여다보게 되었다. 그리고 이 학자들이 더 많은 연구를 할수록 더 놀라운 물고기의 능력을 발견하게 될 것이다.

방향 찾는 철새, 여행하는 뱀장어

동물은 어떻게 길을 찾는가?

세계를 여행하는 동물들

해안 바다제비는 특별한 기록을 가지고 있다. 이 새는 북극에서 알을 부화시키고 남극에서 겨울을 보낸다. 매년 이들은 지구 한 바퀴를, 그러니까 약 4만 킬로미터를 도는 셈이다. 철새들은 언제나 정확하게 목적지에 도달한다. 그래서 지빠귀는 매년 같은 정원으로 돌아온다. 학자들도 아직 그 수수께끼를 풀지 못한 대단한 능력이다. 새뿐만 아니라 방향 찾기의 대가는 또 있다. 일부 뱀장어는 유럽의 강과 시내로부터 5,000킬로미터를 헤엄쳐서 사르가소해(북대서양의 미국 바하마제도의 동쪽 앞바다 - 옮긴이)까지 간다. 고래는 먹이가 풍부한 극지방의 바다로부터 번식을 위해 열대 지역까지 여행을 떠난다. 심지어 나비는 수천 킬로미터의 거리를 날아갈 수 있다. 학자들은 점점 더 현대화되고 있는 기술을 이용해서 이 동물들의 여행을 동행하는 시도를 하고 있다.

이런 여행은 규모만 해도 대단하다. 대략 500억 마리의 새들이 매년 여행을 떠난다. 예를 들어서 엄청난 규모의 홍엽새 무리가 아프리카의 사바나 위를 지날 때에는 하늘 전체가 어두컴컴해진다. 노랑머리솔새와 흰이마제비딱새처럼 작은 새들은 사하라 사막을 횡단하기도 하는데, 그 거리는 2,000에서 3,000킬로미터에 이른다. 그러나 조류학자들이 오랫동안 가정했던 것처럼 이 새들이 논스톱 비행을 하는 것은 아니다. 가능하면 이 새들은 낮 동안에 그늘이 있는 오아시스를 찾아 휴식을 취한다. 도요새들은 시베리아 북부에서 태즈메이니아까지 날아가는데 1만 킬로미터까지 이동한다. 아주 작은 붉은목벌새들도 멕시코 만을 횡단한다.

그렇다면 새들은 그런 먼 거리를 이동하면서 어떻게 방향을 찾을까? 사람에게는 완전히 불가능한 일일 것이다. 고도로 발달된 뇌에도 불구하고 우리는 흔히 표지판이 잘 갖춰진 100킬로미터 구간을 자동차로 운전할 때조차도 어려움을 느낀다. 유럽산 제비처럼 장거리 전문가들은 1만 킬로미터를 날아간 후에도 아무 문제없이 자신들이 태어난 아이펠의 농장을 다시 찾아온다. 이 새들은 공간감각만 뛰어난 것이 아니다. 아이펠 지역의 농부들은 이 새들을 보고 시계나 달력을 맞출 수 있을 정도이다. 새들은 매년 동일한 시기에 그리고 정확한 날짜에 자신들의 태생지를 떠났다가 몇 개월 후에 정확하게 다시 돌아온다.

그러나 지난 몇 년 동안 새들의 이동은 점점 더 혼란 속에 빠지고 있다. 기상 변화 때문에 이동의 시기가 연기되는 것이다. 어떤 종들은 심지어 여행 자체를 완전히 포기하고 한해 내내 같은 장소에 머물기도 한다. 이제 많은 나라들의 겨울이 아주 따뜻해져서 새들이 겨울에도 충분히 먹이를 구할 수 있게 되었다. 예를 들어서 독일의 도시들에서는 열대 앵무새들조차도 겨울을 보낼 수 있다. 라돌프첼의 조류관측소에서 오래 연구를 해온 페터 베르톨트는 철새들의 이동이 위도에 따라서 완전히 사라지는 곳도 생길 수 있을 것이라고 한다.

철새 이동의 흔적을 찾아서

매년 행해지는 철새 이동은 새들의 뛰어난 신체적 성과일 뿐 아니라 훌륭한 인식능력의 표본이기도 하다. 원시시대부터 철새의 이동은 사람들을 매료시켜서 일찍부터 이 현상에 대한 체계적 연구가 시작되었다. 1899년에 덴마크의 교사 한스 크리스티안 모르텐젠은 최초로 새의 발에 고리를 달아주었고 이것을 시작으로 관련 분야의 연구가 활기를 띠게 되었다. 오늘날까지 학자들은 2억 마리가 넘는 새들에게 고리를 매달았다. 그리고 다시 돌아온 수백만 마리의 새들이 철새 이동의 시기, 거리, 그리고 범위에 대해 계속 새로운 정보를 주고 있다.

그러나 여전히 새들의 이동에 관한 대부분이 말 그대로 어둠 속에 싸여 있다. 왜냐하면 대부분의 새들이 밤에 이동을 하기 때문이다. 밤에 하는 여행은 많은 장점이 있다. 밤에는 적을 마주칠 기회가 더 적으며, 무엇보다도 남부는 낮 동안 힘든 비행을 하기에는 날씨가 너무 뜨겁다. 물론 새들도 스스로 먹이를 사냥하기 위해 밝은 낮 시간이 필요하기도 하다. 지렁이와 곤충은 낮에 더 잘 잡히기 때문이다.

조류학자들은 1950년대 이후로 전파 신호를 이용해서 밤중의 철새 이동을 최소한 부분적으로라도 눈에 보일 수 있게 만들었다. 특히 이동 중인 새들 무리에 대해서는 위치를 꽤 정확히 확인할 수 있다. 또한 대단히 민감한 열영상카메라 덕분에 밤에도 새들을 볼 수 있게 되었다. 차가운 밤하늘을 날아가는 새들은 섭씨 43도까지 오르는 체온 때문에 붉은 반점들로 나타난다. 수십 년 동안 많은 장소에서 일련의 관찰 결과가 나타났다. 예를 들어서 바위섬인 헬골란트에서는 실제 변화가 특히 뚜렷하게 드러난다. 헬골란트 조류관측소 소장인 옴모 휘포프는 오늘날 많은 종류의 새들이 40년 전보다 약 2주 더 일찍 겨울 거처로부터 돌아오고 있다고 확신하고 있다.

현대 기술은 철새 이동의 더 많은 비밀을 알아내는 데 기여하고 있다. 최근의 조류학자들은 이동하는 새들의 등에 작은 송신기를 부착했다. 위성들이 이 신호를 잡고, 그래서 연구자들이 언제라도 '그들의' 새가 현재 어디에 위치해 있는지를 자세한 미터 수치까지 정확히 알 수 있게 되었다. 위성원격측정은 철새 이동 연구에 새로운 장을 열어주었다고 라돌프첼 조류관측소 소장인 페터 베르톨트는 말한다. 그는 이 장비를 통해 오랜 인류의 꿈을 현실로 만들었다. "우리는 소위 이동하는 새들의 등 위에서 함께 여행할 수 있게 되었다."

그러나 작은 새의 뇌가 어떻게 그토록 뛰어난 방향 찾기 작업을 가능하게 하는 것일까? 모든 기술적 발전에도 불구하고 학자들은 아직도 완전히 밝혀내지는 못하고 있다.

여기서 남쪽은 어느 쪽일까?

가을과 봄이 되면 철새들은 동요하기 시작한다. 즉 새들 몸 속의 유전적 프로그램이 작동됨으로써 여행을 떠나는 것이다. 이런 현상을 '이동의 동요'라고 부른다. 흥미롭게도 새들은 갇힌 상태에서도 자신들의 욕구를 드러낸다. 철새의 이동은 놀랍게도 대부분 유전적으로 정해져 있다. 수천 년 동안 진화를 통한 지능 발달이 철새 이동을 유발했고 새들은 하나씩 하나씩 내비게이션 장비를 구비해 왔다. 그러나 이러한 프로그램에도 불구하고 이동의 행태는 유동적이다. 실제적인 변화가 그런 점을 분명하게 보여준다.

이미 1940년대 말에 빌헬름스하펜에 있는 막스플랑크 해양생물학 연구소의 조류학자 구스타프 크라머는 찌르레기들을 대형의 구형 우리에 가두어놓았다. 봄과 가을에 이 새들은 우리 안에서 껑충껑충 뛰어오르고 불안한 듯 붕붕거렸다. 크라머는 우리 안의 찌르레기들이 맑은 하늘에서는 뚜렷하게 한 방향을 선호하는 모습을 확인했다. 새들은 가을이 되면 남쪽으로 움직였다. 그러니까 정확히 찌르레기들의 겨울 주거지가 있는 방향이었다.

그러나 구름이 덮인 날에는 특별히 방향에 대한 선호를 보이지 않았다. 새들은 끊임없이 우리 안에서 이리저리 움직이면서 붕붕거렸다. 혹시 새들에게는 방향을 찾기 위한 태양이 필요한 것은 아닐까? 크라머는 자신의 추측을 시험해 보기로 했다. 그래서 거울을 이용해 우리 안으로 빛이 비치게 조정했다. 찌르레기들은 가짜 햇빛을 신뢰했고 그에 따라 이동 방향을 바꿨다. 확실한 증거가 생긴 셈이었다. 결국 크라머는 1948년에 새들을 위한 태양나침반을 발견한 것이다.

그러나 하루가 지나면서 태양은 위치를 바꾼다. 그러므로 태양을 방향 찾기에 활용한다는 것은 그때그때의 시간을 알고 있어야 한다는 뜻이다. 결국 크라머는 태양나침반을 통해서 새들의 몸에 시계 역할을 하는 기관이 있음을 간접적으로 증명한 것이기도 하다. 새들은 하루의 변화를 기억하고 있다. 이러한 현상을 크라머는 계속해서 연구하고자 했다. 막스플랑크협회(독일의 과학 발전을 위해 여러 곳에 있는 연구소를 관리하는 법인체 – 옮긴이)는 이런 목적을 위해 남부 독일의 안데흐스에 자체적인 연구소를 세웠다. 그러나 크라머는 이 건물의 완성을 보지 못했다. 1959년 4월에 치명적인 사고를 당했기 때문이다. 그는 칼라브리아 산지에서 야생 비둘기 둥지를 찾던 중 추락하고 말았다. 바로 그 직후에 완성된 막스플랑크 행동심리학연구소는 그 다음 몇 해 동안에 시간생물학(생물학적 시계를 중심으로 생물을 연구하는 학문 – 옮긴이)의 중심지가 되었다. 특히 연구소장인 위르겐 아쇼프는 자신의 벙커 실험을 통해 세계적으로 유명해졌다. 안데흐스에서 학자들은 인간과 동물의 밤과 낮의 리듬에 대한 비밀을 풀어냈다.

밤과 낮의 리듬에 대한 비밀을 알아낸 사실은 중요한 의미를 지니는데, 왜냐하면 태양나침반은 새들에게 단지 낮 시간에만 유용하기 때문이다. 그러나 모든 새 종류의 3분의 2가 태양이 아무런 정보도 주지 못하는 밤에 이동한다. 조류학자들은 이미 오래전부터 새들이 그런 경우에는 별을 보고 방향을 찾는다고 추측해 왔다. 그러나 오랫동안 이에 대한 증거를 찾지 못했다. 조류학자 자우어가 정원솔새를 철새들의 이동 시기에 플라네타리움(천제의 운행을 나타내는 기계 – 옮긴이) 안에 옮겨놓기 전까지는 말이다. 유럽산의 철새인 이 새들은 인공 천체 밑에서도 가을이 되자 남쪽으로, 그러니까 자연적인 환경에서 선택하는 곳과 똑같은 방향으로 이동했다. 그 다음날 밤에 연구진은 천체를 180도 돌려놓았다. 그러자 새들도 이에 반응해서 그들의 이동 방향을 그만큼 바꾸었다.

그러므로 새들은 방향을 찾기 위해서 천체를 쳐다본다는 뜻이다. 그러나 이때 큰곰자리나 작은곰자리와 같은 별자리를 찾는 것은 아니다. 새들은 하늘의 회전을 감지하고 별들의 중심점인 북극성을 보고 방향을 찾는다. 가을에는 북극성으로부터 남쪽 방향으로 날아간다. 봄에는 이와 반대로 북극성을 향해서 날아간다. 이러한 천체나침반 사용은 새들에게 선천적인 것일까? 새들은 태어날 때부터 하늘을 해석하는 법을 알고 있을까? 연구자들은 오랜 세월 동안 그럴 것이라고 가정해 왔다.

그러나 한 실험이 그 반대를 증명하고 있다. 즉 새끼 시절에 한 번도 천체를 본 적 없이 사람 손에 사육된 참새들은 후에 자연에서 자란 참새들처럼 그렇게 방향을 잘 찾지 못했다. 결국 새끼 새들은 민감한 어떤 시기에 천체나침반 사용법을 배운다는 뜻이다. 그래서 철새들은 이 시기에 본 하늘의 모습을 머릿속에 깊이 새겨둔다. 새들이 '가짜 천체'를 보면서 플라네타리움 안에서 자라는 경우 우리는 새들에게 하늘이 어떤 다른 별을 중심으로 돌아간다고 믿게 할 수도 있다.

새들의 여섯 번째 감각

우리 인간도 최소한 이론적으로는 새들과 마찬가지로 태양의 위치와 별들을 보고 방향을 찾을 수 있다. 그런데 기술적 도구가 없는 새들이 가진 가장 중요한 방향 찾기 시스템이 있다. 바로 자기나침반이다. 모든 새들은 지구의 자기장을 지각하고 그것을 이용해 방향을 찾는다. 그런데 태양과 천체나침반에 이어 이 세 번째 나침반이 세부적으로 어떻게 작동되는지에 대해서는 이제 막 그 비밀이 밝혀졌다. 확실한 사실은 자기나침반은 학습할 필요가 없다는 점이다. 이 능력은 태어날 때부터 작동되는 유일한 내비게이션 시스템이다. "새끼 새들은 경험이 많은 나이 든 새들과는 달리 나침반과 달력만을 가지고 있고 아직 지도는 없다"고 약 50년 전에 새들의 자기나침반을 발견했던 볼프강 빌치코는 설명하고 있다. "발달 과정 속에서 비로소 어린 새들은 점차로 그들의 다른 내비게이션 시스템을 습득하게 된다"고 한다.

1950년대에 프랑크푸르트 대학의 생물학자들은 새들의 이동 행태를 연구했다. 동물학연구소의 지하실에는 학자들이 다양한 실험을 위해 준비해 놓은 작은부리울새들이 살고 있었다. 빌치코 교수는 오늘날까지도 대학생 시절이던 1956년의 한 가을 저녁에 새들이 우리 안에서 동요하며 이리저리 날아다니던 모습을 기억하고 있다. 당시에 이동의 동요가 시작되자 놀랍게도 새들은 뚜렷하게 남서 방향으로 움직이고 있었다. 우리 안에서도 그들은 스페인에 있는 자신들의 겨울 거처가 있는 방향으로 움직였던 것이다.

"그렇다면 어두운 지하실에서 새들은 어떻게 방향을 파악할 수 있었을까?" 대학생 빌치코는 이런 의문을 갖게 되었다. 혹시 지하실의 새들이 지구의 자기장을 이용해서 방향을 찾는 것은 아닐까? 자연적인 환경에서도 지구의 자기장이 구름이 덮인 밤의 유일한 안내판은 아닐까? 볼프강 빌치코는 이 수수께끼를 풀고자 했고 광범위한 실험을 했다. 이미 어린 시절부터 그는 철새의 이동에 관심이 많았다. 동물학연구소의 지하실에서 경험한 새로운 관찰은 그에게 '새들과 관련된 성공적 연구'의 시작이었다.

수많은 밤을 그는 우리 속의 작은부리울새들을 관찰하며 보냈다. "나는 박사 논문에서 780일 동안 관찰한 내용을 분석했다"고 빌치코 교수는 말한다. 처음에 그는 새들을 자기장을 차단시킬 수 있는 강철 우리 안에 넣었다. 기대했던 대로 새들은 갑자기 방향 없이 이리저리 붕붕거렸다. 그뿐이 아니었다. 뚜렷한 방향성을 더 이상 파악하지 못했다. 그러나 빌치코 교수는 이런 반응들이 충분한 증거가 될 수 있을지 의문스러웠다.

두 번째 실험에서 그는 강철 우리 안에 커다란 자석 축을 세워놓았다. 인위적인 자기장은 이제 임의적으로 조정할 수도 있었다. 새로운 발견이 1963년 10월 12일에 이루어졌다. 빌치코 교수는 이날을 결코 잊을 수 없을 것이다. 이날 밤에 젊은 학자 빌치코는 새들의 자기나침반을 발견했다. 강철 우리 안에서 새들은 갑자기 분명한 이동 방향을 보였다. 새들은 남서쪽으로 향하고 있었는데, 바로 인공 자기장이 제시하고 있는 그대로였다. 빌치코가 자석의 북극을 동쪽으로 옮겨놓자 우리 속의 새들은 이제 스페인이 아니라 영국 쪽으로 움직였다.

오늘날까지도, 그러니까 50년이 넘게 볼프강 빌치코는 철새들의 자기나침반에 대해 연구하고 있다. 최근에야 비로소 그는 아내 로스비타와 함께 닭들을 특정한 자기장 방향으로 움직이도록 훈련하는 데 성공했다. 학자들이 오랫동안 불가능하다고 여겨온 일이었다.

적도에서 극지방까지, 그리고 귀환

이처럼 새들은 자체적인 자기나침반을 가지고 있다. 그러나 이 나침반은 우리가 사용하는 기계적인 나침반과는 전혀 다르게 작동된다. 즉 새들은 남쪽과 북쪽을 구별하는 것이 아니라 극 방향과 적도 방향을 구별하며, 지구 표면과 비교해서 자기장 선의 기울기, 소위 경사각을 확인한다. 새들이 적도로부터 극지방 방향으로 날아갈 때는 이 각도가 항상 90도보다 작다. 그러나 적도를 향해서 가는 경우에는 90도보다 커진다. 그러므로 새들의 나침반은 항상 지구의 반구 위에서만 작동된다. 그렇다면 적도 횡단 여행을 하는 새들의 경우는 어떻게 방향을 찾을까?

최근 올덴부르크의 학자와 미국의 동료 학자들은 철새 이동의 이런 고전적인 수수께끼에 대해 연구를 시작했다. 적도에서는 자기장 선이 정확히 지표면과 평행을 이룬다. 그래서 이 경우 새들의 나침반은 이중적이다. 극 방향이라는 것이 갑자기 북쪽과 남쪽을 동시에 의미하게 된다. 그래서 새들이 적도를 횡단한 다음에는 나침반이 돌아가게 된다. 예전에 북쪽을 의미했던 것이 이제는 남쪽이 된다. "그럼에도 불구하고 불안해 하면서 돌아서는 철새도 전혀 없고, 윙윙거리면서 적도 위에서 배회하는 철새 무리도 없다"고 올덴부르크의 생물학·환경학 연구소의 두 학자 율리아 슈탈아이켄과 헨릭 모리슨은 설명하고 있다. 새들은 아무 문제없이 북쪽 반구에서 남쪽 반구로 이동했고 원하는 목적지에 도달했다.

야외실험을 통해서 학자들은 이 수수께끼의 해답에 더욱 근접하게 되었다. 프린스턴 대학의 동료들과 공동으로 올덴부르크의 생물학자들은 초여름에 여행을 하는 붉은꼬리지빠귀들을 대상으로 실험을 했다. 대부분의 지저귀는 새들이 그렇듯이 이 지빠귀들도 주로 밤에 이동한다. 학자들은 이 새들이 실험실에서도 세 가지의 방향 찾기 시스템인 태양, 별, 그리고 자기나침반을 모두 사용할 수 있도록 조치했다.

이 새들을 포획한 날 저녁에 학자들은 지빠귀들의 우리 주변으로 둥글게 자기장을 조정했다. 그리고 커다란 축을 이용해서 북극을 인위적으로 동쪽으로 더 밀어놓았다. 이어서 새들에게 전파신호기를 장착시킨 후 자유롭게 풀어주었다. 대부분의 새들은 즉시 여행을 떠났다. 물론 독일과 미국의 공동 생물학 연구팀이 동반했다. "우리는 1982년산 올드모빌을 타고 지붕 위에는 지향성 안테나를 단 채로 1,000킬로미터 이상까지 이동 경로를 추적할 수 있었다." 그러나 인위적인 자석 축 때문에 지빠귀들은 혼란을 겪을 수도 있을 것이다. 그들은 어떻게 반응했을까? 실제로 새들은 첫날밤에는 북쪽이 아닌 서쪽으로 날아갔다. 두 번째 밤이 되어서야 비로소 자신들의 원래 이동 방향인 북쪽을 향해 날아갔다. 이런 행동은 어떻게 설명할 수 있을까?

실제로 지빠귀들은 주로 자기나침반을 이용해서 방향을 찾지만, 우리가 지금까지 생각했던 것과는 다른 방법을 사용했다. "자유로운 야생의 공간에서 자기를 띤 극이 이동 방향에 대한 고정된 기준점으로 활용되는 것은 아니다"라고 모리슨은 주장한다. 만약 그렇다면 지빠귀들은 얼마 지나지 않아서 바로 올바른 길로 돌아갔어야 했을 것이다. 그러나 새들은 그렇게 하지 않았다. 왜냐하면 새들은 자기나침반을 하루에 단 한 번만 맞추는데 그때 태양을 보고 방향을 잡기 때문이다.

지구에서는 어디에서나 동쪽에서 해가 뜨고 서쪽에서 해가 진다. 지빠귀들은 저녁 때 비행을 시작하기 직전에 서쪽에서 지고 있는 태양의 위치를 확인하고 이에 맞게 자신들의 자기나침반을 맞춘다. 이런 방식으로 남반구에서의 방향 찾기가 북반구에서와 똑같이 훌륭하게 이루어진다. 생물학자들이 이 시스템을 인위적인 자기장을 통해서 혼란스럽게 만들면 새들은 정확하게 하룻밤은 잘못된 방향으로 날아간다. 그 다음날 저녁에 비행 직전의 점검에서 비로소 새들은 실수를 수정할 수 있다. 우리도 저녁에 자명종을 잘못 맞추어놓았을 때 다음날 늦게 일어난 다음에야 비로소 잘못을 깨닫게 되는 것처럼 말이다.

자기장을 감지하는 눈은 어디에 있을까?

눈은 광자(光子)를 인식하고, 귀는 음파를 감지한다. 이런 기본적인 메커니즘은 인간과 새의 경우에 동일하다. 그러나 지구의 자기장에 대해서만큼은 우리는 귀머거리이고 장님이다. 학자들은 그 동안 새들이 방향을 찾기 위해서 자기나침반을 어떻게 사용하는지 비교적 잘 이해했다. 반면에 새들의 이런 여섯 번째 감각이 도대체 어디에 있는지, 그리고 그런 감각이 구체적으로 어떻게 작동되는지는 여전히 수수께끼로 남는다.

2000년에 이르러서야 비로소 생물물리학자 토르스텐 리츠가 자신의 박사 논문에서 이 수수께끼의 일부분을 해결할 수 있었다. 그의 이론에 따르면 새들의 자기장 감지기는 대단히 단순화된 형태로서 빛을 통해 활성화되는 분자 한 쌍으로 이루어져 있다고 한다. 그리고 이 분자는 단지 활성화된 상태에서만 자기장 선을 감지할 수 있다. 감지기는 자기장 선의 방향을 화학신호로 번역하는데, 이것이 감각적 인상으로 가는 과정의 첫번째 단계이다. 그러나 여기서 과연 어떤 분자가 이런 역할을 하는 것일까? 그리고 새들의 자기나침반은 어디에 장착되어 있을까?

프랑크푸르트 대학의 볼프강과 로스비타 빌치코의 연구팀들이 다시금 결정적인 퍼즐 조각을 맞출 수 있었다. 이 경우에는 새들 스스로가 결정적인 힌트를 주었다. 정원솔새처럼 지저귀는 새들이 이동 시기에 대형 우리 안에 있으면 눈에 띄는 행동을 한다. 저녁에 어두워지고 나서 얼마간의 시간이 지나면 밤에 이동하는 새는 반복해서 머리를 오른쪽에서 왼쪽으로 돌린다. 그런 후에 비로소 우리 안에서 뚜렷하게 특정한 한 방향으로 움직인다. 즉 가을에는 남쪽으로, 봄에는 북쪽으로 움직인다.

이때 새는 주변을 둘러보는 동안 올바른 방향을 찾기 위해서 마치 지구의 자기장을 복사하는 것처럼 보인다. 학자들은 이런 모습을 보고 자기성을 감지하는 감각이 새들의 머리 안에 들어 있는 것이 분명하다는 결론을 내렸다. 학자들이 자석 축을 없앰으로써 우리 안의 지구 자기장을 사라지게 하자 새는 방향을 잃은 채 우왕좌왕했고 이때 머리를 이용한 탐색 움직임은 세 배가 되었다. 그 외에도 볼프강 빌치코 연구팀은 새의 자기나침반은 최소한 약한 푸른색이나 초록색의 빛이 존재할 때, 그리고 적어도 한 눈으로라도 볼 수 있을 때에만 작동된다는 것을 밝혀낼 수 있었다.

두 개의 눈을 모두 덮개로 가린 경우에는 자기나침반이 더 이상 작동되지 않았다. 그러나 한 쪽 눈이 빛을 받자마자 새는 지구의 자기장을 감지할 수 있었다. 점차적으로 분명해진 사실은 새의 눈에 자기장을 감지하는 감각이 분명 있다는 점이다. 그리고 학자들은 여기서 중요한 역할을 하는 단백질도 알아냈다. 학자들은 이미 식물에 대해서는 비슷한 방식으로 빛에 반응하는 단백질이 있다는 것을 알고 있었다. 바로 크립토크롬이다. 그리고 실제로 모리슨은 정원솔새의 망막에서 크립토크롬이 매우 많이 농축되어 있는 것을 발견했다. 이 단백질은 특정한 신경세포에 들어 있고, 특별히 이 신경세포들은 새들이 이동을 하는 밤에 활발하게 반응한다. 반면에 이동을 하지 않는 금화조의 경우에는 이런 신경세포가 밤에는 거의 반응하지 않으며 크립토크롬 분자도 거의 함유하고 있지 않다.

이제는 철새 이동에 관한 많은 비밀이 밝혀졌다. 위치 확인을 위해서 새들은 세 가지 시스템, 즉 태양, 별, 그리고 자기나침반을 동일하게 활용한다. 그리고 익숙한 지역에서 둥지를 다시 찾아야 하는 경우에는 추가적으로 랜드마크를 활용하는데, 예컨대 수목군과 도시의 고층빌딩 등이 그것이다.

기본적인 의문점들이 해명된 후에는 의문이 보다 더 전문적이 되게 마련이다. 학자들은 요즘 자기나침반과 천체나침반으로부터 얻은 정보를 처리하는 새의 뇌 부위를 알아내려고 노력하고 있다. 그리고 실제로 신경생물학자들은 이미 가능성이 높은 후보자를 알아냈다. 바로 철새의 대뇌에 있는 2.25세제곱킬로미터 크기의 부위이다. 그들은 이곳을 '클러스터 N'이라고 부르는데, 철새들의 경우 밤에 특히 활성화되는 부분이지만 이동을 하지 않는 금화조나 카나리아에게는 전혀 존재하지 않는 것으로 보인다.

철새들의 위치 확인 장비는 현대적인 컴퓨터칩에 요구되는 모든 사항을 충족시키고 있다. 즉 이들의 장비는 대단히 복잡하고, 성능이 좋으며, 크기가 아주 작다. 그리고 이런 장비는 소유자의 수고로움을 대폭 줄여준다. 그래서 이동을 하지 않는 새들은 따뜻한 남쪽으로 여행을 하는 동료 새들보다 흔히 더 힘겨운 도전을 해야 한다. 캐나다의 학자들은 최근에 같은 종의 새들 중에서 이동을 하는 새와 하지 않는 새들을 비교해 보았다.

겨울에 유럽에 머물러 있는 새는 먹이 찾기에서 더 융통성이 있고 창의적이었다. 예를 들어서 지빠귀는 나뭇가지를 이용해서 눈을 치우는 방법을 터득했다. 그리고 흥미롭게도 이동을 하지 않는 새는 더 큰 뇌를 가지고 있었다. 그런 면에서 여름 거처지에서 겨울을 이겨내는 일이 아프리카로 긴 여행을 가는 것보다 더 많은 지능을 필요로 한다는 것을 알 수 있다.

물고기들의 세계 여행

새들의 여행만큼이나 놀랍고 신기한 것이 바로 물고기들의 여행이다. 연어, 철갑상어, 뱀장어 등은 삶의 대부분을 여행으로 보낸다. 하늘을 날아다니는 동료들에 비해 물고기들의 위치 확인 메커니즘은 여전히 베일에 싸여 있다. 그 동안 사람들은 물고기들의 이동 코스에 대해서는 비교적 잘 알게 되었지만 그들이 어떻게 목적지를 찾는지는 밝혀내지 못했다.

물고기 연구자들은 여러 가지 장애물과 싸워야 한다. 물속에서는 육지에서보다 동물을 추적하는 일이 훨씬 더 어렵다. 연어, 철갑상어 등은 해마다 여름 거처 혹은 겨울 거처를 왔다갔다 하는 것이 아니다. 이들은 부화지를 떠나면 흔히 수년 동안 사라져 있다가 언젠지 모르게 갑자기 결혼식을 위해 다시 나타나곤 한다. 그리고 무엇보다도 물고기들에게는 고리를 매달 수도 없다. 결국 철새 이동 연구에서 사용했던 첫번째 훌륭한 도구를 사용할 수 없다는 뜻이다.

유럽에서는 거의 멸종된 철갑상어들을 다시 서식하게 만들기 위해서 베를린의 라입니츠 연구소의 하천생태학 학자들은 알에서 태어난 철갑상어 새끼들을 키웠고 1년이 되었을 때 적당한 지류에 풀어주었다. 그것은 물고기들의 이동을 연구할 수 있는 좋은 기회이기도 했다. "몇몇 물고기들에게는 아주 작은 송신기가 장착되었다"고 생물학자 프랑크 프레더리히는 설명했다. 이 송신기는 0.5그램밖에 되지 않았고 3주까지는 실험 대상들이 있는 곳으로부터 연구진에게 신호를 보내왔다. 신호를 보낸 철갑상어들 중 몇 마리는 어부의 그물에 걸리기도 했다. 세 마리가 그 안에서 죽었고, 나머지는 다시 물속으로 돌아갔다. 새끼 철갑상어들은 기본적으로 잡혔다가 물속으로 돌아가는 과정을 이겨낼 수 있는 것이 분명했다. 왜냐하면 한 마리의 물고기가 그런 일을 세 번이나 반복했기 때문이다.

철갑상어는 하루에 약 20킬로미터를 이동한다. 이런 방식으로 하구에 위치해 있는 오데르 해안호까지 도달했다. 그리고 거기서 어린 철갑상어들은 휴식기를 가졌다. 물고기들이 조금 더 자라면 비로소 염분이 있는 발트해로 계속해서 이동할 것이라고 프레더리히는 추측하고 있다. 그러나 이 물고기들이 자신들의 고향인 강으로 돌아오기까지는 적어도 10년이 걸린다. 그런 다음에야 비로소 학자들은 그들의 프로젝트가 성공적인지 아닌지를 알 수 있다.

한편 담수어들의 경우에는 짧은 거리에 한해서 시각을 활용해 방향을 찾을 수 있다. 이때는 육지 내지는 물속의 특징적인 표시들이 큰 역할을 한다. 예를 들어서 크기가 70센티미터에 이르고 물살이 센 강에서 사는 황어류는 낮과 밤의 거처를 규칙적으로 왔다갔다 한다. 물속의 특징적 표시와 강의 흐름이 물고기에게 길을 안내해 준다. 단지 산란기에만 평소의 코스를 벗어나서 정해진 결혼식 장소로 헤엄쳐 간다. "이 물고기들은 페로몬을 발산함으로써 다른 물고기들을 유혹한다"고 생물학자 프레더리히는 설명한다.

연어와 철갑상어의 경우에는 이런 물속의 특징물이 단지 목표물 바로 앞에서만 의미 있는 역할을 한다. 이 물고기들에게는 특정한 장소, 예를 들어서 어떤 모래언덕의 모습이 각인되어 있을 가능성이 매우 높다. 주변 환경, 수심, 그리고 물이 흐르는 속도 등이 목표로 하는 곳과 일치하면 물고기들은 이제 산란을 할 수 있다. 그런데 이 물고기들은 사실 '잘못된' 강에 있을 때도 산란을 할 수는 있다. 왜냐하면 정기적으로 일정한 비율의 철갑상어와 연어들이 바다로부터 귀가를 하는 도중에 다른 곳으로 헤엄을 쳐서 고향의 강에 도달하지 못하고 있기 때문이다.

흔히 대서양의 철갑상어들이 발트해에 나타나기도 한다. 이런 물고기들은 수천 킬로미터나 되는 여행을 한 셈이다. 크기가 큰 암컷 철갑상어는 성적으로 성숙하기까지 20년이 걸리기도 한다. 또한 이런 점이 물고기들의 이동 행태에 대한 연구를 쉽지 않게 한다. 이와는 반대로 뱀장어의 경우에는 일생의 대부분을 담수에서 보내고 바다에서 산란을 한다.

사르가소해, 산란과 죽음의 장소

수십 년 동안 뱀장어는 우리 인간에게 수수께끼와 같은 존재였다. 마치 마법의 손이 데려다놓은 것처럼 갑자기 유럽의 강에 어린 뱀장어들이 나타났다. 뱀장어의 알이나 유충은 없는 것 같았다. 1920년대에 비로소 학자들은 뱀장어의 특이한 이동 행태를 해명할 수 있게 되었다. 무선송신기를 이용해서 학자들은 북대서양의 사르가소해까지 결혼식 여행을 가는 뱀장어들을 최소한 조금은 더 추적할 수 있게 되었다. 이것은 장비를 잘 갖춘 탐사선만이 시도할 수 있는 대단히 많은 비용이 드는 작업이다. 뱀장어들은 이동할 때 떼를 지어서 하지 않기 때문에 한 번의 탐사가 그때마다 오로지 단 한 마리의 뱀장어만을 추적할 수 있다. 완전히 목적지까지 이르는 탐사는 아직 성공하지 못했다. 대부분 송신기를 장착한 뱀장어가 어느 순간에 인간의 장비가 도달할 수 없는 심해로 사라져버렸다.

그러나 사르가소해의 동일한 자리에 반복적으로 나타나는 알을 통해서 뱀장어의 산란 장소는 비교적 쉽게 파악할 수 있었다. 유럽산의 모든 민물 뱀장어는 같은 장소에서 산란을 한다. 그리고 비로소 몇 해 전에 학자들은 뱀장어들이 그럼에도 불구하고 거대한 번식 공동체를 형성하지 않는다는 것을 알아냈다. 북부 유럽과 남부 유럽의 뱀장어들 사이에는 작은 유전적인 차이점이 있다. 그래서 북부 유럽산과 남부 유럽산은 각기 다른 시기에 사르가소해에 도달할 가능성이 매우 높고 서로 다른 시기에 산란을 한다.

뱀장어는 4,000미터까지 이르는 심해에서 산란을 한다. 거기서부터 알이 천천히 수면까지 올라온다. 알에서 나온 올챙이들은 평평한 모양 때문에 '버들잎'이라 불리기도 한다. 유충이 사르가소해로부터 유럽의 강에 도달하기까지는 약 3년이 걸린다. 일부는 물고기들이 스스로 헤엄을 치기도 하고, 일부는 대서양 해류 중 하나인 멕시코만 난류에 의해 옮겨지기도 한다. 비록 뱀장어가 중요한 요리용 생선이기는 해도 어떻게 이들이 각자의 고향 지역으로 나누어지는지는 아직까지도 불분명하다. 예를 들어서 왜 북부 유럽산의 뱀장어들은 남부의 육지들을 비롯한 그 밖의 목적지를 향해 헤엄을 치는 것일까?

해안가 근처에서 '버들잎' 유충들은 7센티미터 길이의 투명한 유리뱀장어로 변신한다. 그런 다음 봄이 되면 언제나 큰 무리를 지어 강을 향해 헤엄쳐 올라간다. 그래서 이때는 오름뱀장어라 불리기도 하고 배부위의 색깔 때문에 노란뱀장어라 불리기도 한다. 이들은 성적으로 성숙할 때까지 다음 몇 년 동안을 강에서 보내게 된다. 이들은 먹고 자라고, 자라고 먹는다. 암컷은 12살에서 15살이 되어서야 비로소 귀가 길에 오른다. 암컷 뱀장어는 1.5미터 길이에 6킬로그램 정도의 무게를 가지고 있다. 수컷들은 이미 조금 더 일찍, 더 가벼운 몸으로 결혼여행을 시작한다.

뱀장어들은 산란을 위해서 자신들이 부화된 곳인 사르가소해를 향해 헤엄쳐 간다. 이들은 여행 초기에 호수처럼 막힌 공간에 있게 되면 적절한 강으로 가기 위해 며칠 동안 축축한 풀밭 위를 구불구불 헤엄치기도 한다. 육지에서 뱀장어들은 피부를 통해 호흡하는데, 이런 방식으로 7일까지도 버틸 수 있다.

뱀장어는 여행을 할 때 부분적으로 5,000킬로미터 넘게 이동을 하고 이때 다시금 변화를 겪는다. 외형적으로는 은회색으로 변하며, 항문이 퇴화하고 눈이 커진다. 가장 큰 변화는 내부에서 일어난다. 소화통로가 축소되어 먹이를 더 이상 먹을 수 없게 된다. 멕시코만 난류의 소용돌이에 대항해야 하는 긴 여행 동안에 뱀장어들은 오로지 자신의 지방 저장분으로 살아간다. 그 동안 몸에서는 성기관이 발달한다.

심해 사르가소해에서의 산란은 뱀장어가 살아서 하는 마지막 행동이다. 뱀장어들은 산란을 한 다음 죽는다. 알들이 수면까지 올라오고 앞쪽부터 다시 순회가 시작된다. 생물학자들은 뱀장어들이 새들과 마찬가지로 지구의 자기장으로 방향을 찾는다고 가정하고 있다. 뱀장어가 기본적으로 자기장을 감지할 수 있는 능력이 있다는 것을 뱀장어 전문가인 프리드리히 빌헬름 테쉬는 실험을 통해 증명했다. 그러나 뱀장어의 자기나침반이 어디에 있는지 그리고 이것을 이용해서 어떻게 방향을 찾는지는 지금까지 아무도 밝혀내지 못했다.

4장

동물의 생각과 의식

체조선수 돌고래, 사냥꾼 물개

절망적인 과대평가 혹은 바다의 슈퍼브레인?

돌고래는 정말 똑똑할까?

"플리퍼, 플리퍼. 그가 금방 올 거예요. 누구나 그를 알죠, 영리한 돌고래." 독일의 텔레비전 시리즈 '플리퍼'에 자주 나오는 대사이다. 이 프로그램은 사람들에게 돌핀에 대한 인상을 깊이 각인시켰다. 주인공인 커다란 돌고래는 자신의 관객들을 단지 도약과 회전 등의 기술만으로 감동시키는 것이 아니다. 프로그램 속의 가족들을 항상 아슬아슬한 상황에서 구해주기도 한다. 그런데 언제나 친절하고 잘 도와주고 대단히 머리가 좋은 돌고래에 대한 신화는 사실 그런 텔레비전 시리즈보다 훨씬 더 오래되었다.

고래 종류에 속하는 이 바다 포유류 돌고래는 이런 긍정적인 평판에 대해 부분적으로는 자신의 외모에 감사해야 한다. 매끄러운 피부와 아이 같은 큰 눈이 호감 가는 인상을 주기 때문이다. 높이 올라가는 입가의 주름도 좋은 인상에 한몫을 한다. 스스로 원하든 원하지 않든 돌고래는 끊임없이 미소를 짓고 있는 것처럼 보인다. 실제로 인간과 돌고래의 만남은 거의 언제나 우호적으로 진행된다. "돌고래는 사람을 좋아하기 때문에 훈련도 잘 받는다"고 돌고래 전문가이며 뒤스부르크 동물원의 수의사인 마누엘 가르시아 하르트만은 말한다.

또한 학술적인 연구도 영리한 돌고래의 명성을 확인시켜 주었다. 미국의 신경생리학자 존 커닝햄 릴리는 돌고래의 뇌를 보다 더 자세히 연구한 최초의 사람 중 한 명이었다. "오, 요녀석! 이게 바로 그것이구나!" 그는 처음 돌고래의 뇌를 보았을 때 그렇게 말했다고 한다. 돌고래의 뇌는 인간의 것보다 더 크고 육중하다. 릴리는 돌고래에게만 집중했는데 시간이 지나면서 그의 연구는 점점 더 특이해졌다. 인정받는 학자 릴리가 돌고래들과 의사소통을 시도하기 시작했던 것이다.

처음에 그는 영어로 대화를 시도했다. 그는 돌고래가 사람보다 더 영리하다고 믿었기 때문에 외국어를 배우는 일이 쉬울 것이라고 생각했다. 그러나 결과는 미미했다. 그래서 릴리는 다른 통로를 통해 시도했다. 그는 LSD라는 환각제를 이용해서 실험을 했고 도취 상태에서 돌고래의 의식과 직접적인 접촉을 갖고자 했다. 그의 작업은 학술적으로는 아무런 흔적도 남지 않았다. 그러나 돌고래가 오늘날까지 비밀종교 단체가 선호하는 동물에 속하게 된 것은 존 커닝햄 릴리의 희한한 연구 방식 덕분이다.

그렇다면 영리한 돌고래에 대한 이야기들은 어떻게 생겨났을까? 실제로 돌고래는 커다란 뇌를 가지고 있다. 그러나 그렇다고 해서 우리가 믿고 있는 것처럼 그렇게 머리가 좋은 것일까? 최근에 비로소 남아프리카의 신경생태학자인 폴 맹거가 놀라운 소식으로 전세계의 돌고래 애호가들을 깜짝 놀라게 했다. 돌고래들이 오히려 머리가 나쁜 편이라는 내용이었다. 여러 가지 동물 아이큐 테스트에서 돌고래는 쥐나 심지어 금붕어한테도 쉽게 패배를 당했다. 돌고래의 거대한 뇌에 대해서는 다음과 같은 간단한 해명이 덧붙여졌다.

돌고래의 뇌가 그렇게 큰 것은 단지 찬 물 속에서 냉각되지 않기 위해서일 뿐이라는 것이었다. 모든 포유류가 그렇듯이 돌고래도 온혈동물이다. 때문에 차가운 물속에서는 특별히 몸이 얼지 않도록 자신을 보호해야만 한다. 두껍고 무거운 지방층은 단지 몸체만을 둘러싸고 있는 것이 아니라 뇌도 보호하고 있다. 이런 단열층은 체중과는 관계가 있지만 신경세포를 거의 가지고 있지 않다. 폴 맹거는 결국 돌고래들이 '온도의 도전'에 대응하기 위해 뇌가 큰 것뿐이라고 주장했다.

폴 맹거의 발표는 세계적으로 큰 충격이었다. 돌고래들과 작업을 하는 대부분의 사람들은 이 동물이 대단히 영리하다고 여기고 있었기 때문이다. 뒤스부르크의 동물원에는 델피, 데이지, 그리고 페피나가 조련사의 호각소리에 맞춰 물속에서 완벽한 형태로 등장해 수미터 높이의 막대를 뛰어넘는다. 그런 모습에서 교활하거나 약삭빠르다는 느낌은 들지 않는다. 돌고래들은 수족관 지붕에 매달려 있는 공들을 만지고, 물건들을 옮기고, 몇 마리가 동시에 꼬리로 춤을 추고, 관객들에게 손이나 지느러미를 흔든다. 그렇다면 돌고래들은 어떻게 이 모든 기술을 그리 대단치 않은 뇌로 습득할 수 있을까? 마누엘 가르시아 하르트만은 엄청난 인식적 능력이라고 말하지만 고전적인 의미에서의 지능을 의미하는 것은 아니었다.

문제를 독립적으로 해결하는 것에서 돌고래들은 오히려 성적이 좋지 않다. 그들은 상황을 제대로 이해하기까지 오랜 시간이 걸린다. 예를 들어서 돌고래들은 아무 문제없이 물에서부터 수미터를 뛰어오른다. 이것은 자유로운 환경이나 수많은 돌고래 쇼에서 쉽게 볼 수 있는 장면이다. 그러나 돌고래들이 단 한 번의 도약만 한다면 자신들의 생명을 구할 수도 있을 상황에 처할 때면 오히려 그런 행동을 하지 않는다. 예를 들면 돌고래들은 늘 반복적으로 거대한 참치 그물에 포위되곤 한다. 이때 돌고래가 원하기만 한다면 한 번의 작은 도약으로도 살아날 수 있겠지만 전혀 그런 생각을 하지 못한다고 돌고래 전문가 하르트만은 설명한다. 또한 수족관에서 물 위로 단지 30센티미터 정도 솟아 있는 분리벽이 있을 경우에도 돌고래들은 각자의 영역에만 머물러 있다. 사실 그들에게는 뛰어오르기로 벽을 넘는 것이 일도 아닌데 말이다.

인간보다 큰 돌고래의 뇌

돌고래는 지능이 대단히 높은 것일까, 아니면 평균적인 재능을 가진 것에 불과할까? 이 문제는 보쿰의 신경심리학자인 오누르 귄튀르킨의 관심거리이기도 했다. 1980년대에 민물돌고래 암컷인 에비타가 뉘른베르크 동물원에서 30년을 지낸 후 죽었을 때 귄튀르킨과 그의 동료 로렌츠 폰 페르젠은 해부를 결정했다. 에비타의 머릿속에는 무엇이 들어 있을까? "나는 놀라움과 기쁨으로 말을 잃을 정도였다. 나는 그렇게 커다란 뇌는 한 번도 본 적이 없었다"고 권튀르킨은 회상한다. "그것은 분명 인간의 뇌보다 훨씬 더 컸고 주름이 많았다." 존 커닝햄 릴리처럼 권튀르킨 교수도 처음에는 매우 깊은 인상을 받았다.

"큰 것이 최고다." 몇몇 예외적인 경우에도 불구하고 이런 획일적인 규칙이 가까운 친척 종들에게 적용되고 있다. 즉 더 큰 뇌를 가진 동물이 더 머리가 좋다고 여겨진다. 그러나 절대적인 크기보다 중요한 것은 체중에 비례하는 뇌의 무게이다. 여기서도 돌고래는 높은 수치를 나타낸다. 대형 쥐돌고래의 상대적인 뇌의 무게는 사람과 침팬지 사이에 해당된다. 또한 뇌 안에 주름이 많은 것도 돌고래의 정신능력이 높다는 이론을 증명해 주고 있다. 인간은 자신들의 뇌에 새겨진 깊은 주름을 매우 자랑스러워하는데 각각의 주름이 우리의 사고기관의 표면적을 확대시켜 주기 때문이다. 간단히 말하자면 뇌 속의 주름은 우리에게 생각을 위한 더 많은 공간을 제공한다는 뜻이다.

외부에서 볼 수 있는 뇌의 표면을 실제의 표면과 비교해 보면 돌고래는 심지어 인간을 능가한다. 여기서 호모 사피에스는 2.83이라는 수치가 나오지만 태평양의 쥐돌고래는 4.76, 그리고 대서양의 거두고래는 심지어 5.55라는 수치를 나타낸다. 매우 놀라운 수치이다. 그러나 오누르 권튀르킨의 기쁨은 거대한 돌고래의 뇌를 현미경으로 자세히 관찰하자마자 바로 사라지고 말았다.

뇌피질은 뇌 속의 한 부분으로 포유류의 경우에는 복잡한 정신적 작업들을 책임지는 영역이다. 그런데 에비타의 경우에 특히나 이런 부위가 대단히 얇고 세포도 적은 것으로 나타났다. 권튀르킨은 에비타의 신경세포들을 세기 시작했다. 처음에는 자신이 숫자를 잘못 세었을 것이라고 생각했다. 왜냐하면 채취한 특정 부위에서 단지 25에서 30개의 세포들만이 발견되었기 때문이다. 그러나 아무리 여러 번 세어도 결과는 똑같았다.

1980년대 초에 이미 뇌과학자 록켈은 대부분의 포유류 경우에 한 직육면체 안에 들어 있는 신경세포의 수는 대략 108개에 이른다는 사실을 확인한 바 있다. 그러나 민물돌고래의 경우에는 이 법칙이 적용되지 않는 것처럼 보였다. "검사한 두 곳의 뇌피질 영역에 들어 있는 세포 수는 거의 일정했는데, 그 수치가 육지 포유류의 거의 4분의 1밖에 되지 않았다." 그러나 이런 결과는 어쩌면 특히 에비타에게 문제가 있기 때문인지도 몰랐다. 이 민물돌고래 암컷은 이미 매우 늙었고 어쩌면 이상한 뇌질환에 걸렸을지도 모르는 일이었다. 단 한 마리의 돌고래, 그것도 민물돌고래에 대한 자료만으로는 학계에 그다지 큰 영향을 끼칠 수 없었다.

계속적인 연구를 위한 기회는 2년이나 지난 후에 찾아왔다. 이번에는 뒤스부르크의 동물원에서 대형 쥐돌고래가 죽었다. 그러나 이 돌고래의 뇌 역시 에비타의 뇌와 거의 똑같았다. 귄튀르킨은 그만큼의 직육면체 안에서 26에서 32개의 신경세포를 셀 수 있었다. 쥐의 경우에는 동일한 부위에서 약 100개의 신경세포가 발견되었다. 그 대신에 다른 포유류에 비해서 돌고래의 뇌는 비교적 많은 지지세포들, 즉 신경지지질을 가지고 있었다. 이런 세포들은 열을 생성하지만 정신적인 능력과는 거의 아무런 관련이 없다. 그러나 신경지지질만으로는 돌고래의 거대한 뇌의 크기를 설명하기에 충분하지 않다.

그 동안 학자들은 돌고래의 뇌 안에서 불균형적으로 비대해진 세 곳의 다른 부위들을 알아내게 되었다. 그 세 곳은 모든 뇌피질의 외부에 위치해 있다. 여기서 말하는 것은 기저 신경절과 청각에서 중요한 역할을 하는 중뇌의 한 부분이다. 올빼미와 들쥐처럼 사냥을 할 때 청각에 의존하는 다른 동물들도 이 부위가 역시 심하게 비대해져 있다. 실제로 돌고래는 자신들의 초음파탐지기 덕분에 대단히 성능 좋은 위치 확인 시스템을 가지고 있는 셈이다. 완전한 어둠 속에서도 돌고래는 반향신호의 도움만으로 자기 주변에 대한 3차원적인 그림을 그릴 수 있다. "이때의 해상력은 0.2밀리미터 이하까지 이른다. 그것은 우리가 기술적으로 도달할 수 있는 것 이상이다"라고 마누엘 가르시아 하르트만은 설명한다.

이때 돌고래들은 단지 윤곽만을 지각하는 것이 아니라 많은 것을 꿰뚫어보기도 한다. 그들은 다른 돌고래가 임신을 했는지 혹은 청어가 유용한 지방층을 가지고 있는지 등을 알아볼 수 있다. 또한 뛰어난 청각 능력을 갖고 있으며 특정한 소리를 이용해서 서로 의사소통을 한다. 이런 모든 일이 우수한 계산력과 기억력을 필요로 하고 이런 능력들은 뇌 안에서 넓은 자리를 차지한다. 그 외에도 돌고래의 경우에는 움직임 조절을 책임지는 소뇌가 대단히 비대해져 있다.

여기쯤에 신화와 진실 사이의 차이점에 대한 해답이 놓여 있는 것이 아닐까? 다시 말해서 돌고래들은 감지 능력이 훌륭한 전문가이며 뛰어난 기계체조 선수지만 생각은 별로 하지 않는 변변치 못한 사색가인 것이 아닐까?

하와이의 언어 천재

그래서 한번쯤 추상적인 과제를 가르치려고 시도했던 돌고래 조련사들은 그런 평가를 확인했을 것이 분명하다. 물론 그럼에도 불구하고 그런 평가를 내리는 것이 간단하지는 않다. 왜냐하면 최소한 몇몇 돌고래는 확실히 그 이상을 할 수 있기 때문이다. 해양생물학자 루이스 허만은 30년이 넘는 시간을 하와이에 머물며 쥐돌고래에 대해 연구했다. 그는 이미 1970년에 해양 포유류를 위한 연구센터를 설립했다. 학자들은 야생의 고래 개체군을 연구했고 동시에 포획된 돌고래들의 의사소통 능력과 정신적 능력을 조사했다.

안타깝게도 이 연구소의 두 스타들, 즉 이미 고령이었던 암컷 돌고래 페닉스와 아케아카마이는 몇 해 전에 짧은 간격을 두고 차례로 세상을 떠났다. 이 두 마리의 돌고래는 일종의 수화를 이해하는 법을 배웠다. 조련사는 말 대신에 특정한 제스처를 사용했는데, 예를 들어서 '플라스틱 원반'과 '가져오기'를 뜻하는 표현을 차례로 하자 돌고래들은 커다란 수조 안에 들어 있는 많은 물건 중에서 원하는 것을 찾아냈고 그것을 수조 가장자리로 골라냈다. 돌고래들은 50에서 60가지의 제스처를 확실하게 따라할 수 있었고, 새로이 결합된 형태도 한 번에 이해했다. 어느 날 조련사가 처음으로 '서핑보드'와 '뛰어넘다'라는 개념을 연결해 보았다. 그러자 암컷 돌고래는 곧바로 서핑보드가 있는 곳으로 갔고, 물속에서 뛰어올라서 보드의 반대편으로 잠수해 들어갔다. 이 돌고래는 물론 두 가지 말을 이해하고 있었지만 예전에 서핑보드를 뛰어넘어본 적은 한 번도 없었다.

특히 아케아카마이가 더 많은 것을 할 수 있었다. 이 돌고래는 언어

"서핑보드,
뛰어넘어."
"조련사님,
그런 것쯤은 식은죽먹기죠"

의 천재였고, 소위 돌고래 중의 칸지라고 불릴 정도였다. 아케아카마이는 단지 제스처의 의미만을 이해한 것이 아니라 말의 문법도 알고 있었다. '서핑보드를 가져와, 사람에게(Bring surfboard, man)' 라는 표현과 '사람을 데려와, 서핑보드가 있는 데로(Bring man, surfboard)' 라는 표현은 같은 수화들로 이루어져 있다. 그럼에도 불구하고 이 돌고래는 두 문장의 차이점을 이해하고 있었다. 그래서 첫번째 경우에는 서핑보드를 사람에게 가져왔고, 두번째에는 사람을 서핑보드가 있는 쪽으로 끌어당겼다.

아케아카마이는 5개의 단어가 들어 있는 문장까지도 거의 실수 없이 반응했다. 예를 들어서 '바구니, 오른쪽, 플라스틱 원반, 왼쪽, 안으로' 라고 이어진 수화가 의미한 것은 너의 왼쪽에 있는 플라스틱 원반을 들어서 오른쪽에 있는 바구니 안에 넣으라는 것이었다. 이 돌고래에게는 이런 문장도 전혀 문제가 되지 않았다.

페닉스와 아케아카마이는 조련사들이 실제로 수조 옆에서 제스처를 할 때만 수화를 이해했던 것이 아니다. 이들은 텔레비전 모니터를 통해서 메시지를 받았을 때에도 올바른 반응을 보였다. 연구진은 동물들과 의사소통을 하기 위해서 수중의 창문 앞에 텔레비전을 설치했다. 돌고래들은 바로 화면상의 조련사가 원하는 것을 이해했다. 영장류의 경우에는 일반적으로 화면에 먼저 익숙해져야만 가능한 일이었다. 물론 영장류들도 시간이 지나면 녹화된 것을 올바로 해석하는 법을 배운다. 그런데 돌고래들은 단 한 번에 이런 일을 해냈던 것이다. 심지어 수화를 하는 조련사의 팔을 보는 것만으로도 충분했다. 그런 경우에도 돌고래들은 메시지를 올바르게 이해했다.

돌고래의 'Yes or No' 퀴즈

또다른 면에서도 돌고래는 많은 영장류보다 좋은 성적을 보였다. 침팬지들은 인간이 손가락으로 무엇인가를 가리키는 제스처를 이해하는 데 어려움을 겪었다. 그러나 돌고래에게는 이런 포즈를 이해하는 것쯤 전혀 어렵지 않았다. 다양한 물건 중에서 돌고래는 정확하게 조련사가 손가락으로 가리키는 물건을 골라냈다.

"아마도 돌고래는 특정한 소리를 냄으로써 음파를 이용해 특정한 대상을 가리키기 때문에 아무런 문제가 없을 것"이라고 연구진은 추측하고 있다. 즉 돌고래는 그들만의 초음파를 보내서 주변에 있는 어떤 대상을 '가리킬' 수 있다. 그러면 이 초음파의 메아리가 그 대상에 대한 정확한 정보를 준다. 더구나 이런 신호는 초음파를 직접 보낸 돌고래뿐만이 아니라 가까이에 있는 다른 동료들도 정보를 얻을 가능성이 매우 높다.

한편 언어훈련을 받은 영장류의 경우와는 달리 돌고래와의 대화는 지극히 일방적으로만 가능하다. 돌고래는 사람의 수화를 이해하지만 반대로 인간이 해독할 수 있는 말은 단 한 마디도 하지 않는다. 그런데 하와이의 이 돌고래들은 두 개의 각기 다른 스위치를 누름으로써 언제나 질문에 대한 대답을 할 수 있었다. 스위치 하나는 'No'를, 다른 하나는 'Yes'를 의미했다.

루이스 허만은 먼저 아케아카마이에게 다양한 물건들, 예를 들면 공 하나와 플라스틱 원반을 보여주었고 이어서 그것을 돌고래의 뒤에 있는 수조 안으로 던져넣었다. 그리고는 질문 게임이 바로 시작되었다.

"바구니가 수조 안에 들어 있니?" 아케아카마이는 몸을 돌리지도 않고 주저 없이 자신의 긴 꼬리로 'No' 스위치를 눌렀다. 이번에는 공이 수조 안에 있는지를 묻자 'Yes'로 대답했다. 얼핏 보기에는 특별히 어렵지 않아 보이지만 이런 행동 뒤에는 아주 특별한 능력이 숨겨져 있다.

돌고래는 언제나 공이 실제로 수조 안에 있을 때에만 'Yes'라고 대답했다. 이때 공의 색깔이나 크기는 상관이 없었다. 그러므로 돌고래는 하나의 개념에 대해 자기만의 구상을 완성했던 것이다. 즉 개별적 사례들을 경험하고 그것을 일반화시킬 수 있었다는 뜻이다. 돌고래는 이렇게 생각했을 것이다. '입체적이면서 둥근 것은 모두 공이라고 부른다. 고리도 둥글기는 하지만 평평하고 가운데에 구멍이 있다. 이와 달리 고리에 구멍이 없으면 원반이라고 부른다.' 이처럼 대단히 복잡한 사고의 과정을 거친다.

비록 물건이 바로 앞에 보이지 않아도 돌고래들은 제스처, 그러니까 어떤 단어와 자기 머릿속의 그림을 연결시켰던 것이다. 하와이의 돌고래들은 언어적 개념 중에서 단어, 문법, 그리고 추상적인 개념 등을 이미 학습했던 것이다.

돌고래가 나은가, 물개가 나은가

그러므로 결과들은 서로 모순적이다. 그렇다면 도대체 무엇이 옳은가? 돌고래는 일명 '물속의 인간'인가, 아니면 돼지나 쥐 혹은 비둘기 정도만큼의 생각을 지닌 동물인가? 행동 연구가 구이도 덴하르트는 하와이의 돌고래들이 보여준 특별한 능력에 대해 알고 있지만 현지의 연구진이 수년 동안 돌고래들과 연습을 거듭했을 것이라는 점을 고려해야만 했다. 돌고래는 매일 그곳에서 복잡한 문제를 해결했을 것이다. 연구진들은 소위 전문적으로 문제를 파고들고 어려운 문제를 만드는 사람들이다. 그 자신도 돌고래와의 첫 실험에서는 완전히 절망했다. 과거에는 돌고래들이 단지 동물원의 쇼에서만 등장했기 때문이다. 이런 돌고래들은 훈련받은 곡예를 완벽하게 해냈다. 그런데 갑자기 이제는 사람들이 돌고래에게 지능의 활용을 요구하고 있다. 예를 들면 돌고래는 다양한 형태를 시각적으로 구별해내야만 한다.

덴하르트는 이런 실험을 위해서 다양한 형태의 물건들을 수조 안에 던져놓았다. 돌고래는 특정한 물건들을 골라서 가져와야 한다. 예를 들어 돌고래가 삼각형을 가져오면 보상을 받고, 사각형을 가져오면 아무것도 받지 못하는 아주 단순한 변형 방식이었다. "몇 개월이 지나도 돌고래는 규칙을 배우지 못했다"고 덴하르트는 말한다. "물고기라면 2일 안에 벌써 상황을 이해했을 것이다." 이 돌고래가 여섯 개의 각기 다른 모양을 구별할 수 있기까지는 거의 반년의 시간이 걸렸다.

"어느 순간에 돌고래는 법칙을 이해했고 그 다음에는 갑자기 상당히 잘 해냈다. 그러나 그러기까지는……." 덴하르트는 한숨을 쉬었고 눈을 감았다. 당시에 겪었던 수많은 시도와 절망이 수년이 흐른 뒤에도 그의 머릿속에 남아 있었던 것이다.

얼마 후에 덴하르트는 캘리포니아의 물개들을 대상으로 연구를 시작했다. 그런데 물개들은 같은 실험을 첫날에 벌써 완전히 이해했다. 그는 "그 이후로 나는 물개들과 연구를 하고 있다"고 말하며 웃음을 지었다. 그럼에도 불구하고 우리는 돌고래가 어리석은 동물이라고 단정하는 실수를 저질러서는 안된다. "어쩌면 여러 가지 과제들이 한마디로 돌고래들에게 적합하지 않았을지도 모른다"고 덴하르트는 추측한다. 바다에서 돌고래는 무엇보다도 반향 시스템의 도움으로 방향을 찾는다. 즉 돌고래는 자신들이 살고 있는 세상의 상황을 귀를 통해서 파악한다. 또한 귀를 이용해서 먹이를 잡는다. 실제로 돌고래는 형태 대신에 음을 구별하는 과제에서는 훨씬 더 좋은 성적을 내고 있다.

돌고래도 사람의 경우와 다르지 않다. 우리 인간의 경우도 지능 테스트의 결과가 흔히 테스트 자체보다는 어떤 과제가 주어지느냐에 큰 영향을 받는다. 그래서 흔히 연구 대상이 인간과 접촉이 별로 없는 경우 연구자들의 어려움은 더 커진다. "우리는 인간의 시점에서 한 걸음 벗어나 돌고래의 세계로 들어가야만 한다"고 행동연구가 덴하르트는 말한다. "우리가 돌고래의 시선으로 세상을 보려고 노력한다면 진정으로 중요한 사실을 발견하게 될 것이다."

정확하게 바로 그런 연구를 구이도 덴하르트의 연구팀이 몇 년 전에 시도했다. 그러나 행동연구가들은 이를 위해서 돌고래를 이용한 것이 아니라 영리한 물개를 찾아나섰다. 쾰른 동물원의 대형 우리에는 아홉 마리의 물개들이 살고 있는데 모두가 수컷이다. 이 물개들은 재주를 부리지는 않지만 학자들의 연구 덕분에 방문객들에게 볼거리를 제공해 준다. 방문객들은 날마다 실험 과정을 들여다볼 수 있고 물개가 발휘하는 뛰어난 감각의 세계에 빠져들 수 있다.

물속의 사냥꾼, 물개

물개들은 북해의 뿌연 물속에서 어떻게 먹잇감을 찾을까? 이때 물개들은 거의 아무것도 보지 못한다. 돌고래들과는 달리 반향 시스템을 가지고 있지도 않다. 그럼에도 불구하고 물개들은 뛰어난 사냥꾼이다. 이들은 매일 5킬로그램의 물고기를 사냥한다. 구이도 덴하르트는 배고픈 물개의 수염이 길을 안내해 준다는 사실을 알아냈다. 물개는 헤엄을 침으로써 물의 소용돌이를 일으키고 곧이어 물의 흔적을 남긴다. "물개들은 그러한 물 움직임의 흔적을 수염의 도움으로 지각하고 그 흔적들을 좇아간다." 물고기들이 지나가고 몇 분 뒤에 물개는 자신의 수염을 통해서 그 자리로 물고기가 지나가고 있음을 감지한다. 쾰른의 동물원에서는 미니 잠수함이 물고기를 대신하고 있다. 물개는 상황을 빠르게 이해했다. 즉 자신들이 미니 잠수함을 찾아야 한다는 것을 파악했다. 물개는 미니 잠수함을 찾자마자 보상을 받았는데, 대부분 기름기 많은 물고기가 상품이었다.

실제로 물개는 눈과 귀를 가리고도 미니 잠수함 사냥에 성공할 수 있다. 팀에서 가장 나이가 많은 물개인 헨리가 바닥에 누워 있고 한 여대생이 물개의 눈에 안대를 씌운다. 이어서 여대생은 물개에게 헤드폰까지 씌운다. 이때 물개는 테크노음악을 억지로 들어야 할 필요는 없겠지만 커다란 물소리를 참고 들어야만 한다. 일시적으로 귀머거리이고 장님인 헨리가 강가에서 기다리고 있는 동안 연구진은 미니 잠수함을 출발시킨다. 잠수함은 수조 안에서 지그재그로 곡선을 그리며 가다가 한 모서리에 선다. 이제 실험이 시작된다.

여대생이 헨리에게서 헤드폰을 벗기자 물개가 물속으로 뛰어든다.

눈을 가린 채 수조 속으로 잠수하던 물개는 잠수함의 흔적을 감지하자마자 그쪽을 향해 몸을 돌리고 그 다음에는 목표를 확신하면서 지그재그로 흔적을 추적해 간다. 헨리가 미니 배에 도달하면 호루라기 소리와 함께 보상을 받는다. "훌륭해, 잘했어"라는 의미이다. 말하자면 음향을 통한 칭찬은 즉시 주어지고, 음식을 통한 보상은 조금 후에 육지에서 받는다. 눈에 쓴 안대가 없었다면 헨리는 미니 잠수함을 향해 직선 코스로 헤엄쳤을 것이다. 물개들은 북해에서도 이와 똑같이 행동한다. 물론 시야가 잘 보일 때는 눈에 의지하고, 수염은 시야가 좋지 않을 때 사용한다.

연구진은 검사를 위해서 그 다음 과정에서는 수염까지 차단시켰다. 그러나 이번 시도는 다른 방법처럼 그렇게 간단하지가 않았다. 헨리는 수염 위에 마스크를 쓰는 것에 큰 거부감을 보였다. 그 행동만으로도 물개에게 수염이 어떤 의미를 갖는지 알 수 있다. 수염이 없으면 물개는 어찌할 바를 모르는 것 같았다. 끝으로 안대가 씌워졌다. 잠수함이 출발했고 굽은 코스를 지나서 멈춰서 있었다. 헨리가 물속으로 뛰어들었다. 그러나 헨리는 목적지 없이 이리저리 헤엄치고 있었다. 이번에는 자신의 '먹잇감'을 기껏해야 우연히 찾을 수 있었을 뿐이다.

물개는 매우 특수한 자기만의 감각기관을 통해서 우리는 도달할 수 없고 그들에게만 열려 있는 세상에서 활동한다고 구이도 덴하르트는 설명한다. 물개의 수염은 성능이 뛰어난 일종의 위치 확인 시스템이라고 할 수 있다. 40미터 이상의 먼 거리에서도 물개들은 물고기가 움직인 흔적을 감지할 수 있다. 이제 우리는 물개의 세계를 들여다볼 수 있는 아주 작은 창문 하나를 연 셈이다. 그리고 그런 사실은 우리를 대단히 흥분시킨다. 그러나 물개들이 조금 더 긴 여행에서 길을 찾아야 하는 경우에는 수염이 별 도움이 되지 않는다.

그 다음 실험으로 연구진은 물개들도 — 철새들과 유사하게 — 별들을 보고 방향을 찾을 수 있는지 알아보고자 했다. 이를 위해서 동물학자들은 물개들에게 자체적인 플라네타리움을 지어주었다. 물개들은 생물학자들이 놀랄 만큼 하늘에 불빛들이 반짝이는 어두운 굴, 즉 자체적인 플라네타리움 안에 있기를 좋아했다. 물론 사람들은 처음에 물개들이 천체나침반을 읽기에 유리한 조건을 지니고 있다고는 생각하지 않았다. 물개들은 근시안이어서 하늘에 떠 있는 작은 별을 대부분 알아보지 못하기 때문이다. 우리가 별이 총총 떠 있는 밤에 혼란스러울 만큼 다양한 빛의 점들을 볼 수 있는 곳에서도 물개는 단지 특별히 밝고 강하게 빛나는 별만 알아볼 수 있다. 결국 물개는 밤하늘에서 상대적으로 적은 수의, 그러나 중요한 별들만을 보게 되고 그럼으로써 오히려 천체에서 정보를 얻는 데 더 유리하다고 덴하르트는 추측한다.

돌고래, 도구를 사용하는 동물

호주 서부의 해안가 앞에서 반복적으로 돌고래 한 마리가 코 위에 특이한 혹을 단 채로 출몰하곤 했다. 제일 먼저 이 특이한 장면을 목격한 사람은 어부들이었다. 어부들은 그 지방의 해양연구소에 그런 사실을 보고했지만, 동물학자들은 바다 사람들의 허풍 섞인 이야기라고 치부해 버렸다. 그러나 그후 학자들도 샤크베이 해안의 그 기이한 돌고래를 목격하게 되었다. 그들 앞에 머리 위에 커다란 적갈색 얼룩이 있는 돌고래가 나타난 것이다. 이 돌고래는 다시 물속으로 사라졌고 그 다음번에 수면 가까이 왔을 때는 혹으로 추측되었던 것이 사라져 있었다.

이런 장면은 계속해서 반복되었다. 학자들이 이 수수께끼를 풀기까지는 수년이 흘렀다. 그 얼룩은 혹이 아니라 해면이었다. 몇몇 돌고래는 규칙적으로 해면을 코 위로 끌어다 놓는 것이 확실했다. "해면은 목욕용 스펀지처럼 조직이 거칠고 빳빳하며 원뿔형 모양으로 되어 있다. 돌고래들은 해면의 뾰족한 부분을 자신의 부리에 끼운 채 다닌다"고 당시에 호주에서 연구를 했던 레이첼 스몰커는 설명한다. 아마도 이런 코덮개는 돌고래들이 바다 속의 땅에서 먹이 사냥을 할 때 가오리, 전갈물고기, 성게 등 다른 동물들의 가시로부터 돌고래를 보호해 줄 가능성이 매우 높다.

샤크베이는 해류와 뿌연 물 때문에 시야가 좋지 않은 곳이다. 때문에 지금까지 아무도 이곳을 직접 관찰할 수 없었다. 그러나 분명한 것은 해면들이 돌고래에게 유용하다는 점이다. 샤크베이의 모든 돌고래가 해면을 이용하는 것은 아니지만 학자들은 40마리의 돌고래들이 이런 특수한 도구를 사용하는 모습을 관찰할 수 있었다. 그런데 흥미롭게도 거의 암컷들만 해면을 이용했다. 이처럼 서호주의 해안가에는 독특한 돌고래 문화가 발달했는데, 이는 태국 삼림 속의 호두를 까는 침팬지들과 비교될 만하다. 요즘 동물학자들은 어린 돌고래들이 해면 사용법을 어떻게 습득하는지 연구하고 있다. 학자들은 그런 전통이 계속해서 이어지고 있는지 알아보려고 한다.

결론적으로 돌고래는 도구를 사용하고 그 방법을 서로에게서 배운다. 또한 복합적인 사회생활을 하며 뛰어난 기억력을 가지고 있다. 약간의 훈련을 거치면 수화도 이해할 수 있다. 돌고래는 질문에 'Yes' 혹은 'No' 라고 대답할 수 있으며 곡예와 같은 재주를 보여주기도 한다. 그러므로 돌고래가 머리가 나쁜 동물이라고 말할 수는 없다. "우리가 돌고래의 뇌를 들여다보았다고 해서 그 안에 많은 것이 들어 있을 수 없다고 추론해서는 안된다"고 구이도 덴하르트도 생각하고 있다. 왜냐하면 의심의 여지없이 돌고래들은 놀라운 일들을 해내고 있기 때문이다. 그렇다면 돌고래는 어떻게 고도로 발달된 포유류에 비해 상대적으로 단순한 구조로 된 뇌를 가지고 그런 일들을 해낼 수 있을까? 이런 문제를 학자들은 다음 테마로 다루어야 할 것이다. 이때 돌고래에 관한 신화 때문에 과장된 착각을 하지 않도록 주의해야 할 것이다.

돌고래는 어리석지는 않지만 아인슈타인이나 마더 테레사와 같은 인물도 아니다. 무엇보다도 돌고래라고 해서 다 똑같은 돌고래가 아니다. 세계적으로 물속에는 큰고래부터 민물돌고래까지 약 40종의 돌고래들이 살고 있다. "뇌의 기능 방식에 따라서 구분하자면 우리는 그 중에서 가장 영리한 것을 영장류와 비교할 수 있고, 다른 돌고래들은 육지의 거미원숭이나 포효원숭이 정도로 이해할 수 있을 것이다"라고 텍사스의 해양포유동물학 교수인 베른트 뷔르시히는 설명한다. 모든 종의 동물은 그때그때 자신의 생활환경에 완벽하게 적응한다. 예를 들어서 범고래의 뛰어난 이해력은 자신의 생존에 도움이 된다. 한편 다른 종류의 고래들에게는 그런 정신적인 능력이 생존을 위해 꼭 필요하지는 않다.

범고래, 영리한 야수 돌고래

흑백의 반점이 있고 약 6미터의 길이에 대단히 머리가 좋은 공격적인 육식어, 그것이 바로 칼고래 혹은 살인고래라고도 불리는 범고래이다. 생물학적으로 인간과 범고래는 전혀 유사하지 않다. 범고래는 약 15세에 성적으로 성숙되고 그 다음에 대략 5년마다 후손을 낳는다. 아기 범고래는 1년 이상 젖을 먹고 자라고 엄마와 아기는 최소한 3년 정도는 계속 같이 지낸다. 암컷 범고래는 50에서 60세까지 출산을 계속하며 80에서 90세까지 살 수 있다.

폐경 후에 그렇게 수명이 긴 경우는 포유류에게 절대적으로 드문 일이다. 아주 소수의 종에서만 할머니 세대가 존재하는데, 예를 들면 범고래와 더불어 인간과 침팬지 등이 여기에 해당된다. 흔히 이런 동물의 경우에는 경험이 많은 암컷이 중요한 사회적 역할을 담당하고 있다. 즉 할머니 세대는 '걸어다니는 사전'으로서 자식들뿐만 아니라 손자들에게도 많은 것을 가르칠 수 있다. 이와 달리 할아버지 범고래는 그렇게 중요한 스승의 역할을 하는 것처럼 보이지 않는다. 왜냐하면 수컷 범고래들은 대략 50세까지 살기 때문이다. 아마도 수컷 범고래들은 위험을 감수하는, 모험적인 삶을 살기 때문일 것이다.

범고래는 거의 모든 세계의 대양에 서식하고 있고 지역에 따라 각기 다른 전통을 발전시켰다. 캐나다의 해안가에서는 두 가지의 범고래 문화가 공존하고 있다. 소위 정착성과 유목성의 범고래들이다. 정착성의 범고래들은 한 해의 대부분을 브리티시 컬럼비아 앞의 바다에 정착해서 지낸다. 우리는 해안가에서 이들이 놀이하는 모습을 관찰할 수 있는데, 예를 들면 조약돌 해변에서의 마사지 시간에 이들을 볼 수 있다.

작게는 엄마 범고래 한 마리와 새끼들이 한 그룹을 형성하거나, 흔히 25마리 정도가 그룹을 지어 모여 있기도 한다.

정착성의 범고래는 무엇보다도 연어와 다른 물고기를 사냥한다. 이들은 결코 돌고래나 물개를 공격하려는 생각은 해보지 않았을 것이다. 이런 그룹에서 성장한 어린 고래들은 어미로부터 어떤 것이 먹이가 될 수 있는지 배우고 그런 식성을 유지하게 된다. 범고래들이 사냥을 하고 놀이를 하는 동안 서로 활발한 의사 교환이 이루어진다. 이들은 물속에서 날카로운 음과 휘파람 소리를 통해 의사소통을 한다.

한편 유목성의 범고래들은 전혀 다르게 행동한다. 이들은 대부분 조용히 해안가를 따라 이동한다. 유목성의 범고래와 한 장소에 정착하는 범고래 사이에는 아무런 접촉이 없다. 이들의 침묵에는 이유가 있다. 왜냐하면 유목성의 범고래는 정착성의 고래와는 다른 먹이들을 노리기 때문이다. 유목성의 범고래는 흔히 고래, 특히 작은 돼지고래와 물개를 잡아먹고 사는데 이들은 듣는 능력이 뛰어난 동물이다. 그래서 먹이를 노릴 때 아주 조용히 접근한다. 흥미롭게도 북아메리카의 서해안에 있는 물개들은 이 두 그룹의 범고래를 구별할 수 있다고 한다. 그래서 이 물개들은 정착성의 범고래 근처에서는 침착하고 차분하게 머물러 있지만, 유목성 범고래를 보면 위험을 느끼고 즉시 도망친다.

거처를 이동하는 유목성의 범고래는 심지어 그룹을 지어서 어린 수염고래도 잡을 수 있다. BBC 방송의 한 프로그램 팀이 이런 그룹 사냥을 카메라로 촬영했다. 몇 시간 동안 이 살인고래들은 새끼를 데리고 있는 어미 수염고래를 추격했다. 범고래들은 반복해서 두 고래 사이로 끼어들어 새끼를 고립시키기 위한 시도를 감행했다. 마침내 공격자들은 어린 수염고래를 물속으로 잠기게 해서 익사시키는 데 성공했다. 오로지 플랑크톤만 먹고 사는 어미 수염고래는 강한 적들 앞에서 아무런 대항도 할 수 없었다. 범고래 혼자서는 결코 거대한 어미 수염고래의 적수가 될 수 없지만 공동의 작업으로 자신들보다 훨씬 더 큰 먹잇감을 잡을 수 있었던 것이다.

또한 노르웨이의 해안 앞에서도 범고래들은 그룹으로 사냥을 한다. 일부에서는 600마리 이상의 범고래들이 거대한 규모의 청어 떼를 뒤쫓는다. 사냥을 위해서 범고래들은 조금 작은 규모의 그룹을 형성하기도 한다. 이들은 청어 떼를 둘러싸고 범위를 점점 좁힌다. 이때 범고래들은 다양한 파이프 음으로 끊임없이 의사소통을 한다. 조금 전에는 길게 늘어서 있던 물고기 떼가 나중에는 마치 하나의 공처럼 둥그렇게 만들어진다. 범고래들은 청어들을 수면 위쪽으로 몰아간다. 물고기들을 소위 막다른 골목으로 몰고 가는 것인데, 왜냐하면 위쪽으로는 물고기들이 도망갈 수 없기 때문이다. 그런 다음에 결정적인 순간이 온다.

살인고래라고 불리는 범고래들은 이제 자신들의 꼬리지느러미로 청어를 의식을 잃을 때까지 강하게 때린다. 얼마 지나지 않아 수많은 청어들이 죽거나 상처입은 채 수면 위로 떠오른다. 범고래들의 뷔페가 시작되는 순간이다.

거의 모든 범고래 그룹이 자체적인 먹이문화를 발전시켰다. 예를 들어서 지중해에서 서식하는 한 작은 규모의 범고래 그룹은 물고기를 훔치는 일에 전문이다. 매년 6월과 7월이 되면 이곳의 범고래들은 흔히 어부들의 그물에서 먹이를 낚아채기를 즐기고 이런 방식으로 참치를 사냥한다. 셰틀랜드 섬 근처에 있는 약탈자들은 조금 더 겸손하다. 여기서는 범고래들이 트로울 어선을 뒤쫓다가 함께 잡힌 다른 물고기들이 물속으로 던져지기를 기다린다. 이렇듯 먹이를 구하는 방식의 다양성과 창의성에서 보면 범고래들도 어떤 동물 못지않다고 할 수 있다.

범고래의 언어

이미 1970년대에 해양생물학자들은 범고래들이 외형상으로 서로 구별될 수 있음을 확인하였다. 그 동안 범고래 연구자들은 몇몇 범고래들을 외모뿐 아니라 이들이 내는 소리를 듣고 알아볼 수 있게 되었다. 동물학자들은 수중 마이크를 이용해서 수년 동안 범고래의 소리를 엿들었는데 여기서 믿을 수 없을 만큼 다양한 소리를 들을 수 있었다. 사냥이나 놀이를 할 때 범고래들은 활발하게 서로 '대화'를 나눈다. 그렇다고 해서 추상적인 대화를 나누지는 않을 것이다. "우리는 범고래들의 의사소통 수단이 인간의 언어와 유사할 것이라는 생각에서 벗어나야 했다"고 해양생물학자 프랭크 톰슨은 말한다.

범고래들은 소리를 통해 자신의 기분 상태를 알리고 서로 연락을 취한다. 물속에서는 이런 일이 특히 더 중요한데, 왜냐하면 뚜렷한 사회적 삶을 사는 육지 동물과는 달리 범고래는 표정이나 신체적 표현을 통해서 의사를 교환할 수 없기 때문이다. 늑대나 침팬지의 경우에는 오히려 소리 없는 의사소통 방식이 큰 역할을 차지한다.

범고래 연구자들은 그 동안 여러 그룹을 형성하며 살고 있는 이 동물이 아주 다양한 사투리를 구사한다는 사실도 밝혀냈다. 삶의 공간이 더 멀리 떨어져 있을수록 같은 범고래들끼리의 의사소통은 더 어려웠다. 캐나다 범고래가 내는 소리와 뉴질랜드 앞에 사는 범고래의 소리는 마치 일본어와 독일어만큼이나 큰 차이가 있었다. 어린 범고래들은 현지에서 사용되는 사투리를 어미로부터 배운다.

또 각기 다른 그룹이 만날 때면 흔히 낯선 소리가 매력적으로 여겨지게 마련이어서 수컷들은 늘 특정한 휘파람 소리로 다른 그룹의 암컷들을 유혹한다. 이것은 동종교배를 피하는 데 도움이 되는 전략이기도 하다. 유일한 예외는 캐나다 해안의 정착성과 유목성의 범고래들의 경우이다. 이 두 그룹은 서로를 완전히 무시한다. 이들은 서로 커플을 만들지도 않고 단 한 번의 인사도 하지 않는다. 그래서 몇몇 연구자들은 이 범고래들이 시간이 흐르면서 두 가지의 각기 다른 종류로 분리될 것이라고 추측하고 있다.

물속의 범고래 학교

열성적인 수업은 인간의 전문 분야이다. 많은 심리학자와 생물학자들은 오늘날까지 그렇게 확신하고 있다. 수많은 종의 동물들이 같은 종으로부터 여러 가지를 배우지만 가르침이라는 것은 없다. 어미 침팬지들이 새끼들에게 호두 껍데기 벗기는 법을 가르친다는 여기저기의 보고들은 아직 더 심도 있게 논의되어야 할 사례이다. 어떤 경우든 그런 일은 대단히 예외적이다. 새끼 침팬지들도 주로 어른 동물들을 관찰함으로써 여러 가지를 배우기 때문이다.

그런데 몇몇 범고래 그룹의 경우에는 상황이 달라 보인다. 알래스카와 크로제 제도에서는 범고래들이 전문적으로 물개와 어린 바다코끼리를 사냥한다. 범고래들은 해안 가까이로 헤엄쳐 간 다음에 해변으로 달려든다. 이런 기습공격은 전혀 예상치 못한 것이어서 물개들은 속수무책으로 당하곤 한다. 그러나 이런 시도는 범고래들에게도 위험이 따른다. 일반적으로 범고래들은 그 다음 파도에 의해 다시 물속으로 돌아오지만 너무 멀리까지 올라간 경우에는 더 이상 돌아오지 못하고 해변에 남겨질 수도 있다.

그래서 엄마와 할머니 범고래들은 자식과 손자 고래들이 이런 사냥 기술을 처음 시험할 때 대단히 주의를 기울인다. 1990년대 말에 한 카메라 촬영팀은 매우 독특한 장면을 찍는 데 성공했다. 한 어미 범고래가 새끼들을 육지로 밀었고, 어린 범고래들은 어린 물개를 사냥하는 데 성공했다. 그러나 그 다음에 어린 사냥꾼은 어찌할 바를 모르고 모래 위에 달라붙어 있었다. 구조는 어미 몫이었다. 어미는 가까이 헤엄쳐 가서 자신의 새끼를 다시 파도 속으로 밀었다.

어미들은 새끼들이 생명에 대한 위험 없이 물개 사냥 하는 법을 배울 때까지 수년 동안 새끼들을 연습시킨다. 아르헨티나의 발데즈 반도 앞에서는 범고래들이 제대로 된 학교를 운영한다. 새끼들을 데려온 여러 마리의 어미 고래들이 안전한 해수운하에 동시에 모인다. 어른 고래 한 마리 옆에 각각의 새끼 고래가 헤엄을 치며 함께 반복적으로 해변으로 달려든다.

뉴질랜드의 해안 앞에서도 어미 범고래들은 새끼들에게 수업을 한다. 그러나 여기서는 과목이 다르다. 얕은 해안가의 물속에서 범고래들은 무엇보다도 상어와 가오리를 노린다. 그러나 가시가오리의 침은 금방 생명을 위험하게 만들 수 있다. 그래서 어미들이 먹잇감을 공격하되 죽이지는 않은 상태에서 새끼에게 넘긴다. 그렇게 해서 어린 범고래들은 위험한 사냥감을 어떻게 다루는지 연습할 수 있다. "범고래들도 인간과 똑같이 평생 배우며 산다. 이들도 더 많이 연습할수록 더 많이 사냥할 수 있다"고 생물학자 잉그리트 비저는 말한다.

만약 동물들에게 문화와 같은 어떤 것이 존재한다면 확실히 범고래들은 — 보노보, 침팬지, 까마귀들과 함께 — 문명화된 존재에 속할 것이다. 범고래는 복합적인 사회생활을 한다. 새끼들을 가르칠 뿐 아니라 전통과 관습을 갖고 있으며 다양한 사투리까지 구사한다.

한편 범고래는 또다른 고전적인 지능 테스트도 무사히 통과했다. 이들은 거울 속의 자신을 알아본다. 그러므로 범고래들은 자기 인식, 경우에 따라서 자아의식을 가지고 있는 셈이다. 1990년대 중반에 프랑스의 여성 행동학 학자인 파비엔 델포가 포획된 범고래들을 데리고 실험을 했다. 그녀는 몇 마리의 범고래에게는 색깔을 칠해놓고, 다른 범고래들은 그대로 놓아두었다. 그런 다음 수조 안에 거울을 세워놓고 고래들의 행동을 촬영했다. 최소한 한 마리의 암컷 범고래는 자기 자신을 알아보았다. 얼마 뒤에 다른 학자들이 쥐돌고래들도 거울 속의 자신을 알아본다는 사실을 증명했다.

한편 거울 테스트를 고안했던 미국의 심리학자 고든 갤럽은 그 뒤에 단순한 지각 능력 이상의 것이 숨겨져 있다고 믿었다. 왜냐하면 자기 자신을 인식하는 자만이 다른 자의 입장이 될 수 있기 때문이다. "거울 속의 자신을 알아보지 못하는 동물은 사회적인 맥락에서 동정, 감정이입, 겸손, 의도적인 속임수, 시기, 감사함, 상상력, 역할분담 혹은 슬픔

등을 활용할 능력이 없다. 사실 이런 것들은 자기 관찰을 요구하는 전략들이다." 그리고 실제로 지금까지 규모가 큰 그룹에서 사는 동물들만이 거울 속의 자기 모습을 인식할 수 있었다. 예를 들면 영장류, 까마귀, 그리고 돌고래처럼 말이다.

이런 동물들의 경우에는 서로를 각각 알아볼 수 있다. 이들은 대단히 다양한 종류의 우정관계, 커플관계, 친척관계 등을 맺는다. 이들 공동체 속의 동물들에게는 대단히 높은 사회적 지능이 필요하다. 지난해에야 비로소 뉴욕의 부론크스 동물원에서 코끼리도 거울 테스트를 통과했다. 암컷 코끼리 해피는 거대한 거울 앞에 선 채로 반복해서 자신의 코로 연구진이 오른쪽 눈에 그려놓은 하얀색의 십자 표시를 만졌다. 해피의 왼쪽 눈에도 십자 표시가 그려져 있었으나 투명한 색이어서 잘 보이지 않았고 해피도 그다지 신경을 쓰지 않았다. 학자들이 코끼리를 실험 대상으로 선택한 데에는 이유가 있었다. 코끼리도 대단히 사회적인 동물이기 때문이다.

까마귀, 새대가리 혹은 영악한 천재

새들에게도 자아의식이 있는가?

새들을 위한 아이큐 테스트

잘츠캄머구트에 있는 전원적인 알프스 계곡에 인구 2,000명의 그뤼나우 공동체가 있다. 산과 초원 그리고 소나무에 둘러싸인 곳이다. 전세계의 생물학자들에게 중요한 의미가 있는 곳인데, 왜냐하면 1973년에 콘라트 로렌츠가 여기에 자신의 이름을 붙인 연구소를 세웠기 때문이다. 행동학 연구의 아버지인 그는 당시에 이미 자신의 학술적 업적의 대부분을 이루어놓은 뒤였다.

제비젠에 있는 막스플랑크 행동생리학연구소의 책임자였던 로렌츠는 퇴직한 후에 오스트리아로 돌아왔다. 그러나 노령임에도 불구하고 그는 동물들과의 접촉이 없이는 살 수 없었다. 그래서 그뤼나우에 연구소를 세우고 100마리가 넘는 야생 거위 집단을 데려다놓았다. 처음에는 그뤼나우에 머물 시간이 별로 없었다. 왜냐하면 같은 해에 카를 폰 프리쉬와 니콜라스 틴버겐과 공동으로 노벨상을 수상했기 때문이다. 그러나 나중에 로렌츠는 정기적으로 그뤼나우에서 여름을 보냈다. 그는 야생 거위들의 행동을 관찰했고 1988년에, 그러니까 그가 죽기 1년 전에 『여기 내가 있는데, 너는 어디 있니? — 60년이 넘는 거위 연구의 결산』이라는 책을 발표했다.

오늘날까지도 그뤼나우 방문객들은 야생 거위들의 인사를 받을 수 있다. 대규모의 야생 거위 무리가 연구소 주위에 서식하고 있고 여전히 학술연구에 기여하고 있다. 70년이 넘는 심도 있는 연구에도 불구하고 야생 오리는 아직도 완전히 연구되지 않았다고 콘라트 로렌츠의 뒤를 이어 연구소 책임자로 있는 쿠르트 코트르샬 교수는 말한다. 이곳의 학자들은 1973년 이후로 모든 새를 각각 구별할 수 있고 친척관계도 파악할 수 있다. 누가 누구와 친하고 누가 누구와 커플인가? 친척의 연대성은 협동과 경쟁에 어떤 영향을 미치는가? 더욱이 그뤼나우의 거위들은 사회생물학적인 연구에서도 특별한 가치를 지닌다. 그외에도 학자들은 요즘 어떻게 성호르몬이 야생 거위의 위계질서와 행동에 작용하는지도 알아보고 있다.

그런데 이 연구센터의 진정한 스타들은 두 개의 대형 새장에 살고 있다. 바로 레이븐(Corvus corax, 참새목 까마귀과의 대형 조류 – 옮긴이)이라는 종의 까마귀들이다. 이 까마귀들은 60센티미터까지 자라며 몸은 반짝이는 검은색으로 되어 있다. 까마귀는 예전부터 사람들을 매료시켜 왔다. 신과 왕들도 이 새의 지혜를 이용했다고 한다. 많은 인디언 민족들이 까마귀를 세상의 창조자로 숭배했다. 그러나 이렇게 신의 총애를 받던 새가 성경에서는 죽음의 새로 등장했다. 이처럼 사랑받거나 미움받거나 사람들이 이 새를 무심하게 대한 적은 한 번도 없었다. 그리고 수백 년이 넘도록 사람들의 의견은 한 가지였다. 까마귀는 특별히 영리한 새라는 것이다. 이 새가 실제로 얼마나 머리가 좋은지를 그뤼나우의 학자들은 알아내고자 한다.

연구소에서 몇백 미터 떨어진 그뤼나우 야생공원에 여덟 마리의 까마귀들이 거대한 새장 안에서 살고 있다. 그 안에 가장 어린 코니와 카산드로스가 살고 있다. "안녕, 얘들아, 우리 뭔가 좀 해볼까?" 토마스 버냐는 길고 검은 머리를 질끈 묶은 채 두 마리의 까마귀와 함께 거대한 새장 안의 풀밭 위를 달려간다. 새들은 커다랗게 까악까악 소리로 대답한다. 버냐는 행동연구가이며 그뤼나우에서 진행되는 까마귀 프로그램의 책임자이다. 그는 새장 안에 있는 모든 새를 각기 다 알고 있다. 그리고 더 중요한 것은 새들도 그를 알고 있다는 사실이다. 또한 "까마귀들은 무엇보다도 새로운 것에 대한 공포가 있다"고 버냐는 설명한다.

까마귀들의 곡예

프로그램의 처음에는 소위 워밍업 차원에서 체조 연습을 시킨다. 버냐는 고기 한 조각을 1.5미터 길이의 밧줄에 매달았고 이 맛있는 먹이가 달린 밧줄을 나뭇가지에 묶었다. 고기가 공중에서 이리저리 움직이고, 저 위쪽에 있는 가지에 카산드로스가 앉아서 이 장면을 보고 있다. 카산드로스는 먹이를 자기가 있는 위쪽으로 끌어올려야 한다. 아주 간단해 보이지만 실제로는 전혀 쉽지가 않다. 이 새가 부리와 발을 정확하게 올바른 방식으로 사용해야만 성공할 수 있다. 한 걸음 한 걸음씩 밧줄을 위로 당겨야 한다. 처음으로 이런 문제를 접하는 어린 까마귀는 흔히 모든 수단을 시험해 본다. 예를 들면 날아가면서 고기를 낚아채는 방법을 시도한다. 혹은 바닥에서부터 높이 뛰어오르거나 가지를 쪼아대기도 한다. 그렇지만 모든 것이 헛수고다!

경험이 없는 까마귀는 몇 번의 시도 후에야 비로소 방법을 알아냈다. 까마귀는 부리를 아래로 향하고 밧줄을 조금씩 위로 당긴다. 이때 고기는 여전히 새가 닿을 수 없는 아래쪽에 매달려 있다. 그 다음이 아이디어와 능숙한 기술이 필요한 때인데, 왜냐하면 새가 밧줄을 놓자마자 맛있는 먹이는 다시 아래로 떨어지기 때문이다. 그렇다면 어떻게 해야 할까? 새는 일단 밧줄을 고정시키기 위해 한 발로 밧줄 위에 올라서야 한다. 그런 다음 부리로 다시 그 줄을 잡는다. 밧줄의 길이에 따라서 여덟 번까지의 반복 과정이 필요했다. 참을성이 없이는 결코 불가능한 일이다.

나이를 좀 먹은 까마귀는 확실히 통찰력이 더 뛰어났다. 이들은 실험 내용을 한 번도 본 적이 없음에도 불구하고 이런저런 방법을 시험해 볼 필요도 없다. 잠깐 동안 문제를 주시한 다음 바로 문제를 해결한다. 대부분 첫번째 시도에서 실수 없이 과제가 해결되곤 한다. "까마귀들은 실제로 문제를 꿰뚫어보았다. 그런 것을 우리는 '이해'라고 표현할 수 있을 것이다"라고 연구소 소장인 쿠르트 코트르샬은 말한다. 아니면 새들은 다양한 해결 방법들을 머릿속에서 모두 적용해 본다. 즉 머릿속에서 상상만으로 실험을 해본다는 뜻이다. 어쨌든 문제를 주시한

후에 푸는 것이나 상상의 실험을 통해서 푸는 것이나 두 가지 모두 대단히 까다로운 방식이 아닐 수 없다. 인간이나 침팬지처럼 가장 높은 위치에 있는 영장류도 복잡한 과제에 맞닥뜨렸을 때에는 항상 체계적으로 대처하지는 못한다. "비디오녹화기를 한 번이라도 직접 작동시켜 본 사람이라면 이해할 수 있을 것이다"라고 코트르샬은 말한다.

그런데 까마귀 카산드로스는 이미 과제를 알고 있다. 이 새는 능숙하게 밧줄을 조금씩 조금씩 위로 당겨서 맛있는 먹이를 차지했고 기대에 찬 시선으로 토마스 버냐를 쳐다보았다. "자, 이제 다음은 뭐죠?" 새는 그렇게 묻는 것처럼 보인다. 까마귀의 기술적인 지능은 대단히 놀랍다. 그러나 더욱 놀라운 것은 사회적인 지능이다. 앵무새와 함께 까마귀는 가장 영리한 새로 여겨진다.

자유로운 자연 속에서 까마귀들은 복합적인 가족공동체에서 함께 살아간다. 부부 까마귀들은 흔히 서로 평생 동안 신의를 지키고 그 기간은 40년까지 갈 수 있다. 또한 먹이 사냥에서는 대단히 유동적이다. 레이븐이라는 종은 썩은 고기를 가장 좋아하지만 경우에 따라서는 곡물의 씨앗도 먹고 다른 새의 알이나 새끼도 먹는다. 까마귀들이 썩은 고기를 먹을 때 늑대나 다른 육식동물을 경계해야 할 경우에는 소리를 내서 동료 까마귀들에게 도움을 청한다. 비록 조금 뒤에는 가장 좋은 먹이 부위를 두고 경쟁을 벌여야 하지만 그 때문에 도움 요청을 꺼리지는 않는다. 먹이에 관한 한 까마귀들은 가까운 친척들에게도 속임수를 쓴다. 협동과 속임수, 이 두 가지 모두를 까마귀의 삶에서 발견할 수 있다.

새에게도 마음 이론이 있을까

까마귀들은 집단 안에서 어떻게 사회생활을 할까? 예를 들어서 까마귀는 동료 까마귀가 머릿속으로 무슨 생각을 하는지에 대해 생각할 수 있을까? 상대의 입장이 되어 생각하는 능력은 대단히 복합적인 정신적 능력이다. 발달심리학 학자들은 이런 능력을 '마음이론(theory of mind)' 이라고 표현한다.

우리에게는 그것이 아주 당연한 일이고 우리는 자신과 다른 사람이 같지 않다는 것을 알고 있다. 즉 나는 행복한 반면에 나의 동료는 슬플 수도 있다는 것을 안다는 말이다. 그리고 당연히 내가 어제 저녁에 한 일을 이웃 여자는 알지 못한다. 내가 그녀에게 설명을 하지 않는다면 말이다. 그러나 어린아이들은 이런 차이를 서서히 이해하게 된다. 아이들은 자신과 다른 사람을 아직 구분하지 못한다. 그런 점은 아이에게 눈을 감게 하고 자기를 찾아보라고 요구할 때 분명해진다. 아이들은 스스로 아무것도 보이지 않기 때문에 다른 사람들도 자신을 보지 못할 것이라고 생각한다. 4세에서 5세가 되어서야 비로소 아이들은 다른 사람의 입장에서 생각하는 법을 배우게 된다. 그제야 아이들에게 '마음이론'이 발달하는 것이다.

오랫동안 생물학자와 심리학자들은 오직 인간만이 이런 특성을 지니고 있다고 믿어왔다. 기껏해야 유인원 정도가 — 학술적인 합의에 따르면 — 그런 복합적인 사회적 능력이 있다고 믿었다. 그런데 아주 작은 뇌를 가진 새는 어떨까? 대부분의 학자들은 완전히 불가능한 일이라고 여겼다. 토마스 버냐가 자신의 까마귀들과 함께 숨바꼭질 게임을 시작하기 전까지는 말이다. "까마귀는 물건 숨기기를 좋아한다." 그러나 이 새들은 물건 숨기기를 다람쥐들처럼 그렇게 경직되게 하지 않는다. 대단히 능숙하고 융통성 있게 물건을 숨길 줄 안다.

까마귀들과의 숨바꼭질

토마스 버냐는 새장 속에 먹이를 숨기면서 세 마리의 까마귀들이 그 모습을 지켜볼 수 있게 했다. 후긴, 무닌, 코니는 나란히 앉아서 서로를 잘 볼 수 있다. 처음에는 세 마리 모두 앞쪽의 소위 경기장을 훤히 볼 수 있었다. 그런 다음 버냐는 눈가리개로 코니의 시야를 차단했다. 이제 두 마리의 '앞을 보는' 관객과 한 마리의 '장님' 관객이 있다. 버냐가 맛있는 먹이를 커다란 돌 아래에 숨겼고 각각 두 마리씩 함께 경기장 안으로 들여보냈다. 어떤 일이 벌어질까?

후긴과 무닌의 옆에 있는 우리의 문이 열리자마자 두 마리는 먹이가 숨겨진 곳으로 빠르게 날아갔다. 두 마리는 먹이가 어디에 있는지 알고 있다. 그래서 이런 경우에는 다음과 같은 법칙이 해당되었다. 먼저 오는 자가 먼저 먹는다. 그런데 흥미로운 것은 두 번째 경우이다. 만약 장소를 보지 못했던 코니가 아까 두 마리 중 한 마리와 함께 경기장으로 들여보내지면 어떤 일이 일어날까? "앞을 볼 수 있는 까마귀가 자신의 동료는 먹이가 어디에 있는지 전혀 모른다는 사실을 이해한다면 사실 서두를 필요가 없을 것이다"라고 버냐는 설명한다. 그리고 새들도 정확히 그렇게 행동했다. 문이 열리고 두 마리의 까마귀들이 원형 경기장으로 안으로 날아들어 갔다. 무닌은 겉으로는 무관심한 듯 주변을 산책했다. 코니가 이 사냥터의 다른 한쪽 끝으로 가자 비로소 무닌은 아까 보았던 곳에서 먹이를 잡아채 갔다. 대단히 영악하다!

그뤼나우에 있는 다른 까마귀들도 모두 그렇게 영리하게 행동한다. 모든 실험에서 까마귀들은 즉흥적이고 융통성 있게 반응했다. 먹이가 어디에 있는지 두 마리의 새들이 다 알고 있을 때는 서로 경쟁을 벌이지만 동료 까마귀가 사정을 전혀 모를 때에는 다른 한 마리의 새도 여유 있게 행동한다. 이 까마귀는 숨겨진 장소를 전혀 모르는 동료 까마귀가 맛있는 먹이로부터 가능한 한 멀리 떨어질 때까지 기다린다. 그런 다음에 비로소 숨겨진 먹이를 찾아내 혼자서 즐긴다. 토마스 버냐에게 확실해진 사실은 까마귀들은 자신이 아닌 다른 까마귀들에 대해 알고 있는 것이 많다는 점이다.

최소한 이런 점에서 까마귀들은 어린아이들보다 앞서 있다. 작은 실험 한 가지가 이런 점을 분명하게 보여준다. 레아와 파울은 세 살이다. 이 아이들은 유치원에서 보모인 마리온과 간단한 게임을 하면서 논다. 마리온 앞에 두 개의 상자가 놓여 있다. 하나는 파란색, 다른 하나는 빨간색이다. 두 아이들은 마리온이 빨간 상자 안에 젤리 한 봉지를 숨겨놓는 모습을 주의깊게 보았다. 이제 파울이 방을 나가 있어야 한다. 파울이 밖에 있는 동안에 마리온과 레아는 숨긴 상자를 바꾸었다. 젤리는 이제 파란 상자 안에 있다. 파울이 다시 방 안으로 들어오기 전에 마리온은 어린 레아에게 파울이 어디에서 젤리 봉투를 찾을지 물어본다. 레아는 '파란 상자' 라고 대답한다. 레아는 파울이 갖지 못한 정보를 자신은 가지고 있다는 점을 의식하지 못한다. 4세에서 5세가 되어서야 아이들은 이런 차이점을 이해한다. 이때 아이들에게 — 침팬지와 까마귀들과 유사하게 — '마음이론' 이 발달하는 것이다.

새들은 거짓말을 할 수 있을까?

그러나 몇몇 동료 연구자들은 여전히 비관적인 입장을 고수했다. 혹시 새들이 실험자를 속이는 것은 아닐까? 어쩌면 동료 까마귀의 입장에서 생각하는 것이 아니라 예를 들면 다른 까마귀들의 민감한 신호에 반응함으로써 문제를 해결했던 것은 아닐까? 이런 점을 밝히기 위해 행동연구가들은 반복적으로 실험 내용을 변화시켰다. 그러나 테스트가 어떻게 구성되든 상관없이 결과는 동일했다. 까마귀들은 동료 까마귀의 입장에서 생각하는 능력이 뛰어났다.

심지어 의도적으로 동료를 속이기도 했다.

이번에는 까마귀 후긴이 직접 먹이를 숨겼다. 무닌이 새장의 가장자리에 있는 자신의 우리에서 후긴을 관찰하고 있다. 그러나 무닌은 장애물 때문에 실험 장소의 반만 볼 수 있다. 후긴은 이런 점을 완전히 파악하고 있는 것이 분명하다. 왜냐하면 먹이를 무닌의 새장에서 보이지 않는 곳에만 숨겼기 때문이다. 경쟁자가 전체 공간을 다 볼 수 있는 상황에서는 먹이를 파묻어서 숨기기는 하지만 그후에 끊임없이 감시를 한다. 그러다가 무닌 몰래 먹이를 옮길 수 있는 기회가 생기자마자 먹이를 다시 파내서 안전한 장소로 가져간다.

두 번째 실험에서 학자들은 새장의 마당이 전혀 보이지 않도록 무닌의 눈을 가렸다. 후긴은 이런 변화에 즉각 반응했다. 이제 후긴은 먹이를 숨길 곳으로 공간 전체를 활용했다. "새들은 상대방의 정보 습득을 방해한다"고 학자들은 말한다. 그뤼나우의 행동연구가들은 처음으로 새들이 동료 까마귀를 "전략적으로 속일 수 있다"는 사실을 증명할 수 있었다. 이것은 단지 소수의 동물만이 지니는 능력이다. 지능적인 동물만이 거짓말을 할 수 있는 법이다.

날개 달린 침팬지

그 동안 분명해진 사실은 까마귀들이 소위 조류계의 침팬지라는 것이다. 까마귀가 우리의 먼 친척뻘인 침팬지를 무조건 능가하는 것은 아니지만 순위상으로 침팬지와 거의 동등한 자리를 차지하는 것만은 분명하다. "까마귀와 유인원들 사이에는 놀랄 만큼 유사점이 많다"고 토마스 버냐는 말한다. 이 말은 긍정적인 측면과 부정적인 측면을 모두 포함하고 있다. 왜냐하면 까마귀들은 매우 지능이 높을 뿐 아니라 동시에 대단히 변덕스럽고 아주 빨리 싫증을 느끼기 때문이다. "우리가 같은 과제를 너무 자주 반복하면 얼마 지나지 않아서 까마귀들은 딴 짓을 한다." 아이들이나 침팬지처럼 이 새들도 변화가 많은 훈련 프로그램을 좋아하고 그러지 않으면 작업을 거부한다. 연구자가 오히려 까마귀의 기분을 맞춰주기 위해 머리를 짜내야 할 지경이다.

그런데 왜 하필이면 침팬지와 까마귀의 경우에만 그런 슈퍼 뇌가 발달된 것일까? 어떻게 이 새들은 오랜 세월 동안 인간만의 전형적인 특징으로 여겨졌던 능력들을 소유하게 되었을까? 유인원들의 그런 특징은 차라리 우리를 덜 놀라게 한다. 왜냐하면 유인원은 우리와 가장 가까운 친척들이고 오랫동안 우리와 공동의 발달 과정을 거쳐왔기 때문이다. 인간과 침팬지의 마지막 조상은 약 500만 년 전에 살았고 이미 기본적인 사회적이고 인식적 능력을 소유하고 있었을 가능성이 높다.

그러나 새의 경우에는 상황이 전혀 다르다. 계통진화사적으로 볼 때 조류와 포유류는 이미 3억 2,000만 년 전에 서로 분리되었다. 마지막 공동 조상은 아마도 별로 영리하지도 않고 사회적이지도 않은 파충류일 것이다. 조류와 포유류는 평행선을 유지하며 오늘날의 모습으로 발달해 왔다. 그런데 이 두 그룹에서 특히 지능이 높은 종들이, 외형상으로는 전혀 다르게 보이지만 놀랍게도 유사한 능력을 보여주고 있는 것이다. 학자들은 여기에 대해 두 가지 해명을 하고 있다.

먼저 포유류와 조류는 동일한 기반을 가지고 경주를 해왔다는 점이다. 왜냐하면 두 종류 모두 동일한 하드웨어, 즉 척추동물의 뇌를 가지고 있기 때문이다. 또 한 가지는 침팬지와 까마귀 모두 삶 자체가 지극히 유사한 도전으로 이어지고 있다는 점이다. 두 종류의 동물 모두 복합적인 사회적 그룹 속에서 살아가고, 같은 종의 동료들을 각각 알아보고 구별할 수 있다. 침팬지 집단에서도 까마귀의 경우와 똑같이 오래 지속되는 우정, 친척관계, 부부관계, 그리고 경쟁자들이 존재한다. 또한 침팬지들이 경쟁에서 이기려면 영리한 머리가 필요하듯 까마귀들도 마찬가지이다.

복합적인 사회생활을 해나가려면 뛰어난 능력의 뇌가 있어야 한다. 두 종류의 동물 모두 그런 이유로 뇌가 동시에 발달하게 되었다고 진화생물학자와 인식연구자들은 추측하고 있다. 지능이 높다고 여겨지는 동물들이 사회적인 생활을 영위하는 것은 결코 우연이 아니다. 예를 들면 까마귀, 돌고래, 코끼리, 그리고 영장류 등이 여기에 해당된다. 머리가 좋은 동물 중에서 혼자 사는 동물은 없다. 사람도 예외가 아니다. 우리는 고도의 사회적인 삶을 사는 존재이다. 다른 어떤 것보다도 우리의 정신이 사람들과 더불어 사는 것을 요구하고 있다. 우리는 얼마나 많은 시간을 다른 사람이 무슨 생각을 하는지, 무엇을 알고 있는지, 혹은 무엇을 가지고 있는지를 알아내기 위해 보내고 있는가? 우리는 또 얼마나 세심하게 회사에서 동료의 호감과 적대감을 분석하고 있는가? 우리는 끊임없이 결정해야만 한다. 협동을 선택할 것인가, 아니면 경쟁을 선택할 것인가? 이타주의, 아니면 이기주의? 이런 사회적인 문제를 잘 헤쳐나가는 사람은 흔히 엄청난 이익을 얻을 수 있다.

협동의 딜레마

우리는 협동을 함으로써 이익을 얻는다. 똑같은 이유에서 침팬지들도 함께 사냥을 하고 까마귀들은 먹이 사냥에서 서로를 도와준다. 그러나 협동 작업에는 딜레마가 따른다. "야생 까마귀들을 관찰해 보면 그런 딜레마가 뚜렷하게 드러난다"고 토마스 버냐는 설명한다. 매년 겨울에 근처에 있는 야생동물 공원에 가보면 실제로 그런 자료들을 구할 수 있다. 캐나다나 알래스카에서처럼 여기서도 까마귀들이 먹이를 두고 늑대와 경쟁을 벌인다. 늑대들이 신선한 고기 조각을 먹고 있을 때 까마귀들도 그 자리에 있다. 새들은 가능한 한 많은 양의 고기를 빼앗으려고 시도한다. 이때 중요한 것은 팀워크와 적절한 속도와 거리 감각이다.

늑대와의 경쟁은 꽤 위험한 게임으로 흔히 늑대의 꼬리와 까마귀는 단 몇 센티미터밖에 떨어져 있지 않다. 이런 상황에서 매년 몇몇 까마귀들이 목숨을 잃는다. 쿠르트 코트르샬은 어떤 까마귀가 특별히 자주 그런 일을 당하는지 조사해 보았다. 죽은 까마귀들은 태어난 첫해에 사고를 당했는데, 거의 언제나 경험이 없는 수컷들이었다. "젊은 마초들은 지나치게 위험한 일을 감행한다. 그들은 예컨대 거리에서 사고를 당하는 젊은 오토바이족들과 비교될 만하다."

물론 까마귀 혼자서는 늑대에게 전혀 상대가 되지 못한다. 그룹이 되었을 때 비로소 사냥을 시도할 수 있다. 그러나 공동 사냥을 하는 동물들은 언제나 사냥 후에 공정한 분배를 해야 한다. "그런데 까마귀들은 그런 일을 그다지 좋아하지 않는다"고 버냐는 말한다. 그래서 까마귀들은 자신의 몫을 되도록 많이 챙기기 위해 흥미로운 전략을 개발했다. 새들은 먹이를 잡은 바로 그 장소에서는 거의 먹지 않는다. 그들은 부리와 모이주머니를 최대한 가득 채운 다음 먹이를 숨기기 위해 날아간다. 그러면서 다른 동료들이 자신을 관찰하는지 주의를 기울인다. 왜냐하면 먹이 사냥에 그다지 능숙하지 못한 많은 까마귀들이 다른 동료의 것을 빼앗는 데에는 전문이기 때문이다. 이런 까마귀들은 최대한 눈에 띄지 않게 사냥에 성공한 까마귀의 뒤를 쫓는다. 사냥에 성공한 까마귀가 먹이를 숨겨두고 다시 썩은 고기를 향해 날아가자마자 뒤쫓아온 까마귀들이 비밀 장소를 습격한다.

캐나다나 알래스카에서는 까마귀들이 거대한 사슴 한 마리를 처리하는 데 하루에서 이틀밖에 걸리지 않는다. 노획물의 대부분은 숨겨둔다. 그리고 며칠 뒤에 자신들의 저장품을 다시 찾아낸다. 먹이를 숨겼던 새들이나 잠재적인 약탈자들이나 모두가 그렇다.

그러나 다른 새들은 그렇게 좋은 기억력을 가지고 있지 않다. 예를 들어서 박새도 마찬가지로 먹이를 숨기지만 다른 동료가 지켜보는 것과 상관없이 얼마 후에는 그 자리를 더 이상 찾을 수 없게 된다. 박새들은 확실히 다음과 같은 모토에 따라 사는 것처럼 보인다. "눈에서 사라지면 마음에서도 사라진다."

박새들은 아주 어린아이들처럼 행동한다. 예를 들어서 4개월 된 톰이 엄마의 카메라에 흥미를 보였을지라도 카메라가 서랍 속으로 사라지자마자 아기는 더 이상 카메라가 존재하지 않는다고 여긴다. 약 6개월 정도부터 아이들은 비로소 숨겨진 물건을 찾기 시작한다. 자신이 볼 수 없는 물건에 대해 내면의 그림을 그리는 것이다. 스위스의 발달심리학 학자인 장 피아제는 이런 현상을 '대상영속성'이라고 규정했다. 그리고 아이들이 발달 과정에서 도달할 수 있는 다양한 단계들을 규정했다. 그런 의미에서 박새는 까마귀보다 대상영속성이 덜 발달되었다고 할 수 있다.

정신적인 능력은 단지 개별적인 발달, 즉 아이에서 어른으로 가는 과정에서뿐 아니라 계통진화를 거치면서 발달되기도 한다. 대상영속성의 가장 최고 단계에는 포유류의 경우에 인간, 유인원, 개만이 도달할 수 있고 조류에서는 까마귀와 앵무새가 도달할 수 있다. 이런 동물들은 예를 들어서 성공적으로 '모자 게임'을 할 수 있다.

까마귀 중에서 가장 기억력이 좋은 종은 산갈가마귀이다. 한 해 동안 산갈가마귀는 겨울을 위해서 3만 개의 견과류와 곡물 씨앗들을 숨겨놓는다. 이 새는 먹이의 대부분을 다시 찾아서 먹는데 그 중의 일부는 6개월이 지나 두껍게 쌓인 눈 밑에서 찾아내곤 한다. 생물학자들이 까마귀의 행동을 심도 있게 연구할수록 더욱더 놀라운 능력들이 드러나고 있다.

어치의 식품학 지식

케임브리지 대학의 니콜라 클레이트은 까마귀들의 숨바꼭질 실험을 한 단계 더 발전시켰다. 까마귀들은 단지 먹이를 숨긴 장소만을 알고 있을까? 이 새들은 자신들이 언제 무엇을 저장해 두었는지도 알고 있지는 않을까?

생물학자들은 같은 까마귀과에 속하는 미국산 어치인 캘리포니아 덤불어치에 대한 연구를 시작했다. 자연적인 환경에서 이 새들은 다양한 종류의 먹이를 숨겨놓는다. 그 중에는 오랫동안 맛이 유지되는 씨앗과 쉽게 상하는 곤충의 유충도 있다. 이들은 자신들이 먹는 음식의 유효기간을 알고 있을까?

연구자들은 모래를 가득 채운 얼음용 그릇을 새들에게 숨길 장소로 제공했다. 어치들은 열심히 자신들의 보물인 나방과 땅콩 조각을 숨겼다. 특히 나방은 이 새들이 가장 좋아하는 음식이다. 그런데 이 먹이는 비교적 빨리 상한다는 단점이 있다. 기본적으로 나방보다는 덜 좋아하는 땅콩은 아주 오래도록 상하지 않는다. 새들의 작업이 끝나자 학자들은 얼음용 그릇을 다시 새장 밖으로 꺼냈다.

그런 다음 학자들은 각기 다른 시기에 새들에게 그들의 저장품을 돌려주었다. 바로 다음날 어치들이 먹이를 찾을 수 있게 허용되었을 때 새들은 오로지 자신들이 제일 좋아하는 곤충의 유충들을 파내서 먹었다. 그러나 며칠이 지난 뒤에는 그 동안 이미 상한 고기가 들어 있을 비밀 장소 쪽으로는 전혀 시선도 돌리지 않았다. 어치들은 이때는 오로지 땅콩 조각만을 골라서 파냈다. 어떤 경우에도 새들이 숨겨진 보물을 오래 찾을 필요는 없었다. 그 사이 얼마의 시간이 지났든 전혀 상관이 없었다. 새들은 어디에 자신들의 저장품이 놓여 있는지 알고 있었다.

또한 식품학 분야에서도 이들은 최고점을 얻었다. 이런 측면은 자유로운 자연 속에서의 생존을 위해 매우 중요한 능력이다. 왜냐하면 그런 능력이 없다면 새들이 숨겨놓은 대부분의 저장품이 상할 것이기 때문이다. 모든 어치들은 어떤 먹이를 언제 어디에 숨겨놓았는지를 정확히 알고 있었다. 어치들은 심리학자들이 '에피소드 기억력'이라고 부르는 것을 가지고 있고, 여기에는 시간의 흐름이 무엇을 의미하는지에 대한 생각도 포함되어 있다. 즉 어치들은 과거와 현재 그리고 미래를 알고 있다는 뜻이다.

과소평가된 새의 뇌

이런 모든 일을 새들은 — 그 종류에 따라서 — 완두콩에서 호두 사이의 크기밖에 안되는 작은 뇌를 가지고 해내고 있다. 그런데 새들의 뇌에서는 우리 인간의 대뇌피질의 주름진 구조를 연상시키는 그 어떤 것도 발견되지 않았다. "그러고 보면 우리가 너무도 자랑스러워하는 뇌의 주름이 그렇게 중요한 것이 아닐지도 모른다"고 보쿰에 있는 루르 대학의 생물심리학 교수인 오누르 귄튀르킨은 말한다.

단지 인간과 다른 종류의 뇌 형태를 가지고 있는 탓에 새들은 수십 년 동안 과소평가되어 왔다. 사실 새의 뇌에 대한 연구는 이미 100년도 전에 시작되었다. 독일의 루트비히 에딩어는 당시에 세계적으로 유명한 신경해부학자였다. 그는 각기 다른 종류의 수많은 뇌를 분석했고 마침내 척추동물의 뇌에 관한 진화이론을 세우게 되었다. 에딩어는 척추동물은 지속적으로 보다 더 고차원적으로 발달되어 왔다고, 즉 원시적인 물고기부터 양서류, 파충류와 조류를 거쳐 가장 발달된 포유류까지 이르렀다고 믿고 있다.

그래서 에딩어에 따르면 진화를 통해 나타나는 새로운 단계의 동물들은 현대적인 뇌 부품을 하나 더 얻게 된다. "우리는 그런 상황을 마치 양파의 껍질과 같이 생각할 수 있다. 원시적인 척추동물은 단지 예전의 원시적인 뇌구조를 가지고 있다"고 오누르 귄튀르킨은 설명한다. 이 이론에 따르면 포유동물에 이르러서야 비로소 뇌의 외투, 즉 외피(Pallium)를 가지고 있다. 그래서 에딩어는 새의 뇌 속에 있는 상응되는 구조를 기저핵으로 해석했고 거기에 '선조체(Striatum)' 라는 이름을 부여했다. 기저핵들은 에딩어의 시스템에서는 외피가 생기기 전의 마지막 단계에 해당하는 부분이다. 이곳은 특히 무의식의 영역을 책임지는 뇌 부분이다.

그러나 학자들은 까마귀, 앵무새, 그리고 그 밖의 새들의 놀라운 능력에 대해 더 많이 알게 될수록 에딩어의 이론을 점점 더 의심스러워한다. 그런 모든 일을 새들이 비교적 원시적인 기저핵을 가지고 해낼 수 있다는 말인가? "불가능한 일"이라고 귄튀르킨은 결론짓는다. 흔히 명칭은 중요하지 않다고들 말하지만 이제 우리는 새와 포유류의 비교에서만큼은 잘못된 명칭이 계속해서 사람들에게 착각과 혼란을 일으켰다고 말할 수 있을 것이다.

'새대가리' 라는 악명

이런 확신을 가진 사람은 오누르 귄튀르킨뿐만이 아니었다. 그래서 2002년에 미국의 듀크 대학에서 29명의 학자들이 새의 명예를 위해 모였다. 나쁜 머리를 가리켜 속어처럼 쓰이는 '새대가리' 라는 악명을 바로잡기 위해서였다. 4일 밤낮 동안 학자들은 새의 뇌와 포유류의 뇌에 관한 오래된 책, 사진, 그리고 수많은 보고서들에 대해 토론했다. 학자들은 한 걸음씩 새의 뇌에 새로운 명칭을 부여하는 작업을 했다. 그 결과 예전에 '선조체'라고 불리던 부분이 이제는 '외피'라는 명칭을 얻게 되었다. "우리의 제안은 즉시 받아들여졌다"고 권튀르킨은 기뻐했다.

실제로 포유류의 대뇌와 새의 뇌에는 많은 유사점이 있다. 새들의 경우도 다음과 같은 법칙이 적용된다. 더 영리할수록 체중에 비례한 뇌의 크기도 더 크다는 사실이다. "지능이란 것은 때로 아주 단순하게 저울로도 측정이 된다"고 권튀르킨은 말한다. 까마귀와 앵무새처럼 새 중에서도 머리가 좋은 종류들은 인간이나 유인원과 똑같이 몸에 비해 뇌가 지나치게 크다. 몸 크기에 비례해서 보자면 까마귀가 결코 침팬지보다 더 작은 뇌를 가지고 있는 것이 아니라는 뜻이다.

그런 면에서 보면 사실 침팬지가 할 수 있는 모든 일을 까마귀도 할 수 있다는 사실이 놀라운 일이 아니다. 오히려 더 놀라운 것은 우리가 이 새들의 능력을 그렇게 오랫동안 과소평가해 왔다는 점이다. "새들은 포유류보다 거의 1억 년 뒤에 생겨났다"고 권티르킨은 말한다. "그런데 우리는 새들이 척추동물 중에서 사실 가장 나중에 등장한 동물이라는 사실을 항상 잊어버린다."

까마귀, 도구를 제작하다

요즘 인식연구자들의 순례지로 꼽히는 곳은 호주 동부에 있는, 산으로 이루어진 섬이다. 여기에는 특별한 원숭이가 아니라 까마귀들이 살고 있는데, 다른 곳에는 전혀 존재하지 않는 뉴칼레도니아 까마귀들이다. 오랫동안 이 새들은 소수의 조류학자들에게만 알려져 있다가 지금은 전세계의 행동연구가들이 이들의 존재를 알고 있다. 바로 까마귀 베티 덕분이다.

베티는 뉴칼레도니아 까마귀라는 종족을 대단히 유명하게 만들었다. 그러나 베티는 이미 오래전부터 더 이상 고향 뉴칼레도니아가 아니라 학문적 명성이 높은 케임브리지에서 살고 있다. 이곳에서 베티는 믿을 수 없을 만큼 풍부한 창의력으로 주인인 동물학자이자 행동연구가 알레스 위어를 여러 번 놀라게 했다.

어느 날 위어는 베티에게 복잡한 과제를 제시했다. 그는 벌레가 들어 있는 작은 양동이를 파이프 안에 숨겨놓았다. 그러나 까마귀가 닿을 수 없는 곳이다. 다만 양동이에는 손잡이가 달려 있다. 위어는 그 옆에 곧은 철사를 가져다놓았다. 베티는 문제를 관찰한 다음 망설임 없이 해결 작업에 들어갔다. 철사의 한 쪽 끝을 자신의 발에 고정시키고 부리를 이용해서 다른 한 쪽을 갈고리 모양으로 구부렸다. 이제 베티는 필요한 준비가 다 된 셈이다. 결국 갈고리를 손잡이에 걸어서 양동이를 파이프 밖으로 끌어내는 데 성공했다. 베티가 직접 도구를 제작한 것이다. 그것은 센세이션이었다!

침팬지 연구자인 제인 구달은 이미 1960년대에 동물들이 도구를 '사용할' 수 있다고 썼다. 그러나 동물이 직접 도구를 '만드는' 것은 극히 드물게 관찰되는 일이다. 더군다나 새가 즉흥적으로 그리고 실험실에서 도구를 제작한 일은 그때까지 한 번도 없었다. 알렉스 위어는 자신의 실험 결과를 저명한 학술지인 『사이언스』에 발표했다. 그리고 전세계적으로 신문과 텔레비전 방송들이 영리한 베티에 대한 기사를 내보냈다.

이후 전세계의 인식연구자들이 뉴칼레도니아로, 영리한 까마귀의 나라로 여행을 간다. 오클랜드 대학의 조류학자 개빈 헌트와 러셀 그레이는 이런 갑작스런 연구 붐에 놀랐다. 그들은 이미 수년 전부터 베티의 야생 친척들을 연구하고 있었기 때문에 케임브리지 대학에 있는 새가 예외적 경우가 아니라는 것을 알고 있었기 때문이다. 뉴칼레도니아 까마귀들은 일상적인 생활에서도 도구를 제작하는 종족이다. 이 새들은 소위 나이프와 포크로 식사를 한다. 또 곤충을 제일 좋아하는데, 예를 들면 통통한 애벌레와 구더기를 좋아한다. 이런 먹잇감은 대개 나뭇가지의 구멍이나 나무껍질 안에 숨어 있지만 이들에게는 전혀 문제가 되지 않는다. 왜냐하면 뉴칼레도니아의 숲에는 판다누스 나무가 넓게 퍼져 있는데 까마귀들이 이 열대식물의 길고 뾰족한 잎을 이용해 훌륭한 낚시 도구를 만들 수 있기 때문이다.

뉴칼레도니아 까마귀들은 다양한 기술도 개발했다. 이 새들은 조심스럽게 가는 잎 꼭지로 가지의 구멍 속을 이리저리 찔러본다. 이때 까마귀들의 시도가 성공하면 구더기들이 이 잎을 물게 되고 까마귀들은 맛있는 먹이를 얻을 수 있다. 또한 이 새들은 잎을 깨물 수 없는 곤충도 잡을 수 있다. 이를 위해서 새들은 갈고리가 달린 나뭇잎 띠를 만든다. 이것은 꽤 복잡한 과정을 거쳐야 한다. 나뭇잎이 작은 가지의 구멍에 맞도록 앞쪽을 살짝 구부려야 하기 때문이다. 또 너무 가늘어도 안 되는데 구멍 속을 찌를 때 부러질 수도 있기 때문이다. 까마귀들은 자신들의 도구를 필요한 대로 적절하게 자르기도 한다.

오른손잡이와 왼손잡이

러셀 그레이와 개빈 헌트는 섬 전체를 다니면서 뉴칼레도니아 까마귀들이 곤충 낚시를 한 잔재들을 수집해 분석했다. 21곳의 채집 장소에서 모은 5,000개가 넘는 나뭇잎 잔재들이었다. 그 결과에 따르면 지역적인 전통이 형성되어 있었다. 두 곳의 지역에서는 까마귀들의 기술적 진보가 그렇게까지 앞서 있지 않았다. 다른 몇 지역에서는 더 높은 단계의 복잡한 도구들을 만들어 사용하고 있었다. 연구자들은 어린 새들이 부모에게서 기술을 보고 배운 것이라고 추측한다.

그리고 뉴칼레도니아의 까마귀들은, 우리 인간처럼 흔히 사용하기 좋아하는 특정한 '손' 내지는 특정한 부위가 있는 것이 분명했다. 이 곳의 까마귀들은 대부분의 사람들처럼 '오른손잡이,' 더 정확히 말하자면 '오른발잡이'라고 할 수 있다. 이들은 도구를 만들 때 나뭇잎 가장자리의 왼쪽부터 찢는다. 이때 새들은 오른쪽 부리를 사용하고 오른쪽 눈으로 작업을 감독한다. "식물의 구조적인 측면에서는 까마귀가 이렇게 특정한 쪽을 선호해서 사용하는 행동에 대한 근거는 아무것도 없다"고 개빈 헌트는 설명한다.

사람들의 경우에는 손의 사용이 뇌에도 반영된다. 왼쪽 뇌반구는 오른쪽 손을 조정하기 때문에 오른손잡이의 경우에 왼쪽 뇌 부위가 더 활발하게 발달한다. 연구자들은 이제 까마귀들의 뇌도 비대칭으로 구성되어 있는지를 알아보려고 한다. 만약 그렇다면 뉴칼레도니아 까마귀들은 그런 뇌의 특수화를 증명할 수 있는 최초의 동물이 될 것이다.

왜냐하면 침팬지는 도구를 사용할 때 때로는 오른손, 때로는 왼손을 사용한다. 그래서 침팬지의 경우에는 뚜렷하게 선호하는 손이 드러나지 않는다. 이미 다양한 종류의 침팬지를 상대로 특정한 손과 발의 사용에 대해 연구한 귄튀르킨 교수는 여기에 대해 비교적 간단한 이유를 추측하고 있다. 침팬지가 하는 대부분의 활동이 그다지 까다롭지 않기 때문이라는 것이다. 예를 들면 물건을 쥐고, 붙들고, 혹은 서로 털을 뽑아주는 일처럼 말이다. 따라서 뇌가 특별히 전문화될 필요가 없다는 것이다.

그러나 사람이나 어떤 동물이 보다 더 섬세한 기술을 발휘할수록 그 기술을 담당하는 전문화된 뇌 부위가 발달한다. 까마귀도 바로 그럴 가능성이 높은 경우에 해당된다. 같은 침팬지라 해도 우리 안에 갇혀서 복잡한 과제를 자신의 손으로 해결해야 하는 침팬지는 대부분 오른쪽 손을 사용한다.

거울 속의 경쟁자

한지나 페테를레는 거울 속을 들여다보자마자 격하게 가상의 경쟁자에게 공격을 가한다. 몇 년이 지난 뒤에도 이 등푸른 앵무새들은 그렇게 격하게 달려들었던 대상이 자기 자신의 반사된 모습이라는 것을 전혀 깨닫지 못한다. 이 새들은 결코 예외적인 경우가 아니다. 많은 동물이 똑같은 반응을 보인다. 붉은털원숭이와 다른 영장류들도 유리로 된 경쟁자를 상대로 공격을 가한다. 오직 유인원들만이 거울 속의 자신을 제대로 인식한다. 이들은 저기서 재미있는 표정으로 쳐다보고 있는 상대가 바로 자신임을 알고 있다. 유인원은 최소한 자기인식과 자아의식에 대한 기본 토대를 가지고 있는 셈이다.

이런 사실은 미국의 심리학자 고든 갤럽이 1970년대에 이미 밝혀낸 사실이다. 그는 이런 중요하고도 천재적인 생각을 아침에 면도를 하면서 떠올리게 되었다고 한다. 거울 속의 자기 모습을 보면서 다른 동물들은 자신의 모습에 어떤 반응을 보일까 하는 의문을 갖게 된 것이다. 그의 의문은 생각으로만 머물지 않았다. 이 젊은 심리학자는 마취된 침팬지에게 스스로는 볼 수 없는 신체 부위에 표시를 했다. 예를 들면 냄새 없는 색깔 펜으로 침팬지의 이마에 빨간 점을 그렸다. 침팬지가 다시 의식을 찾았을 때 갤럽은 이 동물의 행동을 관찰했는데 거울 없이 그리고 거울이 있는 상태에서 각기 살펴보았다.

차이점은 분명했다. 거울 앞에서 침팬지는 한참 동안 빨간 점을 바라보았다. 그리고 반복해서 자신의 이마를 만졌다. 그런데 거울이 없을 때는 그런 행동을 하지 않았다. 즉 침팬지들은 신체의 다른 부위보다 이마나 빨간 점을 특별히 더 자주 만지지 않았다는 말이다. 침팬지들은 확실히 거울을 바라볼 때 거기에 나타난 모습이 자기 자신이라는 것을 알고 있었다. 그리고 원래는 없어야 할 얼룩이 자기 이마에 있다는 것도 깨달을 줄 아는 것이다.

그러나 침팬지, 고릴라와 같은 동물들만이 진정으로 자아의식을 가진 유일한 동물일까? 그 외에 새들에게서 보이는 의심스러운 점들은 어떻게 생각해야 하는가? 거울 테스트 외에 까마귀들이 하지 못하는 것은 거의 없다. 까마귀들은 복합적인 사회적 행동을 하고 자신의 동료들을 알아본다. 다른 동료를 속일 수도 있고 과거, 현재, 미래에 대한 개념도 가지고 있다. 게다가 도구를 사용할 줄 알고 어떤 것은 직접 만들기도 한다. 그렇다면 새들도 자아의식을 가지고 있는 것이 아닐까?

까치의 거울 테스트

보쿰의 루르 대학에 있는 오누르 귄튀르킨 연구팀은 까마귀들이 이런 면에서 같은 친척관계에 있는 조류들과도 구별이 되는지를 알아보고자 했다. 이 실험을 위해 연구진은 마찬가지로 까마귀과에 속하는 까치를 선택했다. 까마귀는 우리가 사는 곳에서 흔히 보기가 힘든 반면에 까치는 진정한 문화 친근성 동물이다. 사람이 있는 곳이면 어디나 까치가 살고 있다. 몇십 년 이래로 까치들은 도시를 점령해 왔다. 도시에는 언제나 만찬이 차려져 있기 때문이다. 잔디가 있는 정원과 녹지에서는 곤충과 벌레를 쉽게 잡을 수 있고, 도로에서는 차에 치인 동물들이 까치의 먹이가 된다. 그 외에도 까치는 알을 좋아해서 지빠귀, 참새, 피리새 등의 둥지를 털기도 하며, 꾀꼬리나 참새 등 지저귀는 다른 새들을 능숙하게 속이기도 한다. 뿐만 아니라 전혀 다른 환경에도 대단히 융통성 있게 적응한다.

이 모든 것들이 사실은 영리한 머리가 있어야 가능한 일이다. 학자들은 바로 그런 동물을 실험 대상으로 찾았던 것이다. 그리고 까치에게는 또다른 장점도 있다. 보쿰 대학의 캠퍼스 안에만 해도 이미 수많은 까치들이 쌍을 이루어 둥지를 틀고 살고 있기 때문이다. 관청의 허가 하에 연구자들은 두 곳의 둥지에서 여덟 마리의 어린 까치들을 잡았다. 이때부터 연구자들은 '어미 새'가 되었고 하루 24시간 내내 새끼를 돌보게 되었다. 몇 주 동안 학자들은 교대로 당번을 서가면서 먹이를 주고 연구를 했다. 모든 발달 단계가 자세히 관찰되었고 기록되었다.

까치들이 이미 날아다닐 만큼 자랐을 때 학자들은 새들에게 까다로운 질문을 제시했다. "너희는 너희 자신이 누구인지 알고 있니?" 연구자들은 먼저 거울 앞에서 이 새들이 어떻게 행동하는지를 알고 싶었다. 이들은 거울 속의 자기 모습을 보고 공격을 가할 것인가? 아니면 무시할 것인가? 혹은 자기 모습을 자세히 관찰할 것인가?

실제로 까치들은 호기심과 흥미가 대단히 많은 것 같았다. 새들은 거울 앞에서 이리저리 움직이고 거울 속의 이상한 물건을 자세히 관찰했다. 마침내 부리에 다양한 물건을 넣어 가져와서는 거울 속에서의 모습들을 관찰했다. 그들은 한편으로는 거울 속에서 자신을 바라보고 있는 자가 누구인지 알고 있는 것처럼 보였다. "다른 한편으로는 새들이 거울 속의 대상에게 사회적인 교류 차원에서 자신을 표현하는 것처럼 보이기도 했다." 연구자들은 확신을 내릴 수 없었다. 계속적인 실험을 통해 분명한 결과가 나와야 했다.

먼저 학자들은 거울 뒤에 상자 하나를 가져다놓았는데, 이때 새들은 그 내용물을 반사경을 통해서 오로지 거울 속에서만 볼 수 있었다. 확실히 까치들은 거울이 어떻게 작동되는지 알고 있는 듯했다. 상자 안에 매력적인 물건들, 예를 들면 맛있는 먹이나 빛이 나는 반지 등이 들어 있을 때에만 새들은 몸을 돌려서 곧바로 상자를 향해 갔다. 내용물이 마음에 들지 않으면 상자를 그대로 놓아두고 거울 속에서 관찰하기를 더 즐겼다.

그 다음 테스트가 결정적인 증거를 보여주어야 했다. 연구자들은 새의 목 부위에 색깔 있는 얼룩을 그렸다. 이 점은 부리 바로 밑에 그려져 있어서 새들이 자기 눈으로는 볼 수가 없었다. 한편 사육된 새들은 사람에게 익숙해져 있어서 이런 과정을 위해 특별히 마취를 시킬 필요는 없었다. 모든 새들에게 각각 두 번의 실험을 했다. 한 번은 새들의 목 부위에 빨간 점을 그렸고 그 다음번에는 확인을 위해 검은색 점을 그렸다. 검은색 점은 새의 검정 깃털 속에 있어서 눈에 잘 띄지 않았다.

학자들은 그렇게 색깔을 칠한 새들을 실험 우리 속에 넣고 일어나는 일을 그대로 기록했다. 결과는 분명했다. 검은 점을 가진 까치들은 거울 속을 들여다보고 한번은 여기, 한번은 저기를 콕콕 쪼아댔지만 특별히 눈에 띄는 행동을 보이지 않았다. 그러나 빨간 점이 그려진 까치

들은 거울 앞에 서자 즉시 얼룩이 있는 자리를 긁고 지우느라 분주했다. "이 얼룩은 없어져야 해"라고 새들은 생각하는 것처럼 보였다. 몇 마리의 까치는 진정한 곡예사의 능력을 발휘하기도 했다. 왜냐하면 목 부위는 새의 부리나 발이 거의 닿지 않는 곳이기 때문이다.

모든 '평범한' 관찰자들은 이런 결과에 만족했을 것이다. 그러나 학자들은 본성적으로 대단히 비판적인 사람들이다. 혹시 까치들이 거울 속의 모습을 자신이라고 생각한 것이 아니라 목 부위에 빨간 점이 있는 까치 한 마리와 마주섰다고 여긴 것이고 그럴 때 항상 자기 몸을 닦은 것은 아니었을까? "새들이 자기 몸을 닦는 것은 흥분이 고조된 결과일 수도 있다"고 생물심리학자는 설명한다. 결국 또다시 검증 실험이 이루어졌다.

이번에는 연구자들이 거울 대신에 투명한 유리판을 우리 안에 넣었다. 그 뒤에서 학자들은 목에 빨간 점이 있는 새와 없는 새들을 다양하게 들여보냈다. 호기심 많은 새들에게는 흥미로운 게임이었다. 그러나 까치들이 자신의 목에 그려진 빨간 점에 신경을 쓴 것은 오로지 거울 앞에 서 있을 때뿐이었다. 이런 결과는 까치들이 자신에 대한 의식이 있다는 것을 의미하는 것일까? 이 새들도 자기인식을 지니고 있고 그런 면에서 심지어 많은 원숭이들을 능가하고 있는 것은 아닐까? 오누르 귄튀르킨은 보다 신중하게 이렇게 표현한다. "까치들은 거울 앞에서 침팬지나 오랑우탄과 유사하게 반응한다. 그리고 이런 유인원들의 경우에는 그런 특징이 자기인식의 증거로 해석되었다."

침팬지, 오랑우탄, 보노보의 재발견

유인원은 얼마나 영리한가?

침팬지의 재발견

크리스토프 뵈쉬는 고도로 현대화된 라이프치히의 막스플랑크 진화인류학연구소를 걷다 보면 언제나 자신이 마치 낯선 세계의 방문자가 된 듯하다. 회색이 도는 갈색의 고수머리를 한 이 교수는 연구소의 다섯 책임자들 중 한 사람이다. 그런데 뵈쉬에게는 제2의 일터가 있는데 바로 아프리카의 우림지대에 위치해 있다.

1979년 이후로 이 생물학자는 서아프리카 상아해안의 타이 국립공원에서 야생 침팬지들을 연구하고 있다. 그는 12년이 넘게 원시림 속의 동물들과 함께 살았고 그의 아내 헤드비게 뵈쉬 아커만이 함께 했다. 그때 이후로 뵈쉬는 침팬지들이 우리가 생각하는 것보다 훨씬 더 지능이 높다고 확신하게 되었다. "침팬지들은 자연적인 환경에서만 그들이 진정으로 무엇을 할 수 있는지를 보여준다"고 뵈쉬는 말했고 그 때문에 때때로 라이프치히의 동료들을 불쾌하게 만들곤 했다.

왜냐하면 막스플랑크 진화인류학연구소의 일부는 단지 야생 침팬지들뿐만이 아니라 라이프치히 동물원의 일명 퐁고란트(퐁고pongo는 유인원, 고릴라, 오랑우탄을 뜻하는 말이며, 퐁고란트는 연구 중인 영장류를 관람할 수 있게 개방되어 있다 – 옮긴이)에서 유인원들도 연구하고 있기 때문이다. 자연환경과 동물원이라는 두 가지의 전혀 다른 조건이 이 분야에서 언제나 생산적인 기폭제 역할을 한다. 실제로 유인원들의 놀라운 능력 대부분은 먼저 우림지대에서 발견되었다. 크리스토프 뵈쉬의 전문 분야인 도구의 사용과 같은 능력처럼 말이다. 수백 년 동안 생물학자와 인류학자들은 오직 인간만이 도구를 사용한다고 가정해 왔다. 그런데 제인 구달이 나타났다.

이 젊은 영국 여성은 1960년에 야생 침팬지를 관찰하기 위해 아프리카로 들어갔다. 어느 날 그녀는 자신이 데이비드 그레이베어드라는 이름을 지어준 침팬지가 나무 덤불에서 가지 하나를 꺾는 것을 목격했다. 침팬지는 조심스럽게 나뭇잎들을 떼어내고 자신의 '낚싯대'를 흰개미탑의 좁은 입구로 집어넣었다. 침팬지가 가지를 다시 꺼냈을 때 거기에는 수많은 개미들이 달라붙어 있었다. 침팬지는 맛있게 곤충들을 입 안으로 쓸어넣었다. 센세이셔널한 발견이었다!

침팬지 데이비드는 도구를 사용할 뿐 아니라 직접 만들기도 했다. 제인 구달은 곧장 자신의 스승인 루이스 리키에게 전보를 쳐서 이런 관찰 내용을 보고했다. 그의 대답이 즉시 도착했다.

"우리는 도구라는 개념을 새로이 규정하거나, 인간의 특징을 새로

이 규정하거나, 혹은 침팬지를 인간에 포함시켜야 한다."

호두 까는 침팬지

제인 구달은 고릴라 연구에 몰두했고, 1985년에 비극적인 방식으로 살해된 그녀의 동료 다이앤 포시와 마찬가지로 선구적인 업적을 남겼다. 크리스토프 뵈쉬는 이 두 사람으로부터 가르침을 받았다. 그는 이미 1973년에 생물학과 학생으로서 5개월을 루안다에 있는 다이앤 포시의 연구소에서 보냈다. 그는 산고릴라를 연구했고 그 흔적을 찾는 법을 배웠다. 고향인 스위스로 돌아왔을 때는 서아프리카 타이 국립공원의 침팬지들에 대한 특이한 소식이 그를 놓아주지 않았다. 그곳의 침팬지들이 망치와 모루를 이용해 호두를 까먹을 수 있다는 소식이었다. 물론 처음에 학계는 비관적인 입장을 취했다. 아무도 실제로 그런 일이 가능할 것이라고 생각하지 않았다. 뵈쉬는 사실을 알아내고 싶었다.

뵈쉬는 아내 헤드비게와 함께 1976년에 타이 국립공원으로 여행을 떠났다. 처음 몇 주와 몇 개월 동안 뵈쉬 부부는 단 한 마리의 침팬지도 구경하지 못했다. 그들은 침팬지들의 소리도 들을 수 있었고 흔적도 발견했지만 유인원들 자체가 항상 조금 더 빨랐다. "야생 침팬지들이 인간과 함께 있는 것에 익숙해지기까지는 5년의 시간이 걸렸다." 때로는 더 오래 걸리기도 했는데, 특히 그 지역에서 사냥이 벌어지면 동물들은 극도로 두려워했고 신중하게 행동했다.

호두 껍데기를 까는 침팬지 이야기는 확실히 사실일 가능성이 많았다. 왜냐하면 반복적으로 학자들은 도구로 사용된 것으로 보이는, 나뭇가지로 만들어진 막대와 돌, 그리고 빈 호두 껍데기들을 발견했기 때문이다. 때로는 이들이 침팬지들과 아주 가까이 있어서 두드리는 소리를 들은 적도 있었지만 그럼에도 불구하고 침팬지들을 보지는 못했다.

그러나 뵈쉬 부부는 포기하지 않았고 마침내 기다리던 순간이 왔다. 그제야 야생 침팬지들은 특이한 모습의 두 발 달린 인간의 존재에 익숙해진 것이다. 뵈쉬는 이때부터 침팬지들을 쫓아가서 관찰할 수 있었고 예전의 그 어떤 학자도 볼 수 없던 것을 목격하게 되었다. 예를 들어 침팬지 헤라와 아들 하쉬쉬가 있었다. "침팬지 두 마리가 나무 밑에 앉아 각자 돌을 가지고 호두를 깨고 있었다. 그것도 6시간 동안이나." 그 모습은 마치 작업 중인 수공업자들 같았다. 오늘날까지도 뵈쉬는 침팬지들의 대단한 끈기와 정밀함에 매료되어 있다.

침팬지, 문화적 존재?

타이 국립공원에 있는 유인원들은 확실히 세대에서 세대로 전승되는 자기들만의 문화를 발전시킨 것으로 보인다. 그것은 크리스토프 뵈쉬가 말하는 것처럼 일종의 '문화'이다. 물론 모든 학자들이 인정한 개념은 아니다. 그러나 침팬지들은 기본적인 조건을 충족시키고 있다.

뵈쉬에 따르면 문화란 정보의 비유전적인 계승, 소위 정신적인 유산을 의미한다. 이는 극히 소수의 종들에게만 존재하는 특별한 것이다. 대부분의 종들의 경우 원래의 발견자가 죽자마자 발견의 내용은 망각

속으로 사라져버린다. 그래서 대부분의 동물들에게는 지역에 따라 각기 다른 관습이나 풍습이 없는 것이다. 이와 달리 인간은 진정한 문화적 존재로 발달하게 되었다. 오히려 문화적인 진화가 생물학적인 진화를 앞질렀다. 그렇다면 우리에게 친척과 같은 동물인 침팬지들은 이런 발달의 과정에서 어디에 위치해 있는가? 그들의 경우에는 전통이란 것이 어떻게 발달되었는가?

그런 문제를 알아보고자 하는 사람에게 타이 국립공원의 호두 까는 침팬지들은 뛰어난 연구 대상이었다. 침팬지는 작업을 할 때 대단히 체계적이다. 이 동물들이 모루로 사용한 것은 편편한 돌이나 넓은 뿌리였고, 그 중에서 가장 즐겨 사용한 것은 작은 함지 모양의 홈이 패어 있는 뿌리였다. 침팬지들에게는 수년 동안 실제로 사용해 온 작업장이 있다. 여기서 침팬지들은 함지 모양의 홈 위에 호두를 놓는다. 때로는 수백 미터가 떨어진 곳에서 망치를 끌고 오기도 한다. 단단한 판다누스의 열매를 깨기 위해서는 돌로 만든 도구가 가장 적당하고, 부드러운 콜라나무 열매의 껍질은 나무망치로도 깰 수 있다.

침팬지들이 모든 도구를 가지고 있다면 이제 필요한 것은 인내와 힘, 그리고 능숙함이다. "어린 침팬지들은 어떻게 그렇게 복잡한 기술을 배우는 것일까?" 크리스토프 뵈쉬는 20년도 더 전에 첫번째 관찰에서 그런 의문을 가졌다. 요즘 그의 박사과정 학생 중 한 명인 야스민 뫼비우스가 바로 이 문제에 몰두하고 있다. 그녀가 알아낸 것은 "어미들이 결정적인 역할을 한다"는 정도이다. 새끼들은 언제나 어미 가까이 있었고 어미가 하는 일을 자세히 관찰했다고 한다.

정글 속의 침팬지 학교

야스민 뫼비우스는 수개월 동안 열대우림 속의 침팬지들을 추적했다. 그 동안에 몇몇 그룹은 인간에게 익숙해졌다. 익숙해진 그룹은 연구자들의 작업을 훨씬 더 쉽게 만들었다. 그러나 크리스토프 뵈쉬는 엄격한 규칙을 지키도록 주의를 기울였다. 동물들을 가급적 방해하지 말아야 했다. "우리는 그들에게 단지 손님일 뿐이다." 이 말은 실제로 다음과 같은 의미가 있다. 학자들은 동물들을 그림자처럼 추적하지만 결코 동물들과 접촉을 하지 않는다. 너무 가까운 관계는 결과를 왜곡시킬 수도 있기 때문이다. 그리고 신중해야 할 또 다른 이유가 있다. "동물들이 우리가 그들보다 더 약하다고 생각해서는 안된다. 때때로 나는 침팬지들이 우리 인간을 두려워한다는 생각이 드는데 아마도 우리가 그들보다 더 크기 때문일 것이다."

연구자들의 하루는 아침 5시, 때로는 그보다 더 일찍 시작된다. 학자들은 먼저 자신들의 캠프를 떠나서 침팬지들의 야간 거처로 간다. 침팬지들은 6시 반경이 되면 일어나서 나무 높은 곳에 있는 잠자리를 떠난다. 이때 생물학자들이 그 자리에 없으면 침팬지들을 다시 찾을 수 없다. 매일 아침 야스민 뫼비우스는 한 침팬지 모녀 커플을 계속 따라다니면서 하루 동안 벌어지는 일을 관찰한다. 이런 작업에서 기술적인 도구들 외에는 제인 구달과 다이앤 포시의 시절 이후로 크게 달라진 것은 없다. 요즘 학자들은 종이와 연필 대신에 작은 휴대용 컴퓨터를 사용한다. 그림판과 카메라는 비디오카메라로 대체되었다.

야스민은 촬영한 장면을 나중에 캠프나 라이프치히의 집에서 하나하나 분석했다. 모니터에 개미 낚시질을 하고 있는 침팬지 비너스와 딸 볼타가 나타났다. 비너스는 능숙하게 자신의 도구를 개미굴 안으로 찔렀다가 꺼내서 바로 낚싯대를 핥아먹었다. "큰 무리로 이동하는 이런 종류의 개미들에게 물리면 매우 아플 수 있다"고 뫼비우스는 설명한다. 그래서 침팬지들은 가능한 한 개미굴로부터 멀리 떨어져 있었고 개미들을 손으로 만지지 않았다. 볼타는 직접 낚시질을 하기에는 아직 너무 어리다. 그러나 볼타도 엄마 침팬지의 행동을 주의깊게 관찰했다. 곧 볼타도 연습을 시작할 것이다.

야스민 뫼비우스는 테이프를 조금 더 돌려보았다. 그러자 커다란 돌을 들고 있는 어린 침팬지 한 마리가 보였다. "그 돌은 분명히 3에서 4킬로그램 정도는 되었을 것이다. 그것은 어린 침팬지에게 너무도 무거워 보였다." 새끼 옆에서는 어미가 늘 하던 대로 단단한 판다누스 열매를 까고 있었다. 새끼 침팬지는 창의력이 뛰어났다. 이 침팬지는 돌을 열매 위로 들어올릴 수 없자 열매를 돌 밑으로 밀어넣을 생각을 한 것으로 보였다. 그러나 이런 시도도 성공하지 못했다.

이제 침팬지는 혼란에 빠진다. "침팬지는 열매를 돌 위로 던지고 사이사이에 반복해서 껍데기를 이로 물어본다." 그러나 여전히 껍데기는 깨지지 않았다. 어린 새끼 침팬지는 실망한 채 결국 어미에게 가서 열매를 받아먹는다. 어미는 기꺼이 새끼와 음식을 나누어 먹는다. 어미 침팬지들은 새끼들에게 대단히 관대하다. "그런 점이 어린 새끼들을 견디게 하는 동기가 된다"고 크리스토프 뵈쉬는 믿고 있다. 또한 나이가 더 많은 형제들 곁에서도 어린 침팬지들은 가끔씩 음식을 집어 먹을 수 있다. 학자들은 이것을 '허용된 도둑질'이라고 표현한다.

시범 보이는 엄마 침팬지

침팬지들은 주로 관찰을 통해 학습을 한다. 그러나 크리스토프 뵈쉬는 한 침팬지가 새끼를 제대로 가르치는 모습을 두 번이나 목격할 수 있었다. 살로메는 호두 껍데기를 까고 있고 아들 사르테는 엄마와 똑같이 하려고 노력하지만 헛수고였다. 어느 순간에 새끼는 이미 열리기 시작한 엄마의 호두 하나를 홱 잡아채더니 대단히 어설프게 모루 위에서 두들겨 댔다. 그러자 살로메가 호두 조각을 손으로 들고 모루를 깨끗이 치운 다음 조심스럽고 올바른 자세로 호두를 그 위에 올려놓았다. 이런 도움 덕분에 사르테는 호두 껍데기를 까는 데 성공했고 알맹이를 꺼내 먹을 수 있었다. 이런 모습 또한 센세이션이었다. 왜냐하면 이와 같은 능동적인 수업이란 것이 동물 세계에서는 극히 드문 일이기 때문이다. 많은 학자들은 심지어 그런 일이 존재한다는 것조차도 의심한다. 동물들은 배우기는 하지만 가르치지는 않는다고 믿고 있기 때문이다.

그러나 침팬지들은 적극적으로 가르치는 일을 하는 것이 분명하다. 왜냐하면 다른 기회에 뵈쉬는 밀림 속에서의 수업 시간을 관찰할 수 있었기 때문이다. 어린 니나는 불균형한 형태의 망치를 이리저리 만지고 있었다. 니나는 도구를 이리저리 돌리고 자리를 바꾸어 들어보았지만 확실히 실망한 듯했다. 몇 분 후에 니나의 어미인 리치가 도와주기 위해 왔다. 리치는 망치를 받아서 눈에 띄게 천천히 가장 좋은 자세로 돌려 잡았다. 그런 후 몇 개의 호두 껍데기를 깬 다음에 망치를 돌려주었다. 이제 니나는 어미가 보여주었던 바로 그대로 망치를 잡고 단단한 호두 껍데기를 몇 번의 타격으로 깨뜨렸다.

"생각보다 단단하군.
하지만 인내심을 가지고…"
"엄마, 나도 해볼래요"

뵈쉬에게는 이런 모습이 대단히 깊은 인상을 준 사례였다. "어미는 자신의 딸이 어려움을 겪고 있는 것을 보고 딸의 행동에서 잘못된 점을 대단히 눈에 띄는 방식으로 고쳐주었고 어떻게 그 일을 잘 해낼 수 있는지 직접 시범을 보였다." 뵈쉬는 동물의 능동적인 수업 모습을 관찰한 최초의 학자였다. 비록 그런 관찰이 아주 드문 일로 남아 있지만 인간과 동물 사이의 틈새는 점점 좁혀지고 있다.

호두 까기에서 수련생으로 시작하여 진정한 대가가 되기까지는 많은 시간이 걸린다. 2~3세의 나이에 침팬지들은 호두 까기 작업장에서 최초의 시도를 하게 된다. 초기에는 수많은 실수를 한다. 바로 나이프와 포크로 먹는 법을 배우는 아이처럼 말이다. 흔히 어린 침팬지들이 처음으로 성공을 거두기까지는 1년이 걸리기도 한다. "침팬지들의 끈기에는 진정으로 감탄하지 않을 수 없다"고 야스민 뫼비우스는 말한다. "때때로 어린 새끼들은 아무 효과가 없음에도 같은 호두를 50번이나 치기도 한다." 수고에는 대가가 따르게 마련이다. 호두 까기를 통해 침팬지들은 하루에 3,500킬로칼로리까지 얻을 수 있다. "그것은 고된 일이기는 하지만 또한 큰 이익이기도 하다"고 뵈쉬는 말한다.

그런데 놀라운 것은 오직 타이 국립공원의 침팬지들만이 호두나 열매의 껍데기를 깔 수 있다는 사실이다. 사산드라 강을 중심으로 서쪽의 손재주가 많은 침팬지들과 경험과 지식이 부족한 다른 침팬지들 사이에는 경계선이 형성되어 있다. 강의 양쪽이 동일한 생활조건을 가지고 있음에도 불구하고 그곳에서는 한 번도 호두 껍데기나 작업장이 발견되지 않았다. 강은 확실히 문화의 경계선이 되고 있었다. 그러나 언젠가는 동쪽에서도 한 원숭이가 단단한 호두 껍데기를 돌과 같은 도구를 이용해서 깨뜨리려는 생각을 할 수 있을 것이다. "그런 발견을 한 원숭이가 등장한다면 아마도 암컷일 가능성이 높다"고 뵈쉬는 추측하고 있다. 왜냐하면 최소한 타이 국립공원에서는 암컷들이 능숙한 수공업자들이기 때문이다.

침팬지 고고학

타이 국립공원에 사는 침팬지들의 호두 까기 솜씨는 이미 100년도 더 전부터 시작되었을 가능성이 높다. 이런 기술의 발달에 대해 더 많은 것을 알아내기 위해 연구자들은 처음으로 고고학적인 방법으로 인간이 아닌 종의 역사를 연구했다. 크리스토프 뵈쉬는 동료인 멜리사 판저와 미국의 고고학자 줄리오 메르카더와 공동으로 100년이나 된 침팬지들의 호두 까기 작업장을 발굴할 수 있었다. 침팬지들의 돌망치가 흔적으로 남아 있었는데, 돌로 칠 때마다 규칙적으로 다양한 크기의 조각들이 깨져서 떨어지기 때문이다. 학자들은 총 479개의 돌조각을 찾아냈고, 그 중에서 몇 개는 땅 속 21센티미터 깊이까지 들어가 있었다.

특히 흥미로웠던 것은 오래전에 말라죽은 거대한 판다누스 나무의 근처에 있는 '판다 100'이라는 발굴지였다. 침팬지들이 이 나무의 뿌리를 수십 년 동안 작업장으로 사용했던 것이 분명했다. 고고학자와 생물학자로 이루어진 연구팀은 나무 아래에서 4킬로그램이 넘는 돌조각들과 거의 40킬로그램에 이르는 호두 껍데기를 발굴했다. 연구진은 발굴품의 겉모습과 형태에 대단히 매료되었다. 돌멩이의 크기, 깨진 돌멩이들의 형태, 그리고 많은 작은 조각들이 우리 인간의 오래된 조상이 동아프리카의 올두바이 골짜기에 남겨놓은 돌멩이들과 유사했던 것이다. 인간의 오래된 조상이 사용한 이 최초의 석기들은 약 250만 년 전 것으로 추정된다. 침팬지의 작업장에 제곱미터당 남아 있는 돌멩이의 숫자와 돌무더기의 크기도 인간의 조상들이 남긴 돌무덤과 유사했다. 크리스토프 뵈쉬는 그런 특징을 침팬지들이 우리와 얼마나 가까운지, 그리고 침팬지들이 우리 인간의 역사에 대해 얼마나 많은 것을 설명해 줄 수 있는지를 보여주는 또 하나의 간접 증거라고 여겼다.

감자 씻는 원숭이, 그림 그리는 침팬지

침팬지 그룹들 사이의 문화적인 차이점은 아주 크다. 그래서 전문가들은 침팬지들을 뚜렷하게 분류할 수 있을 정도이다. 어느 정도는 우리 인간에게도 적용이 가능한 구별법이다. 예컨대 젓가락을 사용하는 사람은 아시아에서 온 사람이고, 화려한 치마를 입은 남자는 스코틀랜드와 관계가 있을 가능성이 매우 높은 것처럼 말이다.

영장류 연구가들은 바로 그와 동일한 문화적 안경을 쓰고 침팬지를 관찰해 보았다. 한 침팬지가 긴 가지를 이용해 흰개미를 낚시해서 손을 사용해 입안으로 밀어넣는다면 그는 탄자니아의 곰베에서 왔을 가능성이 높다. 이와 달리 먹는 방식에서 개미들을 마치 얼음처럼 입 속으로 미끄러뜨려 넣는다면 이 침팬지는 서아프리카에서 왔을 것이다. "우리는 이제 더 이상 획일적으로 침팬지라고 부를 수 없고 흔히 사람을 유럽인, 아프리카인, 혹은 아시아인이라고 말하는 것과 같이 타이 침팬지, 곰베 혹은 마할레 침팬지라고 말해야 한다"고 크리스토프 뵈쉬는 말한다.

그러나 침팬지들만이 전통을 발달시키는 동물은 아니다. 수마트라에서는 오랑우탄이 짧은 막대기로 열량 높은 네시아나무 열매의 가시들을 떼어낸다. 오랑우탄은 이 일에 집중하면 몇 시간도 보낼 수 있다. 남미산의 흰목꼬리감기원숭이도 나뭇가지로 먹이를 파낸다. 오하이오하이램 대학의 킴벌리 필립스는 트리니다드 섬에서 원숭이들이 나뭇잎을 스펀지로 사용하는 모습을 관찰했다. 원숭이들은 이 도구를 사용해 물을 입 안으로 흘려넣었다.

고시마 섬의 일봉원숭이도 아주 유명하다. 이 원숭이들은 20~30마리씩 그룹을 지어 산다. 영장류 학자들은 이런 그룹 중 하나를 이미 50년 전부터 자세히 관찰해 왔다. 원숭이들을 숲에서 나오도록 유혹하기 위해서 연구진은 달콤한 감자를 먹이로 주기 시작했는데 어느 때인가 암컷인 '이모'라는 이름의 원숭이가 감자를 물에 씻기 시작했다. 그러자 이모의 놀이 상대와 자식들이 금방 이런 습관을 넘겨받았다. 나이가 지긋한 수컷들만이 예전 방식을 버리지 않았다. 나이가 많은 수컷들은 젊은 암컷들로부터 배우기를 좋아하지 않았다. 이것은 인간이라는 종에게도 나타나는 현상이다. 그 사이에 고시마에 있는 거의 모든 원숭이가 감자를 씻어서 먹게 되었다. 그리고 이런 습관은 계속 발달했는데, 왜냐하면 어느 날 한 원숭이가 더 이상 담수에서가 아니라 바닷물에서 씻을 생각을 하게 되었기 때문이다. 고시마의 일본원숭이들은 소금을 발견했던 것이다.

"인간들은 자기네 문화의 독창성을 과장하는 경향이 있다"고 널리 알려진 영장류 학자 프란스 드 발은 말한다. 그는 동료 학자들을 매우 흥분시켰다. 왜냐하면 그의 주장에 따르자면 인간이 자신들의 문화를 너무 많이 침범당하기 때문이다. 실제로 인간의 문화가 가진 다양성이란 비교의 여지가 없다. 인간의 문화는 쾰른 성당과 같은 건축물에서부터 베토벤의 9번 교향곡을 거쳐 크리스토의 포장예술에 이르기까지 엄청난 규모를 자랑한다. 그러나 유일무이하고 독특하다는 것은 단지 인간 문화의 규모와 그 정도에 한해서일 뿐이다.

"동물들이 문화를 가지고 있는가 하는 질문은 닭이 날 수 있는가 하는 질문과 같은 것이다. 곧 닭은 알바트로스나 매와 비교해서는 아마도 날 수 없다고 말해야 할 것이다. 그러나 닭도 날개가 있고 경우에 따라서는 날개를 퍼덕거려서 나무 위로 올라가기도 한다."

회화와 같은 소위 고급문화에도 동물들이 침범하고 있다. 그 사이 고전이 되어버린 『털없는 원숭이』의 작가 데스먼드 모리스는 정기적으로 한 침팬지를 자신의 텔레비전 쇼에 데리고 나갔다. 콩고라는 이름의 이 원숭이는 직접 그린 추상화로 유명해졌다. "콩고의 그림은 구성과 대범함에서 아이의 수준을 넘어서는 것으로 분류되었다"고 드 발은 쓰고 있다. 심지어 피카소도 콩고의 그림을 벽에 걸어놓았다고 한다.

지난해에 영국에서는 오래전에 죽은 침팬지의 작품 석 점이 1만 4,000파운드 이상까지 가격이 올라갔다고 한다. 미술평론가들은 원숭이들의 그림을 인간의 그림과 구별하는 데 어려움을 느끼고 있다. 반면에 비둘기들은 피카소와 모네의 작품을 확실하게 구별하는 법을 배울 수 있다. 그리고 비둘기들의 이런 능력은 한 걸음 더 나아간다. 그들은 잘 모르는 작가의 그림을 보고 그것이 유명한 두 작품 중에서 어느 양식에 속하는지 판별할 수 있다.

침팬지의 그룹 사냥

이미 1960년에 제인 구달은 침팬지들이 경우에 따라서는 고기를 먹고 이를 위해서 함께 사냥을 한다는 사실을 발견했다. 동물성 단백질은 침팬지의 식단에서 2퍼센트밖에 차지하지 않지만 유인원들에게 대단히 사랑받는 음식이기도 하다. 구달은 이미 곰베에 갔던 첫해에 여러 번의 사냥을 관찰할 수 있었다. 침팬지들은 흔히 즉흥적으로 사냥을 결정했다. 이들은 숲을 지나가다가 갑자기 귀를 기울여서 다른 원숭이, 예를 들면 가장 좋아하는 먹이인 붉은콜로부스원숭이의 소리를 듣는다. "그런 다음 사냥꾼 침팬지들은 대부분 마치 아무것도 모르는 것처럼 행동한다"고 제인 구달은 설명한다. 단지 빳빳하게 일어난 털들이 그들의 흥분을 드러내준다. 마치 우연인 것처럼 침팬지들은 먹잇감들이 여기저기 매달려 있는 나무로 접근한다. 그리고는 갑자기 습격을 시작한다. 침팬지들이 달려가기 시작할 때 몇 마리는 나무 위로 올라가고, 다른 몇 마리는 콜로부스원숭이들의 뒷길을 차단한다. 몰이꾼들은 침팬지 중 한 마리가 공격을 할 수 있을 때까지 한참 동안 원숭이들을 추적한다. 쫓기는 사냥감들이 도망칠 수 있는 출구를 찾는 경우는 매우 드물다.

가끔 침팬지들은 계획적으로 사냥 약속을 하기도 한다. 당장 눈앞에 먹잇감이 보이지 않아도 한 마리가 출발 신호를 하면 사냥이 시작된다. 이 동물들이 어떻게 의사소통을 하는지는 오늘날까지도 분명하지 않다. 그러나 침팬지들은 그런 신호를 보고 무슨 일인지를 확실히 파악한 다음 안내자를 따라 나선다. 그룹 전체가 극도의 긴장감 속에서 최대한 조용히 숲속을 누빈다. 이들은 반복적으로 가던 길을 멈추고 서서 귀를 기울이고 무엇인가를 찾는 듯한 시선으로 주변을 둘러본다. 그러다가 다른 원숭이나 덤불멧돼지를 발견하면 조용한 분위기는 사라지고 순식간에 야단법석이 시작된다.

사냥감을 몰아서 잡는 작업의 분업은 대단히 효과적으로 이루어진다. 붉은콜로부스원숭이를 사냥할 때 침팬지들의 성공률은 40퍼센트에 이른다. 그리고 덤불멧돼지의 경우에는 거의 70퍼센트에 달한다. 제인 구달은 이런 것이 침팬지들의 높은 지능, 전략적인 계획과 능숙함에 대한 증거라고 여겼다. 이에 비해 아프리카의 사자들은 사냥 시도 중 20퍼센트밖에는 성공하지 못한다고 한다.

사냥 후에 침팬지들은 노획물을 분배하는데 이 과정은 침팬지 사회에서 대단히 특별한 예외적 경우에 해당된다. 흔히 사냥감 몰이를 했던 침팬지들은 손을 쭉 내밀어 자신들의 몫을 요구한다. 그러면 고기를 가지고 있는 침팬지들이 조각들로 찢어서 사냥 동료들에게 건넨다. 이때 침팬지들은 누가 도움을 주었고 누가 주지 않았는지를 정확히 알고 있다. 막상 일이 다 끝난 다음에 나타난 수컷들은 고기를 적게 받거나 혹은 전혀 받지 못할 수도 있다. 이와 달리 암컷들은 단지 옆에서 보기만 했어도 언제나 각자의 몫을 받는다.

고대의 수렵과 채집 민족들의 경우처럼 유인원들 사이에도 분명한 역할 분담이 있다. 수컷은 사냥을 하고, 암컷은 주로 채집을 담당한다. 이것은 대단히 의미 있는 분업인데, 왜냐하면 암컷 침팬지들은 흔히 임신을 했거나 곁에 아기를 데리고 다니기 때문이다. 나무들 사이를 뚫고 다니면서 해야 하는 거친 몰이사냥은 새끼들에게 매우 위험할 수 있다. 그런 이유로 암컷들은 사냥한 노획물에서 각자의 몫을 얻는다. 암컷 침팬지들은 추가적으로 필요한 단백질을 충당하기 위해 딱정벌레, 애벌레 등의 곤충들을 먹는다. 또 흰개미를 잡아먹거나 호두를 깨서 먹기도 한다. 침팬지들의 경우에는 암컷이 훌륭한 수공업자로 활약하고 있다.

퐁고란트의 영장류들

라이프치히 동물원의 실험실에서는 귀한 수컷 오랑우탄 빔보, 그리고 새끼와 함께 있는 암컷 피니가 창살을 사이에 두고 분리되어 있다. 이 두 마리는 서로를 볼 수는 있지만 서로에게로 갈 수는 없다. 새끼 오랑우탄이 이리저리 돌아다니는 반면에 두 마리의 어른 오랑우탄은 우리 안에 놓여 있는 특이한 물건들에 관심을 기울이고 있다. 수컷 오랑우탄은 별 생각 없이 플라스틱 모형을 창살을 통해 건넸다. 피니는 그러기를 마침 기다리고 있었던 것이 분명하다. 왜냐하면 전혀 망설임 없이 그것을 조련사에게 주었고 과일 한 조각을 상으로 받았기 때문이다. 빔보가 없이는 그런 거래가 이루어지지 않았을 것이다. 암컷 피니는 감사의 차원에서 빔보와 먹이를 나눌 것인가? 아니, 그렇지 않다. 상으로 받은 과일은 피니의 입속으로 몽땅 사라졌다. 그렇다면 영장류들은 어떤 상황에서 함께 협동을 하는 것일까? 경쟁과 협조는 어떻게 생겨날까? 그런 혹은 그것과 유사한 문제들을 라이프치히 동물원에 있는 막스플랑크 진화인류학연구소의 학자들이 알아보았다.

매일 아침 8시 30분에 라이프치히 동물원, 일명 퐁고란트에 사는 영장류들의 하루가 시작된다. 대형의 야외 우리와 실험실이 있는 이 열대 공간 안에는 모두 네 종의 대형 영장류들이 살고 있다. 오랑우탄, 고릴라, 침팬지, 보노보이다. 라이프치히의 이런 시도는 세계적으로 유일한 사례이다. 단지 여기서만 학자들은 몸집이 큰 영장류들을 연구할 수 있고 서로 비교할 수 있다. 각 종류별로 어떤 특성이 있는가? 그리고 인간과 유인원들의 공동 유산이라 할 수 있는 인류의 행동방식에는 어떤 것들이 있는가?

사실 정신적인 능력이란 돌로 변한 화석에 담겨진 채 남아 있는 것이 아니다. 그래서 살아 있는 우리 친척뻘의 이 동물들은 인간 지능의 진화를 알아볼 수 있는 유일한 가능성이기도 하다. 학자들은 영장류의 지능에서 계보 같은 것이 존재하는지를 알아보고자 한다. 동물원 방문객들은 열대 하우스의 창문을 통해서만 실험 모습을 볼 수 있다. 아주 간혹, 예컨대 동물들이 아주 예민할 때에만 학자들은 쇼윈도를 닫고 블라인드를 내린다.

협동과 신호

학자들은 침팬지들이 공동으로 해결해야 하는 과제에

서는 언제나 점수가 좋지 않다는 점에 놀라게 된다. "우리 인간은 협동을 대단히 잘하는 편"이라고 연구소 소장 중 한 명인 미하엘 토마셀로는 말한다. 우리는 함께 집을 짓고, 함께 자동차를 만들며, 합창으로 노래를 부르고, 함께 사냥을 나간다. 인간 사회 전체가 협동을 통해 돌아가고 있다. 또한 단 한 번의 시선만으로도 우리는 팀 동료에게 어떤 일에 대해 신호를 보낼 수 있다. 인간은 언어적이거나 비언어적인 신호를 이해하는 데 대가임이 틀림없다.

그러나 침팬지들은 간단한 실험에서도 이미 그런 이해가 대단히 힘들다. 유인원이 두 개의 양동이가 놓여 있는 방으로 온다. 두 개의 양동이 중 하나에는 먹을 것이 들어 있다. 문제는 어느 쪽에 들어 있는가 하는 것이다. 먹이에서는 아무런 냄새도 나지 않는다. 이때 사람이 동물에게 신호를 주는데, 손가락으로 먹이가 들어 있는 양동이를 가리키거나 눈에 띌 정도로 과장되게 그쪽을 쳐다본다. 그러나 침팬지는 그런 힌트를 무시한다. 그래서 침팬지가 먹이를 찾는지 혹은 못 찾는지는 우연에 달려 있을 뿐이다. 연구원들은 한참 동안 이런 수수께끼를 풀지 못했다. 머리가 좋은 침팬지들이 왜 그렇게 간단한 신호를 이해하지 못하는 것일까?

그리고 경쟁

마침내 브라이언 헤어가 결정적인 생각을 해냈다. "만약 우리가 상황을 바꾸어보면 어떻게 될까?" 이 인류학자는 이렇게 자문해 보았다. 실험자가 협동 대신에 침팬지와 경쟁을 하도록 상황을 만드는 것이다. 실험 구성은 동일하지만 이번에는 사람이 도움을 주는 신호를 보내지 않는다. 그 대신에 사람이 마치 먹이를 가지려고 하는 것처럼 행동한다. 다시 말하면 학자들은 한 양동이를 잡기 위해서 팔을 뻗쳤다. 그러나 유감스럽게도 팔이 너무 짧은 듯이 행동했다. 그러자 갑자기 침팬지가 신호를 이해하고 먹이가 들어 있는 양동이를 선택했다. 그러니까 침팬지는 다음과 같은 생각을 하는 것처럼 보인다. "저 사람이 꼭 저것을 가지려고 하는 데에는 이유가 있을 것이다."

두 번째 실험은 침팬지의 평소 생활에 훨씬 더 근접한 방식이다. 실제로 자연 속에서는 한 동물이 다른 동물에게 어디에 먹이가 숨겨져 있는지를 가리키는 경우는 전혀 일어나지 않는다. 오히려 그 반대이다. 한 동물이 무엇인가 먹을 것을 찾으면 가능한 한 빨리 그 먹이를 자신의 입속에 넣으려고 한다. 먹을 것에 관해서라면 침팬지 사회에서도 협동보다 경쟁이 더 많은 부분을 차지한다. 라이프치히의 연구원들이 그 사이 확신을 얻게 된 것은 침팬지들이 우호적인 신호를 대단히 잘 이해할 가능성이 높지만 다만 그런 신호로는 아무런 자극을 받지 않는다는 점이다.

또한 학자들은 실험의 구체적인 구성 내용이 결과에 얼마나 큰 영향을 미치는지를 깨달았다. "우리는 사실 '원숭이들이 어떤 것은 할 수 없다' 고 전혀 말할 수 없다"고 연구 협력자인 다니엘 하우누스는 말한다. "우리는 단지 '그것을 우리가 증명하지 못했다' 고 말할 수 있을 뿐이다." 하나의 실험이 제대로 기능을 다하기 위해서는 최대한 해당 동물이 사는 곳의 환경과 비슷해야 한다. 그런데 이런 환경을 만드는 것은 결코 쉬운 일이 아니다. 왜냐하면 이곳에 있는 네 종류의 동물들도 각기 다른 특성을 가지고 있기 때문이다.

예를 들어서 오랑우탄의 경우에는 위에서 언급했던 가리키기 실험에서 그다지 좋은 결과를 보이지 못했다. 이때 오랑우탄들을 경쟁을 시켜야 하는지 협동을 시켜야 하는지는 침팬지의 경우와는 달리 큰 차이가 없었다. 이 두 가지가 오랑우탄의 삶에서는 그다지 중요하지 않기 때문이다. "오랑우탄은 주로 혼자서 살아가기 때문에 특별히 동료의 신호를 잘 이해할 필요가 없다"고 하우누스는 설명한다. 그러면서도 오랑우탄이 침팬지나 보노보를 능가하는 실력을 보이는 실험들도 있다.

끈기 있는 오랑우탄들

먼저 깊이 생각하고 그 다음에 행동하기. 이것은 때로 인간에게나 침팬지들에게나 중요한 문제일 수 있다. 라이프치히의 연구원들은 아이들과 유인원들에게 동일한 과제를 냈다. 어떤 방에 투명한 두 개의 문이 있다. 한쪽 문 바로 뒤에는 보물이 — 유인원들의 경우에는 먹이가, 아이들과의 실험일 경우에는 장난감이 — 놓여 있다. 상품은 가깝고도 먼 곳에 있다. 무슨 말인가 하면, 아이들이나 원숭이들이 상품이 놓인 문을 열고 보물을 가져오려고 시도하면 문 자체가 먹이 혹은 장난감을 더 멀리 밀어낸다. 보물은 경사면 아래로 떨어져버려 더 이상 손이 닿지 않게 된다.

"침팬지들은 그런 행동을 10번, 20번, 30번을 계속 반복했다"고 다니엘 하우누스는 설명한다. "침팬지들은 미칠 것같이 화가 났지만 반복적으로 첫번째 생각대로 먹이를 손에 넣으려고 시도했다." 세 살짜리 아이도 이와 똑같이 행동했다. 아이들은 장난감을 보고 그것을 잡으려고 했지만 원하는 물건이 자꾸 눈앞에서 사라져버리자 크게 실망했다. 4~5세 정도의 나이가 되어서야 비로소 아이들은 한 걸음 뒤로 물러설 수 있는 능력이 생긴다. "이때 아이들은 자신의 주의력을 더 확대시키고 그 다음에 비로소 깨닫게 된다. 옳지, 저기 시험해 볼 수 있는 문이 또 하나 있구나." 그리고 바로 문제가 해결된다. 아이는 다른 문을 열고 가서 장난감을 얻는다.

그러나 침팬지나 보노보는 이 문제를 끝까지 해결하지 못한다. 두 번째 문이 단지 20센티미터 떨어진 곳에 있는데도 불구하고 말이다. 유인원들은 몇 번의 시도 후에 먹이가 자꾸 사라진다는 것을 이해하지만 갖고 싶은 대상을 눈에서 놓칠 수는 없다. 우회의 길을 택하는 대신에 계속해서 바로 가는 방법만 시도한다. 그러나 시간이 지나면서 유인원들은 조금 더 천천히 움직이고 문도 특별히 조심스럽게 열게 된다. 그럼에도 불구하고 침팬지는 끝내 실패한다. 이 실험에서는 유인원 중에서 오직 침착한 오랑우탄만이 어느 순간에 상황을 깨달았다. "오랑우탄들은 언제나 인내가 요구되는 경우에는 대단히 뛰어난 모습을 보여준다."

다양한 종류의 유인원들은 지능 면에서 그렇게 큰 차이를 보이지 않지만 각기 다른 기질을 가지고 있다. 특히 누가 문제를 가장 잘 해결하는가 하는 것은 그런 기질에 따라 좌우된다. 침팬지는 흔히 동기유발이 잘 되지만 항상 끈기가 있는 것은 아니다. 고릴라는 연구원들에게 가장 어려운 상대이다. 한마디로 고릴라는 바나나 한 조각을 얻기 위해서 딱히 애써보려고 하지 않는다.

침팬지들의 물리학

다섯 살 난 아이 앞에 두 개의 똑같은 유리컵이 놓여 있고, 두 컵 모두 오렌지주스가 테두리까지 가득 채워져 있다. 이제 실험자가 유리컵 중 하나를 들어서 다른 길고 가는 유리잔에 쏟아 붓는다. "어떤 유리컵에 주스가 더 많을까?" 하고 실험자가 묻는다. 아이는 주저 없이 길고 가는 유리잔을 가리킨다. 다섯 살짜리 아이는 액체의 높은 물기둥 때문에 착각을 했던 것이다. 아이들은 6~7세가 되어서야 비로소 양을 올바르게 측정할 수 있다.

이런 실험에서 침팬지는 어떤 반응을 보일까? 침팬지들은 물리에 대한 이해력을 가지고 있을까? 라이프치히의 진화인류학연구소의 요셉 칼이 이에 대한 실험을 했다. 그는 동물들에게 각기 다른 크기와 모양의 유리컵에 들어 있는 오렌지주스를 주었다. 매번 동물들은 두 개의 유리컵 중에서 하나를 선택해야 한다. "침팬지들은 어떤 형태의 컵에 주스가 들어 있든 대부분 양이 더 많은 것을 선택했다"고 칼은 말한다. 분명히 침팬지들은 추상적인 양의 개념에 대해 어느 정도 이해하고 있었다. 오랑우탄 역시 유리컵의 형태로는 쉽게 속아넘어가지 않았다.

한편 침팬지들은 저울이 어떻게 작동되는지도 이해한다. 이런 사실을 다니엘 하우누스는 한 실험에서 알아내게 되었다. 그는 양쪽 모두에 컵을 올려놓았는데, 그 중 하나의 컵에만 먹이가 들어 있다. 침팬지는 상황을 관찰한 다음에 거의 언제나 아래로 기울어진 쪽을 선택했다. "침팬지들은 선천적으로 저울을 이해하고 있는 것처럼 보인다"고 하우누스는 말한다. "침팬지들은 더 무거운 먹이가 담긴 쪽이 아래쪽으로 기운다는 것을 알고 있다."

그러나 어쩌면 침팬지들은 이런 연관성을 그저 보고 배웠을지도 모른다. 첫번째 실험에서 우연히 올바른 그릇을 택했을 경우에 다음번에도 계속 같은 선택을 하는 것이다. 이런 추측을 확인해 보기 위해 하우누스는 전혀 다른 구조의 저울을 만들었다. 이번에는 먹이가 들어 있는 쪽이 위로 올라갔다. "확실히 침팬지들은 이런 부자연스러운 연관성을 배우는 것을 훨씬 더 어렵게 느꼈다."

공정한 원숭이

원숭이들은 시장경제가 무엇을 의미하는지도 이해하고 있다. 이런 점을 프란스 드 발이 흰목꼬리감기원숭이의 사례에서 보여주었다. 네덜란드 출신의 이 행동학 학자는 1990년 이후로 애틀랜타의 에모리 대학에서 연구를 하고 있다. 대학의 캠퍼스에는 흰목꼬리감기원숭이 한 집단이 서식하고 있는데, 남미와 중미산의 이 동물들은 특히 머리가 좋아서 생물학자들의 사랑을 받고 있다. 프란스 드 발은 동료인 사라 브로스넌과 함께 이 원숭이들에게 비교적 쉬운 게임을 가르쳤다. 나란히 놓여 있는 우리 안에 두 마리의 원숭이가 분리된 채 앉아 있는데 서로를 잘 볼 수 있다. 두 원숭이는 학자들로부터 작은 돌멩이를 받는다. 원숭이들은 금방 이 돌을 돌려주어야 한다는 것을 배운다. 왜냐하면 돌려줄 때마다 오이 한 조각을 받기 때문이다. "원숭이들은 그런 놀이를 25회나 계속했다."

'돌멩이 대 오이'가 흰목꼬리감기원숭이들에게는 마음에 드는 거래였던 것이다. 그런데 갑자기 연구원들이 거래 종목을 바꾸었다. 그것도 두 마리의 원숭이 중에서 한 마리에게만 변화를 시도했다. 그래서 첫번째 원숭이는 계속해서 돌멩이 하나에 오이 한 조각을 받았고, 두 번째 원숭이는 이제 포도를 받았다. "포도를 받는 원숭이는 당연히 불만이 없었다"고 드 발은 말한다. 그러나 계속 오이를 받던 원숭이는 얼마 지나지 않아서 실험을 거부했다.

거의 모든 원숭이들이 동일한 상황에서는 그렇게 행동했다. "원숭이들은 우리에게 돌멩이를 던지고 오이를 내버렸다. 한 마디로 더 이상 실험에 참여하지 않았다." 말하자면 원숭이들은 자신들이 생각하는 공정성에 상처를 입었기 때문에 파업에 들어간 것이다. 최소한 사라 브로스넌과 프란스 드 발은 그렇게 추측하고 있다.

순전히 합리적으로만 관찰하자면 그런 보이콧은 전혀 이성적인 반응이 아니라고 드 발 교수는 설명한다. 원숭이들이 먹기를 거부하는 경우는 언제나 바로 직전에 그 먹이를 충분히 먹었을 경우뿐이기 때문이다. 다른 상황에서는 결코 자발적으로 맛있는 먹이를 포기하지는 않는다고 학자들은 말한다. 그런데 원숭이들은 실험에서 마치 인간들과 똑같이 행동했다. 어린 여동생이 과자 한 개를 받으면 우리는 버터 바른 빵이 더 이상 먹고 싶지 않다. 동료가 같은 일에 더 많은 돈을 받으면 그 순간 회사 내의 평화는 사라진다. 사람과 흰목꼬리감기원숭이들은 불공정성에 대해 유사한 거부감을 표현한다. 그래서 프란스 드 발

"싫어요.
저도 포도 주세요!"

은 그러한 공정성에 대한 생각이 이미 진화의 아주 초기에 발달했을 것으로 추측하고 있다.

그렇다면 우리와 가장 가까운 친척인 유인원들도 비슷하게 반응해야 할 것이다. 애틀랜타의 리빙링크센터 학자들은 그곳에 살고 있는 침팬지들을 상대로 실험을 반복했다. "정확하게 똑같은 결과가 나왔다"고 프란스 드 발은 말한다. 그러나 침팬지들의 경우에는 어떤 파트너와 경쟁을 하는지에 따라 반응의 결과가 달랐다. 실험을 한 침팬지 그룹 중 하나는 30년 동안 함께 살았고 서로 매우 밀접한 관계를 맺고 있었다. "침팬지들이 서로를 아주 잘 알고 있는 사이일 때는 불공정성에 대해 그렇게 민감하게 반응하지 않았다." 이는 우리 인간의 경우에도 마찬가지이다. 친한 친구에게 이익이 돌아가는 것이라면 우리는 같은 일을 낯선 사람과 겪을 때보다 훨씬 관대해진다.

프란스 드 발은 반복적으로 인간과 동물의 행동을 서로 연관시켰다. 그가 확신하는 것은 도덕, 문화, 그리고 정치의 발단들을 우리의 가장 가까운 친척인 유인원들에게서도 찾을 수 있다는 점이다. 텔레비전에서 정치가들이 논쟁을 벌일 때 이 행동연구가는 흔히 소리를 끄고 장면을 바라본다. 그는 출연자들의 표정, 신체언어, 그리고 제스처에 집중한다. "나는 그들에게 반대하는 사람이 나타났을 때 위의 표현들이 얼마나 더 커지는지를 보았고, 불쾌한 정보를 들을 때면 깜빡이는 것이라고 하기에는 너무 길게 눈을 감고 속으로 분을 참아내는 모습을 보았다. 그런데 이때 벌어지고 있는 현상은 수컷 침팬지들이 지배권을 얻기 위해 노력하는 모습을 관찰했던 사람에게는 대단히 익숙한 모습이다." 이처럼 프란스 드 발은 단지 동물 세계에서 나타나는 인간적인 행동만을 찾는 것이 아니라 우리 인간에게서도 자연의 모습을 발견하고 있다.

침팬지의 얼굴 인식

흔히 사람의 얼굴은 각각의 성격만큼이나 아주 다양하다. 그럼에도 우리는 별로 힘들이지 않고 아는 사람의 사진과 그의 올바른 이름을 정확히 연결시킬 수 있다. 이와 달리 침팬지들은 얼굴을 인식하는 데 문제가 있다. 이런 사실을 학자들은 이미 수년 전에 확인했고 그때 이후로 얼굴 인식은 인간의 전형적인 능력으로 간주되고 있다.

그런데 그 사이 이런 이론이 바뀌어야 하는 상황이 벌어졌다. 왜냐하면 프란스 드 발이 애틀랜타에서 자신의 침팬지들을 데리고 새로이 실험을 했기 때문이다. 그는 컴퓨터 모니터 상으로 침팬지들에게 각각 두 마리의 침팬지 얼굴을 보여주었다. 하나는 자기네 그룹의 일원이고 다른 하나는 낯선 침팬지의 얼굴이었다. 침팬지들은 아무 문제없이 익숙한 얼굴을 선택했다. 이들은 그룹의 모든 일원을 얼굴 모습을 보고 구별할 수 있었다. 복합적인 사회공동체에서 사는 유인원의 경우에는 사실 그런 능력이 전혀 놀라운 것이 아니다. 그러나 어째서 예전의 실험들에서는 완전히 다른 결과가 나왔던 것일까?

프란스 드 발이 생각해 낸 원인은 간단한다. 당시에는 학자들이 침팬지들에게 인간의 얼굴을 보여주었기 때문이다. 우리는 인간의 얼굴이 워낙 다양하기 때문에 아주 간단한 테스트라고 생각했던 것이다.

"그러나 침팬지들은 특별히 인간의 얼굴에 관심이 없다"고 프란스 드 발은 설명한다. "침팬지들은 동료 침팬지들의 얼굴을 구별하는 일에서는 대단히 뛰어나다."

그것은 우리의 경우도 다르지 않다. 우리는 사람들의 얼굴은 한번에 알아보지만, 침팬지들의 얼굴은 대충 보아서는 잘 구별하지 못한다. 심지어 우리가 동료 인간들의 얼굴을 알아보는 것보다 침팬지들이 그들의 동료를 더 잘 알아볼 가능성이 훨씬 높다. 왜냐하면 계속된 실험에서 학자들은 침팬지들에게 단지 친숙한 동료의 얼굴뿐만이 아니라 그와 더불어 두 가지의 엉덩이를 보여주었는데, 하나는 익숙한 동료의 것이고 다른 하나는 낯선 침팬지의 엉덩이였다. 침팬지들은 아무 문제없이 맞는 신체 부위를 찾아냈다. 만약 침팬지들에게 여권이 있다면 그 안에는 아마도 침팬지의 엉덩이 사진이 들어 있을지도 모른다.

"완전히 아빠 얼굴이네." 혹은 "너는 정말 네 형과 똑같이 생겼다." 우리는 대부분 낯선 가족의 앨범을 넘기면서도 누가 누구와 친척인지를 알아본다. 침팬지들도 과연 그럴 수 있을까? 연구자들은 침팬지들에게 세 가지 얼굴을 보여주었다. 침팬지 A는 소위 오리지널이다. 그 외에 두 개의 다른 얼굴은 각각 A의 여자 형제와 낯선 얼굴이다. "침팬지들은 언제나 오리지널과 가장 유사한 사진을 선택해야 한다는 것을 배웠다"고 드 발은 설명한다. 그후의 결과에 대해서는 학자들도 놀라움을 감추지 못했다. 대단히 높은 적중률을 보이면서 침팬지는 사진 속의 얼굴이 서로 친척인지 아닌지를 파악했다.

몸집이 작은 원숭이, 예를 들어서 흰목꼬리감기원숭이와 같은 경우에는 그런 종류의 테스트에서 성적이 좋지 않았다. 단지 인간과 유인원들만이 같은 동료의 얼굴 표정으로부터 광범위한 힌트를 끌어낼 수 있었다.

보노보, 교활하고 섹시한 원숭이

수마트라 원숭이, 평화로운 유인원, 난쟁이 침팬지……. 보노보에게는 많은 이름이 있고 그만큼이나 특별한 점이 많다. 그 중에서 눈에 띄는 것은, 보노보가 건실한 학자들을 전혀 학술적이지 않은 분야에 심취하게 했다는 점이다. "의심의 여지없이 유인원 중에도 천재가 있고 그 중에도 '프린스 침' 이라는 보노보가 지능이 높은 천재처럼 보인다"고 로버트 여키스는 1925년에 이미 자신의 저서 『거의 인간(Almost Human)』에 썼다. 미국의 영장류 연구의 개척자인 그는 침이 보여주는 목표를 위한 노력과 집중력에 심취했다.

로버트 여키스는, 침이 주어진 과제를 해결하기 전에 깊이 생각을 한다고 확신했다. "나는 침에게 '생각' 이라는 개념을 사용했는데 그 이유는 아주 간단하다. 만약 침이 침팬지가 아니라 어린아이였다면 우리는 주저 없이 '생각' 이라는 단어를 사용할 것이기 때문이다. 현명한 독자라면 누구나 나의 의도를 알 것이라고 확신한다." 여키스는 반년 동안 프린스 침과 함께 살고 난 후에 이 원숭이가 결코 평범한 침팬지가 아니라고 생각했다. 실제로 그의 생각은 옳았다. 왜냐하면 훗날의 진단에서 프린스 침은 침팬지가 아니라 보노보였다는 사실이 밝혀졌기 때문이다.

학계에서는 몇 년 후에야 비로소 보노보라는 종을 발견했다. 1928

년에 한 벨기에의 박물관에서 일어난 일이었다. 연구자들은 지금껏 어린 침팬지의 것으로 분류했던 두개골이 다른 특이한 종류의 것임을 깨달았다. 사실 오늘날에도 보노보는 다른 유인원들에 비해 별 관심을 받지 못하는 그늘 속의 존재이다. 아마도 그 이유는 이들의 생활공간이 콩고의 남부에 숨겨져 있기 때문일 것이다. 뮌헨의 동물 파크인 헬라브룬에는 이미 1930년대에 몇 마리의 보노보들이 살았었다. "보노보는 대단히 예민하고 섬세하다. 괴력을 지닌 어른 침팬지들과는 거리가 아주 멀다"고 역시 보노보에 심취했던 동물학자 에드하르트 트라츠와 하인츠 헤크는 말한다.

그런데 뮌헨의 보노보들에게는 그들의 예민함이 일종의 장애가 되고 말았다. 제2차 세계대전 당시 특히 심한 폭격이 있던 밤에 이 동물들은 너무 두렵고 놀란 나머지 심장발작으로 죽고 말았다. 그러나 바로 옆 우리에 있던 침팬지들은 폭격의 밤들을 무사히 이겨냈다. 보노보들은 이처럼 예민할 뿐 아니라 대단히 머리가 좋기도 하다. 다른 유인원들과 마찬가지로 보노보들도 거울 속의 자신을 알아보며, 갇힌 상태에서 대단히 능숙하게 도구를 사용한다.

인간과의 의사소통에 있어서도 보노보만큼 뛰어난 동물은 없다. 수십 년 전부터 언어훈련을 받은 유인원들을 데리고 연구를 해온 수 새비지 럼바우는 보노보에게서 나타나는 많은 인간적인 특징을 묘사했다. 언어훈련에서 보노보들은 언제나 침팬지들보다 조금씩 앞섰다.

아마도 세상에서 가장 유명한 유인원이라고 할 수 있는 보노보 칸지와 여동생 판바니샤는 언어 재능만으로 깊은 인상을 준 것이 아니었다. 이들은 도구까지 사용했는데 예를 들어서 열쇠로 문을 열기도 했다. 또한 촛불을 켤 수 있고 다시 끌 수도 있다. 두 원숭이 모두 건반 위에서 연주를 하고 즉흥적으로 옥타브에 대해 특별한 관심을 보이기도 했다. "음악을 하는 것은 종들 사이에서 이루어지는 일종의 의사소통이다"라고 록스타 페터 가브리엘은 말했다. 그는 애틀랜타에서 두 마리의 보노보와 함께 음악을 연주했다.

전쟁 대신에 섹스

오늘날 애틀랜타의 리빙링크센터 책임자인 프란스 드 발도 보노보 바이러스에 감염되었다. 그의 경우는 첫눈에 반한 사랑이었다. 이미 수년 동안 침팬지나 다른 영장류들과 연구를 한 후인 1978년에 그는 처음으로 살아 있는 보노보를 보았다. "그날 이후로 나는 이 종을 연구할 수 있는 기회를 찾았고 시간이 되는 대로 내가 구할 수 있는 모든 참고서적들을 수집했다." 그러는 동안에 드 발은 산디아고 동물원에서 기회를 얻게 되었다. 이 영장류 학자는 우리와 가장 가까운 두 종류의 동물, 즉 침팬지와 보노보의 사회생활을 심도 있게 연구하고 비교했다.

그는 때때로 자신이 저녁식사 때 아이들을 관찰하면서 얼마나 서로 다른지를 감탄하는 한 가정의 아버지와 같이 느껴지기도 했다. "침팬지는 난폭하고 공격적으로 상대를 제압하는 야심가인 반면에 보노보는 무관심하고 느긋한 삶의 추종자이다." 유전적으로는 침팬지와 보노보의 차이점은 극히 적다. 그러나 이들의 행동을 관찰해 보면 — 예를 들어 남자와 여자의 역할처럼 — 그 차이점이 매우 뚜렷하다. "권력에 굶주리고 야만적인 침팬지와 평화적이고 에로틱한 보노보는 정반대의 모습, 말하자면 지킬 박사와 하이드 씨의 모습을 각각 보여준다."

영장류의 사회적 지능이 궁금하다면 우리는 보노보들에게서 많은 정보를 얻을 수 있을 것이다. 복잡한 실험이 아닌, 단순한 관찰로도 충분하다. 프란스 드 발은 관찰용 탑에서 산디아고 동물원의 보노보 집단을 관찰한다. 그가 보는 장면들은 대개 어떤 텔레비전 프로그램보다도 훨씬 더 긴장감이 넘친다. 이곳에서는 예를 들어서 권력 문제도 싸움이 아니라 섹스를 통해서 해결된다. 대규모의 그룹 안에서 보노보는 침팬지보다 훨씬 더 평화적이고 조화롭게 살아간다. 서로 평등하고 암컷의 목소리가 대부분 더 높다. 이런 점은 보노보가 살고 있는 동물원에서는 어디서나 관찰되는 사실이다.

먹이에서도 암컷들이 가장 맛있는 먹이를 나누어 먹는다. 수컷들이 조금이라도 얻어먹으려면 경쟁을 해야 한다. 이런 상황을 가능하게 만드는 것은 '암컷들 사이의 돈독한 연대감'이라고 드 발은 말한다. 왜냐하면 보노보의 경우에도 사실은 수컷이 더 크고 강하기 때문이다.

과거에는 생물학자와 심리학자들이 특히 원숭이들의 공격 행동과 갈등 행동을 알아보는 데 집중했다. 그리고 원숭이들의 야만적이고 잔인한 성향이 힘겨운 수양을 거쳐서 인간의 야생적 기질로 남아 있다고 간주했다. 침팬지도 전쟁을 할 수 있다는 관찰은 이런 시각을 확인해 주는 것처럼 보였다. 그런데 프란스 드 발은 반대편 방향으로 시선을 돌렸다. 그는 보노보의 모습에서 무엇보다도 조화와 협동을 발견했다. "유인원들 중의 히피라고 할 수 있는 보노보들은 전쟁이란 단지 두 가지 선택사항 중 하나일 뿐임을 보여주고 있다."

이 말이 의미하는 것은 두 집단의 보노보들이 숲에서 만났을 때 뚜렷해진다. 두 집단의 암컷들은 처음에는 약간의 위협적인 몸짓을 보이지만 금방 조금씩 성적인 유희를 시작하고 심지어 서로를 쓰다듬는다. 결국에는 수컷들도 평화를 맺는다. 침팬지의 경우에는 이런 일을 결코 상상할 수 없다. 평화적인 관계란 오직 자기들 공동체 안에서만 존재한다. "우리 인간들은 전쟁과 평화를 모두 알고 있고 스스로 결정할 수 있다"고 프란스 드 발은 말한다. "다른 그룹들 사이의 관계에서 우리 인간은 좋은 관계든 나쁜 관계든 그 정도가 유인원들보다 훨씬 더 강하다."

인간과 동물에 대하여

인간의 특별한 점은 무엇인가?

인간의 성공 비밀

지금까지 동물의 세계를 여행하면서 우리는 오랫동안 인간의 전유물이라고 여겼던 많은 능력을 동물들에게서 발견할 수 있었다. 인간과 동물을 구분하는 벽에는 마치 스위스치즈처럼 구멍이 숭숭 뚫리게 되었다.

침팬지, 문어, 돌고래는 도구를 사용한다. 영장류는 상처가 나면 특수한 약초로 자기 몸을 치료한다. 물고기는 능력 있는 사업가임이 입증되었다. 원숭이들은 '정의'에 대한 의미를 알고 있다. 아주 적게라도 다른 동물들이 가지고 있지 않은 인간만의 지능적 능력은 거의 없는 것처럼 보인다. 그러나 이런 개별적인 여러 가지 지능들이 함께 나타나는 경우는 드물고 모든 경우에 그 수준이 매우 다양하다. 아무리 지능이 높은 영장류라 해도 다리나 높은 빌딩을 건설하지 못한다. 침팬지는 수술도 집행하지 못한다. 물고기는 수백 명의 직원이 있는 기업을 경영하지 못한다. 그리고 그 어떤 원숭이 무리에도 연금보험이나 의료보험 같은 것은 없다.

이런 차이점은 무한하다. 그러나 이것이 본질은 아니다. 문제는 질적인 면이다. 인간과 동물 사이에 극단적인 경계선을 그으려는 시도는 끝없는 퇴각엄호 속의 전투와 비교할 수 있다. 즉 처음에는 도구의 사용이 전형적인 인간의 특징으로 간주되었다. 그런데 제인 구달이 침팬지도 도구 사용자에 속한다는 사실을 발견했다. 이에 대처하기 위해 신속하게 인간의 특징을 한 단계 높이는 일이 필요해졌다. 그래서 지금은 이렇게 말한다. 오로지 인간만이 도구를 제작할 수 있다! 그러나 이런 확신도 뉴칼레도니아의 까마귀들이 등장하면서 사라지고 말았다. 그 다음 단계, 즉 도구 제작을 위해 도구를 사용하는 것에 도달할 수 있는 동물로 최소한 한 종류의 영장류가 있는데 바로 보노보 칸지이다.

개념 정의가 더 구체적으로 표현될수록 더 많은 특징이 갑자기 '인간만의 전형적인' 특징이라는 표제 하에 모이게 된다. 예를 들면 사람은 나이프와 포크를 이용해 접시 위의 음식을 고정시킬 수 있다고 프란스 드 발이 표현한 것처럼 말이다. 그러나 이런 말장난은 사실 별로 큰 의미가 없다. 아마도 우리는 그저 인간이 지구라는 이 행성에서 다른 동물들과 같은 줄에 서 있다는 점을 인정해야만 할 것 같다. 우리가 동물들로부터 진화해 왔는데 어떻게 그 동물들이 단순히 로봇과 같은 존재일 수 있겠는가? 이미 찰스 다윈도 그런 의문을 가지고 있었다. 그리고 오늘날에 이르러 테마의 변화가 일어났다. 과거에는 동물들로부터 우리를 구분하는 특징이 무엇인가 하는 것이 중심 문제였다. 그러나 요즘 사람들이 알고 싶은 것은 '동물이 우리가 지닌 인식적 능력의 토대에 대해 무엇을 알려줄 수 있는가?' 하는 문제이다.

우리는 침팬지나 보노보들과 유전자의 98퍼센트 이상을 공유하고 있다. 인간과 침팬지의 마지막 공동 조상은 약 500만 년 전에 살았다. 이것이 진화상으로는 숨을 한 번 내쉬는 정도밖에 되지 않는 시간이지만 그럼에도 불구하고 이 기간 동안에 무엇인가 중요한 일이 일어났음이 틀림없다. 왜냐하면 단지 점차적으로 생겨난 차이점이라고 해도 인간이 발달 과정에서 이룩한 도약은 간단히 간과할 수 없는 것이기 때문이다. 그 어떤 생명체도 인간만큼 현저하게 세상을 변화시키지 못했다.

우리의 가장 가까운 친척인 유인원들이 멸종의 위험에 처해 있는 동안에 호모 사피엔스는 지구의 거의 모든 구석까지 퍼져나갔다. 극지방의 영구한 얼음 위에도 인간의 거주지가 존재하고 있다. 이와 반대로 유인원들은 상대적으로 아주 적은 영역에서 살고 있다. 약 20만 마리의 침팬지들이 오늘날 아직도 아프리카의 밀림에서 살고 있다. 이것은 뮌스터나 오슈토크와 같은 중간 정도 도시의 인구수보다 더 적은 숫자이다. 고릴라, 보노보, 오랑우탄의 숫자는 점점 더 빠르게 줄어들고 있다. 여기에 대한 책임은 물론 인간에게 있다. 적어도 1,200만 년 전에 모든 유인원의 공동 뿌리로부터 시작되었지만 현재 최종 생산품이 된 인간에게 그 책임이 있다는 말이다. 오늘날 지구에는 60억 명의 사람들이 있고 계속 증가하는 추세이다. 이들의 전례 없는 성공의 비밀은 과연 어디에 있을까?

아빠, 저기 좀 봐!

라이프치히의 막스플랑크 진화인류학연구소 소장들 중 한 명인 마이클 토마셀로는 실제로 우리 인간에게는 아주 당연한 행동이어서 깊게 생각할 필요도 없지만 다른 동물들에게는 전혀 나타나지 않는 한 가지 특성을 발견했다. "아빠, 저기 좀 봐, 새야." 어린 리사가 말하면서 손가락으로 공중의 새를 가리킨다. 아빠는 새의 모습을 뒤쫓으며 고개를 끄덕인다. 그것이 전부다. 두 사람은 하나의 경험을 공유하고 만족한다. 리사는 아빠에게 새를 잡아달라고 말하는 것도 아니고 새에 대해서 무엇을 알고 싶은 것도 아니며 단지 자신의 관찰을 공유하고 싶은 것이다. 모든 아이들은, 그리고 모든 어른들도 이런 욕구를 가지고 있다. 그러나 이와 비교할 만한 어떤 행동도 유인원들에게서는 결코 찾아볼 수 없다.

유인원들은 자연 속에서나 동물원에서 다양한 제스처를 사용한다. 이들은 먹이를 위해 경쟁을 하고, 동료 유인원들에게 다양한 활동, 예를 들면 놀이나 섹스를 요구한다. 이들의 제스처는 비교적 다양하지만 여기에는 언제나 직접적인 목적이 있다. 한 동물이 다른 동물에게 무엇인가를 원하는 것이다. 이 동물에게는 만족되어야 하는 욕구가 있다. 그러나 수천 번의 관찰에도 불구하고 유인원이 한 번이라도 동료 유인원에게 무엇인가를 가리키는 모습에 대한 관찰 보고는 결코 없다고 마이클 토마셀로는 말한다. 이런 행동을 위해 기본이 되는 능력, 바로 '몸짓으로 표현하기'는 단지 인간, 그리고 고릴라, 오랑우탄, 침팬지, 보노보 등의 유인원들에게만 있다. 그 외의 원숭이들은 이런 행동을 하지 못한다. 그래서 몇몇 연구자들은 몸짓이 인간의 언어 발달에서 초기 단계에 해당하는 것이라고 추측하고 있다. 그러나 이런 생각은 아직 이론일 뿐이다.

그러니까 유인원들도 몸짓으로 표현을 한다. 그러나 이들은 서로에게 어떤 것을 가리키지는 않는다. 여기에 들어맞는 관찰 결과가 바로 침팬지, 고릴라 등은 거꾸로 누군가 그들에게 무엇인가를 가리켜도 그것을 이해하지 못한다는 것이다. 예를 들어서 실험자가 뚜껑이 닫힌 두 개의 그릇 중에서 먹이가 들어 있는 것을 손가락으로 아무리 가리켜도 침팬지들은 그저 우연히 올바른 그릇을 선택할 뿐이다. 어린아이들은 손가락이 가리키는 것을 바로 이해한다. 그러나 침팬지들은 단지 경쟁 상황에서만 어디에 먹이가 있는지를 이해한다. 즉 실험자가 한 그릇을 가지려고 애를 쓰지만 손이 닿지 않자 침팬지가 바로 그것을 집는다. 유인원들은 상대의 행동에 따라 매우 다른 반응을 보인다. 그 때서야 상대의 의도를 파악하려 하는 것이다. 그런데 사람이 갑자기 몸을 돌려서 집중적으로 특정한 방향을 바라보면 유인원들도 똑같이 행동한다. 그들은 사람의 시선 방향을 따라간다. 겉으로 보기에 서로 모순적인 이런 행동들은 어떻게 이해해야 할까?

오랫동안 발달심리학자 마이클 토마셀로는 침팬지가 다른 동료의 입장이 되어서 생각할 수 없다고 믿어왔다. 라이프치히의 퐁고란트에서 진행되었던 다양한 실험은 그에게 이런 확신을 더욱 굳혀주었다. 예를 들어서 침팬지는 사람이 양동이를 머리에 뒤집어쓰고 있는데도 먹이를 달라고 요구했다. 침팬지는 사람이 눈을 가리면 아무것도 볼 수 없다는 사실을 이해하지 못하는 것일까? 침팬지들이 보기에 인간은 여러 가지 면에서 특이하고 낯설게 보일 만한 능력을 가지고 있다. 예를 들어서 인간은 동물들이 열지 못하는 문을 통과해서 가고, 카메라와 텔레비전을 사용하고, 언제나 먹이가 어디에 있는지 알고 있는 것처럼 보인다. 그래서 침팬지들은 어쩌면 인간이 양동이 속에서도 앞을 볼 수 있을 것이라고 생각했을지도 모른다. 그러므로 이런 실험은 유인원이 '마음이론'을 가지고 있지 않다는 분명한 증거는 아니다.

마침내 학자들은 침팬지들이 상대가 무엇을 알고 있는지 생각할 수 있다는 것을 증명할 실험을 생각해 냈다.

두 개의 우리 안에 각각 한 마리의 침팬지들이 서로를 마주보고 앉아 있다. 한 마리는 지배적이고 또 한 마리는 복종적인 침팬지이다. 두 침팬지 사이에는 다양한 먹이 조각들이 있는 분리된 공간이 있다. 사람들이 두 침팬지를 이곳에 함께 풀어놓자 위계상 아래에 있는 침팬지가 지배적인 침팬지에게 먹이를 양보했다. 이런 모습은 침팬지들 사이에서는 일반적이다. 그러나 먹이 조각들 중 하나가 장애물 뒤에 놓여 있어서 복종적인 침팬지만이 볼 수 있을 때에는 그가 먹이를 집어먹었다. 이 침팬지는 "그가 모르는 것은 그를 화나게 하지는 않는다"고 생각하는 것처럼 보였다.

동료 침팬지의 내면세계를 파악하는 능력은 심지어 여기서 한 걸음 더 나아가기도 한다. 실험 구성은 동일하다. 다시금 지배적인 침팬지는 먹이를 볼 수 없다. 그러나 열등한 수컷은 사람이 바로 전에 먹이를 마당에 숨기는 것을 우두머리 침팬지가 보았다는 것을 알고 있다. 이런 경우 열등한 수컷은 감히 먹이에 접근하지 못한다.

이런 실험은 마이클 토마셀로에게 확신을 주었고 그는 자신의 의견을 수정했다. "최소한 어느 정도까지는 유인원들도 다른 유인원의 입장에서 생각할 수 있다. 문제는 어느 정도인가 하는 것이다."

앞에서 소개했던 인간과 동물의 경쟁 상황에서도 침팬지는 바로 그런 점을 보여주었는데 이때 침팬지는 인간의 행동을 해석한다. "저 사람이 이 그릇을 가지려고 하는 것은 아마도 이 안에 먹이가 들어 있기 때문일 것이다"라고 생각하는 것이다.

또한 침팬지들이 사육사의 시선을 따라가는 것도 같은 경우에 해당한다. "저 사람이 저렇게 열심히 저 방향을 보는 것은 저기에 아마도 어떤 흥미로운 볼거리가 있기 때문일 것이다. 그것이 뭔지 한번 보자." 두 가지 경우에 침팬지들은 소위 다른 상대의 생각을 '읽고' 여기에 대단히 능숙하게 대처한다.

그러나 이런 능력은 의사소통과는 전혀 상관이 없다. 왜냐하면 상대는 최종적으로 누군가에게 정보를 주려는 의도가 없기 때문이다. 말하자면 수신자는 있지만 송신자는 없다는 뜻이다. 그리고 정확히 바로 여기에 사람과 동물의 차이점이 있다. 침팬지는 제스처의 의도를 이해하지 못한다고 토마셀로는 말한다. "침팬지는 인간이 소위 나를 위해서 어떤 특정한 방향을 가리킨다는 것을 이해하지 못한다." 침팬지의 자연적인 생활공간에서는 그런 일이 결코 일어나지 않기 때문이다. 먹이가 어디에 있는지 알고 있는 침팬지가 있다고 해도 이 침팬지가 자발적으로 정보를 주는 일은 없다는 뜻이다. 기껏해야 실수로 원하지 않게 정보가 누설되는 경우가 있을 뿐이다.

동물에게 집게손가락이 필요할까?

위에서 보았듯이 자연 속에서 사는 유인원은 목표물을 지칭하는 것이든 목적이 없는 것이든 가리키는 행동을 알지 못한다. 그러나 인간과 가까이 접촉하면서 성장한 유인원은 자신이 원하는 물건을 가리키는 법을 배울 수 있다. 이런 영장류는 손을 뻗어 가리키는 제스처를 통해 다음과 같은 말을 하고 있다. "저기 있는 바나나를 내게 줘!" 그러나 어린아이들이 대략 첫번째 생일부터 보여주는 순수한 정보 전달의 의미를 가진 가리키는 행동은 우리 안에서 자란 침팬지들에게서도 전혀 나타나지 않는다. "가리키는 행동에서 보이는 영장류와 어린아이의 차이점은 신체의 움직임이나 인식력과는 전혀 상관이 없다"고 토마셀로는 설명한다. "그 차이점은 오로지 동기에 있을 뿐이다."

그렇다면 아이들의 행동 뒤에는 어떤 동기가 숨겨져 있는 것일까? 왜 아이들은 손가락으로 무엇인가를 가리키는 것일까? 이것을 알아내기 위해서 학자들은 한 실험에서 아이들의 제스처에 대해 완전히 다르게 반응을 해보았다. 예를 들어서 실험자는 아이들이 손으로 가리킨 물건을 완전히 무시했지만 전적으로 아이에게 관심을 집중했다. 혹은 무덤덤하게 아이가 가리킨 방향을 쳐다보았다.

두 가지 경우 모두 아이는 만족하지 않았다. 왜냐하면 아이는 계속해서 자신이 발견한 것을 가리키고 있었기 때문이다. 어른이 그 물건을 자세히 들여다보며 아이에게 확인해 주듯 고개를 끄덕였을 때에만 아이들은 만족스러워했다.

아이들은 바로 그런 반응을 원했던 것이다. 아이들은 상대방과 경험을 공유하기 위해 가리키는 행동을 한다. 같은 이유로 어린아이들은 물건을 높이 들고 부모에게 가져간다. "봐요, 꽃이에요!" 혹은 "정말 예쁜 돌이죠?" 이러한 모습은 원숭이들에게서는 결코 찾아볼 수 없다. "유인원들이 단지 동료에게 보여주기 위해서 어떤 물건을 손에 쥐는 일은 절대 없다"고 토마셀로는 설명한다. 오직 인간의 아이들만이 다른 사람과 경험이나 정보를 공유하려는 강한 욕구를 지니고 있다. 이는 유용함이나 이익과는 전혀 상관이 없다.

유인원들도 사회적인 동물이지만 '공동'이라는 단어는 인간에게 더욱 특별한 의미가 있다. 여기에 대해서 토마셀로는 확실히 믿고 있다. 공동의 주의력, 공동의 관심과 목표, 그 모든 것이 인간에게는 강한 모티브가 되고 있고 결국 분업적이고 사회적 협동에 의해 돌아가는 우리 사회의 토대이기도 하다.

인간, 흉내내기의 대가

한편 심리학자와 행동학 연구가들이 인간만의 전형적인 특징으로 결정한 또 한 가지가 있다. 바로 우리가 모방의 대가라는 점이다. 아이들은 자신의 세상을 최소한 부분적으로는 어른이 하는 것을 모방하면서 알아간다. 아이들은 어른을 통해 문 여는 법을 배우고, 옷 입는 법, 나이프와 포크를 사용해서 먹는 법, 그리고 첫 단어들을 따라서 반복하는 법을 배운다. 다양한 실험에서 학자들은 유인원들로 하여금 모방을 하거나 따라하도록 유도해 보았다. 아이들은 그런 테스트에서 일반적으로 뛰어난 성적을 보이는 반면에 침팬지들은 흔히 누군가를 따라 해야겠다는 생각을 전혀 하지 못했다. "유인원들은 모방을 하지 않는다"는 것이 실험의 결과였다.

그러나 이것은 행동연구가 프란스 드 발에게는 인정할 수 없는 결론이다. "그런 실험의 전형적인 방식은 이렇다. 하얀 가운을 입고 별 특징 없는 행동을 보이는 낯선 인간 실험자가 단순한 일을 하고 있다. 그런 모습을 유인원이 지켜보고 있다." 그런 조건에서 유인원들이 무엇 때문에 모방을 하겠는가? 모방에는 신뢰, 동일화, 그리고 동기가 가장 중요한 전제조건들이다. 이것은 아이들이나 유인원들이나 마찬가지이다. 프란스 드 발은 각각에게 동일한 전제조건이 필요하다고 말한다.

"우리는 예를 들어서 아이들이 유인원들보다 언제나 더 훌륭한 모방자인지를 알아보기 위해서 모델로 사람이 아닌 원숭이를 설정하고 실험을 해볼 수 있다. 혹은 원숭이의 모방 능력을 같은 종의 원숭이를 모델로 설정해서 알아볼 수도 있을 것이다. 그렇게 되면 원숭이들의 능력을 사람을 모델로 했을 때의 아이들의 능력과 비교해 볼 수 있을 것이다. 끝으로 우리는 원숭이들에게 매우 친숙한 사람을 데려다놓고 모방 실험을 할 수도 있을 것이다."

가장 마지막 방법은 그 사이 여러 번 성공을 거두었다. 그리고 자연 속에서도 유인원들은 동료들을 모방함으로써 여러 가지를 배운다는 사실이 반복적으로 증명되고 있다. 그럼에도 불구하고 인간과 침팬지의 '흉내내기'에는 중요한 차이점이 있는 것으로 보인다. 이런 점은 다시금 유인원과 아이들의 모방 학습에 대한 비교 실험에서 나타난다.

한 어른이 손잡이를 조작해서 불을 켰다. 아이와 원숭이는 모두 힘들이지 않고 이 행동을 따라하는 법을 배웠다. 그 다음 실험에서 어른은 손잡이를 더 이상 손이 아니라 머리로 움직였다. 두 명의 관객은 어떤 반응을 보일 것인가? 이 경우에 아이는 어른을 그대로 따라했다. 비록 아이는 아까나 지금이나 손으로 손잡이를 움직일 수 있을 텐데도 불구하고 어른과 마찬가지로 머리를 사용했다.

이와 달리 원숭이는 — 더 영리해 보이게도 — 왜 자신이 그런 변화된 행동을 해야 하는지 이해하지 못했다. 원숭이는 아까처럼 손으로 손잡이를 움직였고 결국 원하는 대로 불이 켜졌다. 이처럼 침팬지는 오직 행동의 결과에만 관심이 있다. 침팬지들은 어떤 새로운 기술의 기본 아이디어는 받아들이지만 그곳에 도달하는 방법을 정확하게 따라하지는 않는다.

반대로 아이들은 더 복잡한 과정에서도 가능한 한 아주 똑같이 목적지에 이르는 모든 단계를 따라하려고 시도한다. 토마셀로는 이것이 결코 수준이 더 높거나 지능적인 학습방법은 아니라고 말한다. "아이들의 이런 특징은 단지 특정한 상황에서 그리고 여러 가지 행동방식에서 몇 가지 장점이 있는, 좀더 강한 사회지향적 전략일 뿐이다." 그러나 아이들도 나이가 들어갈수록 점점 더 모방을 하지 않게 되며, 조금씩 자신의 충동을 더 많이 개입시킨다.

위에서 소개한 실험의 세 번째 실험에서 또 하나의 차이점이 드러났다. 계속된 실험에서 어른은 다시 머리로 불을 켰다. 그러나 이번에는 일종의 구속용 조끼를 입고 있어서 마음대로 팔을 움직일 수 없다. 이런 경우 아이는 본 것을 따라하지 않고 손을 사용해 불을 켰다. "저 사람은 손을 전혀 사용할 수 없기 때문에 머리를 사용하는 것이다" 라고 아이는 생각한 것처럼 보인다.

두 번째 실험에서 아이는 어른이 머리를 사용한 것에 대한 분명한 이유를 인식할 수 없었지만 어른은 지금 자신이 무엇을 하고 있는지 알고 있을 것이라고 가정했던 것이다. "그런 행동은 어떤 의미가 있을 것이다. 그러니까 한번 따라 해보자." 이처럼 어린아이들도 많은 것을 생각하고 있다. 아이들은 엄마 혹은 아빠가 왜 그런 일을 하는지는 알지 못하지만, 그럼에도 불구하고 아이들이 부모의 행동을 따라할 때 일반적으로 나쁜 일은 일어나지 않는다.

한편 1930년대에 진행되었던 한 독특한 실험은 아이들이 얼마나 완벽하게 흉내를 낼 수 있는지를 보여준 사례이다. 당시에 루엘라와 윈트롭 켈로그 부부는 7개월 된 아기 침팬지 구아를 '입양'하여 거의 같은 나이의 아들 도날드와 함께 키웠다. 두 명의 '아기들'은 켈로그 부부가 하는 행동을 그대로 따라했다. 그렇게 해서 구아가 과연 어린 인간으로 바뀔 것인가? 구아가 어느 순간에 말을 시작할 수 있을까? 인디애나 대학의 심리학 교수인 윈트롭 켈로그는 오래된 논쟁을 해명하고 싶었다. 인간과 동물의 발달에서 중요한 것은 무엇인가? 환경인가, 아니면 유전자인가?

실제로 구아는 금방 두 발로 돌아다니기 시작했고 포크와 나이프로 음식을 먹었다. 물론 이 침팬지가 그래야만 할 때는 작은 냄비 위에 앉기도 했다. 많은 면에서 구아는 심지어 인간 형제보다 더 앞서 나갔다. 단지 말하는 것만큼은 배우지 못했다. 왜냐하면 한 분야에서만큼은 도날드가 현저히 뛰어났기 때문이다. 바로 모방이었다. 1년 6개월이 되었을 때 도날드는 목에서 나오는 소리를 냈다. 아이는 구아의 외치는 소리를 따라했고 예를 들면 거칠게 헐떡거리면서 오렌지를 달라고 졸

랐다. 인간의 아이가 마치 어린 침팬지처럼 소리를 내고 있었다. 이 시점에서 루엘라 켈로그는 더 이상 참을 수 없었다. 그녀는 실험을 중단시켰다. 그것은 적기에 내린 훌륭한 결정이었다. 왜냐하면 언어 발달에서 뒤처지고 있던 어린 도날드는 그후 빠르게 회복했기 때문이다.

비록 구아가 말하기를 배우지는 못했어도 1930년대에 행해졌던 이 실험은 유인원들이 얼마나 모방을 잘할 수 있는지를 분명하게 보여주었다. 물론 그 방식과 특히 그 정도는 인간의 모방 학습과는 엄청난 차이가 있다. 새끼 침팬지들은 관찰을 하고 따라함으로써 호두 껍데기를 어떻게 까는지 배우게 된다. 그렇게 전통이 세대에서 세대로 전승된다. 이때 침팬지들은 학습 단계와 활동에 있어서 오직 부모 세대의 수준에만 머물게 된다.

이와 달리 인간은 독특한 방식으로 자신들이 배운 것들을 누적해 간다. 마이클 토마셀로는 인간의 이러한 학습방식에 대해 '(자동차의) 잭 효과'라는 표현을 썼다. 컴퓨터, 비행기, 자동차, 이 모든 것들은 단 한 번에 발명된 것이 아니다. 그 이전 세대들의 경험과 아이디어가 모두 모여서 만들어진 것이다. 수업, 언어, 문자가 이런 발달을 점점 더 가속화시켰다.

문명적인 진화는 오래전에 이미 생물학적인 진화를 추월했다. 그래서 "날씨가 더 추워지면 우리는 두꺼운 털을 선사해 줄 유전자의 돌연변이를 기다리는 일 대신에 먼저 집을 짓는 것이다"라고 토마셀로의 동료이자 고유전학자인 스반테 페보는 말하고 있다. 또한 프란스 드 발도 동물이 최소한 조금은 지식을 활용할 수 있다고 가정하지만 '잭 효과'는 인간에게만 해당되는 것이라고 생각한다. 인간의 문명을 반죽에 비유했을 때, 잭 효과가 바로 반죽에 꼭 필요한 이스트와 같은 역할을 한다고 보는 것이다.

최초의 말소리

이 반죽을 비로소 제대로 부풀게 하는 중요한 재료는 바로 언어이다. 의사소통을 하는 인간의 능력, 즉 고기와 채소에 대해, 피카소의 그림과 사랑, 그리고 상대성 이론에 대해 의사소통을 하는 능력이야말로 인간과 동물의 가장 크고 눈에 띄는 차이점이다.

인간은 저녁에 모닥불 근처에 모여 앉으면 서로 이야기를 나눴다. 현대 사회에서는 모닥불이 모서리 술집으로 대체되었지만 근본적으로 변한 것은 아무것도 없다. 이럴 때는 예전이나 지금이나 주로 수다와 잡담이 오간다. 어른들의 대화 중에서 약 60퍼센트는 그 자리에 없는 사람들에 대한 이야기라고 한다. 오늘날에는 대단히 부당하게도 수다라는 것이 좋지 않은 명성을 얻었다고 심리학자와 진화생물학자들은 비판하지만, 우리는 대화를 통해서 다른 사람들의 경험을 듣고 그로부터 많은 것을 배운다.

그 외에도 대화는 관계와 우정을 더욱 돈독하게 해주는 사회적 접합제로서의 역할을 한다. "수다와 잡담은 인간적인 사회를 가능하게 해준다"고 리버풀 대학의 진화생물학자이며 세계적으로 몇 안되는 수다 연구자 중 한 명인 로빈 던바는 말한다.

사람들이 수다를 떨고 잡담을 하는 동안에 원숭이들은 같은 목적을 위해서 다른 방법을 사용한다. 그들은 서로의 털을 쓰다듬어 준다. 학자들은 이런 행동을 '그루밍'이라고 부른다. 서로 털을 쓰다듬어 주는 행위는 동물들 사이의 연대감을 강화시켜 주고 그룹 전체를 단결시켜 준다. 두 마리의 원숭이들이 싸움 후에 다시 사이좋게 서로의 털을 쓰다듬으면 갈등은 완전히 해결된다. 로빈 던바는 인간의 진화 과정 속에서 어느 순간에 수다가 쓰다듬기의 자리를 차지하게 되었다고 확신하고 있다. 왜냐하면 상호적인 털 쓰다듬기는 결정적인 단점이 있는데, 바로 오직 두 마리의 동물만이 동시에 할 수 있는 일이라는 점이다. 따라서 그루밍은 비교적 작은 그룹 안에서 효과적으로 활용된다. 만약 규모가 큰 그룹이라면 원숭이들은 하루 종일 상대를 바꾸어가면서 사회적인 털 쓰다듬기를 하는 것 외에는 아무 일도 할 수 없을 것이기 때문이다. 벌써 오늘날에도 몇몇 원숭이 종들은 자기 시간의 약 5분의 1을 '서로 쓰다듬기'로 보내고 있다고 한다. 그런데 언어는 이런 한계를 극복할 수 있다. 언어는 동일한 사회적 기능을 충족시킨다. 더군다나 여러 명이 동시에 참여할 수 있다.

기본적으로 규모가 큰 그룹에게는 많은 장점이 있다. 예를 들어 탁트인 사바나에서 큰 집단은 적으로부터 훨씬 더 안전하다. 그리고 사냥도 팀으로 하는 것이 더 효과적이다. 그런데 다른 측면에서 보면 같은 종의 동물들이 무리를 지어 산다는 것은 도전의 연속이기도 하다. 왜냐하면 로빈 던바가 흥미로운 상관관계를 한 가지 더 발견했기 때문이다. 규모가 큰 집단에서 사는 원숭이들은 작은 그룹의 원숭이들보다 뇌 안에 더 큰 네오코텍스를 가지고 있다. 네오코텍스란 우리 뇌에서 가장 크고 가장 최근에 더 발달된 부위이다. 대부분의 종에서 네오코텍스의 크기는 그룹의 규모와 분명히 비례한다.

쓰다듬기 대신에 말하기

그러므로 확실히 우리 조상의 뇌가 발달한 것은 점점 더 복잡해지는 환경에 잘 적응하기 위해서가 아니었다. 바로 사랑하는 같은 종의 동료들이 뇌 성장의 주요한 발달 요소였던 것이다. 이 이론을 '마키아벨리 지능 가설'이라고 부른다. 이기주의 혹은 협동은 사회적인 동물들에게 끊임없이 갈등을 일으키는 요소이다. 사회적인 게임을 잘 할 수 있는 사람만이 그룹에서 낙오되지 않는다. 각 개체는 자신의 이익과 다른 동료들과의 필연적인 협동을 위해서 작은 속임수들을 적절하게 사용해야만 한다. 갈등은 어디에 있는가? 누가 누구와 친척인가? 어떤 상관관계가 존재하는가? 나는 누구와 협조할 수 있는가? 누가 내게 도움이 되는가? 이렇듯 집단생활은 온갖 도전으로 가득 차 있다. 그러므로 사회적인 요구들이 정신을 성장하게 만든다는 것은 놀랄 일이 아니다.

원숭이의 경우에는 이런 상관관계가 정확하게 들어맞는다. 네오코텍스가 더 많을수록 속해 있는 그룹의 총인원 평균 숫자가 더 많다. 그렇다면 인간의 상황은 어떠한가? 뇌와 그룹의 규모 사이의 상관관계가 우리의 경우에도 해당되는가? 순수하게 계산상으로는 인간이 가진 네오코텍스의 크기로부터 150이라는 숫자가 나온다. 이것은 대도시 혹은 심지어 국가의 인구수와 비교할 때 놀랄 만큼 적은 숫자이다. 그러나 생물학적인 의미에서의 '그룹의 크기'란 한 개체가 잘 알고 있고 규칙적인 접촉을 유지하는 같은 종의 숫자를 말한다. 이런 의미에서 '던바의 수'라고도 불리는 150이라는 숫자는 여러 곳에서 반복적으로 나타난다.

예를 들어 콩고의 피그미족처럼 여전히 주로 수렵과 채집으로 살아가는 원시문명사회에서도 그러하다. 석기시대부터 오늘날까지 전형적인 마을은 약 150명의 평균 인구수를 가지고 있다. 또한 현대 사회에서도 대부분의 사람은 약 150에서 200명의 사람들과 정기적으로 접촉하며 지낸다고 한다. "최소한 부분적으로는 다른 영장류와 마찬가지로 인간의 사회적 행동도 뇌 안에 들어 있는 네오코텍스의 상대적인 크기를 통해 결정된다"고 로빈 던바는 결론 내리고 있다. "우리 머릿속에 들어 있는 컴퓨터, 즉 네오코텍스의 커다란 크기 덕분에 우리는 한 집단에서 견디기 위해 필요한 계산을 할 수 있고 그 때문에 인간의 그룹은 더 크고 더 강하다."

150명 그리고 그 이상의 개체들로 구성된 인간의 공동체는 더 이상 상호간의 털 쓰다듬기 정도를 통해서는 하나로 결집되지 않는다. 만약 그런 경우라면 그룹의 일원들은 각자에게 주어진 시간의 거의 반을 투자해야 할 것이다. 뿐만 아니라 굶주림에 허덕일 가능성도 매우 높다. 대화, 즉 수다가 쓰다듬기를 대체하게 되자 그런 상황은 완전히 달라졌다. 우리는 서너 명의 사람들과 동시에 대화를 나눌 수 있다. 그리고 그 규모에서도 평균적인 그룹의 크기가 커졌다. 침팬지 공동체에서는 약 55개체였던 평균 인원이 인간 사회에서는 150에서 200개체로 늘어났다. 평균적으로 호모 사피엔스는 자기 시간의 20퍼센트를 언어로 하는 그루밍, 즉 수다를 위해 소비하고 있다는 것이 영국, 네팔, 그리고 아프리카의 다양한 지역에서 진행되었던 한 비교연구의 결과이다.

"그러므로 원숭이들이 최대한 시간을 쏟고 있는 것만큼 우리도 사회적 관계를 관리하는 데 많은 시간을 소비하고 있다"고 로빈 던바는 주장한다. "그런데 언어는 우리에게 이런 시간을 더 효과적으로 사용할 수 있게 해준다."

이처럼 비록 사회적 관계를 관리하는 방법은 서로 달라도 영장류 사회에서 중심이 되는 근본적인 원칙들은 호모 사피엔스, 즉 인간에게도 적용된다. 혹은 프란스 드 발이 표현했던 것처럼 "우리는 원숭이를 원시림으로부터 데려올 수는 있지만, 원숭이들로부터 원시림을 빼앗을 수는 없다." 원숭이들의 원시림은 그들이 공동체 속에서 사회적 관계를 맺으며 살고 있는 터전이기 때문이다.

그러므로 태초에 수다가 있었다. 그리고 부차적으로 인간은 이 새로운 의사소통 방식을 이용해서 무엇을 할 수 있는지를 배워나갔다. 정확히 어떻게 이런 발달 과정이 진행되었는지는 여전히 어둠 속에 싸여 있다. 말과 대화는 화석으로 남겨지지 않기 때문에 다양한 추측들만 무성할 뿐이다. "행복한 원숭이 부부가 있다고 상상해 보자. 이들은 많은 것을 표현하는 꽥꽥거리는 소리와 몇 안되는 단어를 이용해서, 아마도 '배고프다' 혹은 '위험하다' 등의 의미로 대화를 할 수 있었을 것이다"라고 존 맥크론은 언어의 발달에 대한 자신의 저서에서 쓰고 있다. "이 부부의 새끼들은 지극히 자연스럽게 부모들의 사적인 말을 배우고 이런 방식으로 그들의 언어가 유전되었을 것이다."

세대에서 세대를 거치면서 점점 더 많은 소리들이 보태지고, 그 중에는 고정된 의미를 지닌 추상적인 개념도 들어 있었을 것이다. 바로 그렇게 우리 조상은 어느 순간에 지금 여기 있지 않은 대상에 대해 의사소통을 할 수 있게 되었다. 예를 들어서 사바나로 소풍을 갔다가 돌아온 한 유인원이 가족에게 자기가 보았던 매머드에 대해 설명했다.

이 유인원은 매머드 소리를 흉내내고 송곳니를 암시하기 위해 어떤 제스처로 전체 내용을 강조한다. 학계에서 벌어지고 있는 많은 논쟁들과 마찬가지로 언어가 소리에서 혹은 제스처에서 발달되었다고 단정적으로 말할 수는 없다. 아마도 두 가지 요소가 함께 작용했을 것이다.

언어와 직립보행

인간은 언어를 완전히 습득하기 전에 먼저 두 발로 걷는 법을 배워야 했다. 인류 역사에서 두 가지의 큰 변화, 즉 언어와 직립보행은 서로 깊이 관련되어 있다. 인간이 아닌 다른 영장류의 경우에는 후두가 목 안의 위쪽에 있지만 인간의 경우에는 아래쪽으로 내려가 있다. 오늘날에도 갓난아기들은 침팬지의 전형적인 후두를 가지고 세상에 나온다. 왜냐하면 이런 후두는 아기들이 숨을 쉬면서 동시에 삼킬 수 있다는 큰 장점이 있기 때문이다. 6개월이 지나면서 후두는 점점 더 아래로 내려간다. 그리고 이에 대한 보상으로 수많은 소리를 위한 공명 공간이 만들어진다.

침팬지는 대부분의 모음은 거의 인간과 똑같이 소리를 낼 수 있지만 자음에서는 어려움을 겪는다. 순전히 해부학적으로 보았을 때 어떤 원숭이도 그렇게 많은 종류의 소리를 그렇게 빠른 속도로 만들 수 없다. 우리의 목소리 기관과 그 외 원숭이들의 기관 사이에 존재하는 차이점은 특별히 크지는 않지만 그 결과는 현저히 다르다. 후두부에서의 작은 위치 변화가 인류에게 큰 변화를 가능하게 한 것이다.

직립보행과 함께 우리 조상들의 앞으로 튀어나와 있던 아래턱도 뒤로 들어갔음이 분명했다. 그렇지 않다면 돌출된 머리를 균형 있게 유지하지 못했을 것이다. 이런 변화의 과정에서 목소리 기관도 변하게 되었고 후두가 오늘날의 위치로 내려가게 되었다. 그렇게 해서 복합적인 언어 발달을 위한 신호탄이 터지게 된 셈이다. "나의 추측에 따르면 인간은 이미 오래전부터 언어 사용을 위한 이해력을 갖추고 있었다. 그것이 발휘되기 위해서 단지 직립보행의 시작과 더불어 일어난 우연한 해부학적 변화만이 필요했던 것이다"라는 것이 생물학자이며 심리학자인 수 새비지 럼바우의 이론이다. 그녀는 수년 동안 보노보들의 언어 능력에 대해 연구했다.

언제부터 인간이 언어적인 측면과 정신적인 측면에서 고공비행을 시작하게 되었는지는 아직 분명하지 않다. 확실한 것은 우리 조상의 뇌 부피가 지난 400만 년의 시간 동안 여러 번의 도약 속에서 4배 정도나 커졌다는 점이다. 사회적인 요소뿐 아니라 생태학적인 요소들도 그런 발달을 부추겼을 가능성이 매우 높다.

기후 또한 중요한 역할을 했을 것이다. 우리 조상은 우림지대를 떠났고 사바나 지대로 이주했으며 그런 후에 직립보행을 배웠다. 새로운 생활공간에서는 그런 보행이 여러 가지 장점을 제공했다. 두 발로 걸으면서 인간은 강한 아프리카의 태양으로부터 스스로를 좀더 잘 보호할 수 있었고, 예를 들어서 물건을 운반할 수 있는 자유로운 손도 생기게 되었다. 올두바이 골짜기에서 나온 가장 오래된 석기는 200만 년 이상 된 것으로 추측하고 있다.

언어와 진화

이런 발달은 수십만 년에 걸쳐 비교적 지속적으로 이루어졌다. 약 15만 년 전에 비로소 우리 조상은 엄청난 도약을 한다. 거의 100만 년 동안 선사시대의 도구인 첨두석기가 유용하게 사용되다가 갑자기 각기 다른 수많은 도구들이 나타났다. 그리고 현대의 호모 사피엔스가 세상을 정복했다. 여러 가지 간접 증거들이 언어가 이런 발달의 중요한 모티브였음을 암시하고 있다. 또한 인간의 뇌 용량도 이 시대에 다시금 새로운 도약을 한다. 고인류학자들은 언어에 관한 화석을 찾으려고 시도하는 반면에 분자생물학자들은 언어의 유전적인 토대를 밝혀내려고 애썼다. 그들의 연구 결과에 따르면 우리의 언어 자산은 적어도 20만 년은 되었다고 한다.

하와이 대학의 언어 연구자인 데릭 비커톤은 약 10만 년 전에 생겨난 문화가 복합적인 언어 없이는 불가능했을 것이라고 확신하고 있다. 당시에 인간은 문법을 만들어냈을 것이라고 비커톤은 믿는다. "그들이 무엇인가 조금은 복잡한 것을 계획하고자 할 때 '~할 때'와 '~이기 때문에'라는 표현들이 필요했을 것이고 복잡한 문장이 생겨났을 것이다. 이런 표현이 없다면 그들의 언어는 현재의 시제와 장소에만 머물러 있게 된다."

언어와 도구 제작은 밀접하게 관련되어 있다. 이 점에 대해서는 오늘날 많은 학자들이 확신하고 있다. 이 두 가지는 추상적인 사고 능력을 요구한다. 그리고 뇌 속에는 언어센터의 부위가 우리의 섬세한 신체운동을 조정하는 부위 바로 옆에 위치해 있다. 경우에 따라서 이 두 가지 뇌 부위들은 공동의 자극을 받기도 한다.

아직도 뇌 과학자, 고생물학자, 유전학자들은 언어, 뇌 발달, 그리고 유전자 사이의 복잡한 공동작용에 대한 비밀을 완전히 밝혀내지 못하고 있다. 그러나 몇 년 전에 한 영국 가족이 언어 사용과 관련된 유전자에 대한 힌트를 알려주기도 했다. 가명으로 자신들을 밝힌 KE 가족은 희귀한 유전자 질병을 앓고 있다. 그들은 단지 불분명하게만 발음을 할 수 있었다. 그들은 서로 거의 의사소통이 되지 않을 정도로 우물거리며 말을 했다. 언어 장애와 함께 현저히 낮은 아이큐 수치가 나왔다. 유전학자들은 이런 증상의 원인으로서 특정한 한 유전자의 돌연변이를 꼽고 있다. 그들은 이 유전자에게 'FoxP2' 라는 이름을 붙였다.

라이프치히 막스플랑크 연구소의 고유전학자들도 그후에 'FoxP2' 를 보다 자세히 연구했다. 그리고 실제로 이 유전자가 인간의 조상에게는 수백만 년 넘게 불변의 상태로 머물러 있다가 인간이라는 종의 출현과 함께 비로소 두 가지 돌연변이를 했다는 사실이 밝혀졌다. 침팬지들은 오늘날에도 변하지 않은 이 유전자를 몸속에 지니고 있다. 그렇다고 해서 이 유전자 하나의 힘만으로 언어가 만들어지는 것은 아니다. 고유전학자인 스반테 페보도 'FoxP2' 에 대한 과장된 해석을 경고하고 있다. 그럼에도 불구하고 언어에 영향을 미치는 유전자의 존재를 파악하는 일은 중요하다. 그의 연구팀들은 'FoxP2' 를 계속해서 연구해 볼 예정이다.

마이클 토마셀로는 "언어란 오히려 문화적이고 사회적인 현상"이라는 생각을 고수하고 있다. 문자와 함께 언어의 발달은 로켓의 발명과 같은 문화적인 진화를 가속화시켰다. 일리노이 대학의 인류학 교수인 스탠리 앰브로스도 "화살과 마룻바닥과 우주정거장의 발견 동안에는 단지 1만 2,000년밖에는 지나가지 않았다"고 말하고 있다.

오늘날 우리는 말 그대로 모든 것에 대해 이야기를 나눌 수 있다. 또한 동물이 의식을 가지고 있는지, 그들이 생각을 하고 말을 할 수 있는지의 문제에 대해서도 얼마든지 대화를 나눌 수 있다. 문화적인 진화는 이미 오래전부터 휴지기를 벗어났다. 오히려 더 빠르게 앞으로 나아가고 있다. 인간은 급격한 속도로 가까운 친척뻘의 동물들로부터 멀어져 가고 있고, 또한 자신의 생물학적 뿌리로부터도 멀어져 가고 있다. 인간의 지능이 과연 그런 진화의 한계를 적기에 인식할 수 있을지는 이제 두고 볼 일이다.

… 옮긴이의 말

우리 인간은 흔히 동물들을 대상으로 '지능'이라는 단어를 사용하는 데 거부감을 느낀다. 그것은 아마도 '지능'이라는 것이 인간만의 전유물이라는 일종의 우월감이 잠재되어 있기 때문일 것이다. 이 책은 그런 우리들의 의식에 적지 않은 충격과 놀라움을 준다. 당연히 인간만이 할 수 있을 것이라고 여겼던 많은 행동들을 동물도 할 수 있고, 특정한 분야에서는 심지어 인간을 능가하는 경우도 있기 때문이다. 본문 중의 문장을 인용해서 말하자면 이 책을 읽어갈수록 "인간과 동물 사이의 간격이 점점 좁아져 간다"는 것을 느낄 수 있다. 그리고 이런 경향은 동물들의 지능을 밝혀낼 수 있는 과학적인 기술과 방법이 발달할수록 더욱 강해질 것이다.

최근에 중국 난시성에서 국보급으로 보호를 받고 있는 따오기 한 쌍이 우리나라로 오게 되었다고 한다. 전문가들의 도움을 받아 우리나라에서 새들의 인공부화가 시도될 예정이다. 국가 정상들 간의 인사 차원에서 이루어진 이번 일은 따오기라는 새가 가진 특성이 인간을 능가하여 오히려 귀감이 되고 길조로 여겨지기 때문이다. 이 새는 일부일

처제를 꼭 지켜서 암수를 임의적으로 새장에 넣어도 번식을 하지 않으며 오로지 한번 눈이 맞은 짝끼리만 번식을 한다. 그리고 부부 새 중에서 한 마리가 죽어도 홀로 된 새는 끝까지 정조를 지킨다. 자식 사랑도 극진하여 항상 알과 새끼 근처를 배회하며, 가족생활을 중시하여 항상 저녁에는 둥지로 돌아온다고 한다. 인간으로서도 지키기가 쉽지 않은 일들이다. 단순히 생명 유지와 번식 외에는 특별한 목적 없이 살아간다고 생각했던 동물들의 새로운 모습에 놀라지 않을 수 없다. 이런 새의 특징을 보면 우리가 '동물적' 이라는 표현을 쓰는 일에도 신중을 기해야 할 것으로 보인다. '인간적' 혹은 '동물적' 이라는 특징들도 이제는 많은 부분이 중복되기도 하기 때문이다.

이 책에서는 먼저 지능에 관한 전반적인 문제가 언급되면서 '지능'의 측정과 연관된 문제점에 대해 이야기한다. 예를 들자면 동물의 지능을 판단하는 데 있어서 인간과 유사한 점이 많다는 것만으로 지능이 높다고 평가할 수 있는가의 문제이다. 그리고 흔히 인간의 지능을 측정하는 일에서도 주어진 문제의 경향이나 특징이 결과를 좌우할 수 있다는 점이 문제시되고 있다. 그런 다음에는 언어와 관련된 동물들의 놀라운 모습들이 소개된다. 신체 구조상의 차이 때문에 말을 할 수 없음에도 불구하고 언어를 이해하는 동물들의 능력은 상상 이상으로 뛰어나다.

그리고 학습을 하는 동물들에 대한 이야기가 소개된다. 경험을 통해서 혹은 같은 종류의 동물들로부터 받는 학습은 때로는 동물들의 생존을 위해 대단히 중요한 역할을 하기도 한다. 끝으로 동물들은 과연 생각 혹은 의식을 가지고 있는가의 문제가 다루어진다. 사실 인간의 생각기관인 뇌에 대해서도 아직 많은 부분이 베일에 싸여 있다. 그러므로 동물의 그 작은 뇌가 가진 비밀을 밝히는 데는 더 많은 시간이 걸릴 것이다. 그러나 분명한 것은 까마귀나 영장류들의 행동을 보면 그들 나름대로의 생각과 의식이 전혀 없는 것으로 보이지는 않는다는 점이다. 까마귀가 진정 의도적으로 속임수를 쓰는 것인지, 침팬지가 특수한 상황을 자기에게 유리하게 이용하는 것이 의식적인 행동인지는 지속적인 연구를 통해 밝혀져야 할 부분이다. 끝으로, 그럼에도 불구하고 동물과 차별되게 인간만이 가진 특징들이 소개된다. 사실 인간으로서 가졌던 일종의 자부심에 비하면 대단히 '사소하고 조촐한' 특징들이다. 그만큼 우리가 동물들에 대해서 몰랐다는 의미이기도 할 것이다.

이처럼 동물들의 새로운 세계를 알게 됨으로써 인간은 평소에 느꼈던 본능적인 우월감에서 벗어나 동물들을 조금은 다른 측면에서 이해하는 기회를 갖게 될 것이다. 이 책을 계기로 독자들도 주변의 동물들을 새로운 시선으로 바라볼 수 있기를 바라는 마음이다. 그 동물들의 뇌 속에서 우리가 알지 못하는, 혹은 아직 밝혀내지 못한 심오한 사고의 과정이 일어나고 있을지도 모르기 때문이다.

2008년 11월
신혜원

… 참고문헌

Abenteuer Erde: Was Tiere denken und fühlen; WDR 31.10.2000

Alex A. S. Weir et al: Shaping of Hooks in New Caledonian Crows, in: Science, 2002

Anke Prothmann: Tiergestützte Kinderpsychotherapie, Peter Lang Publishing Group 2007

Berthold, Peter: Vogelzug als Modell der Evolutionsund Biodiversitätsforschung, Festvortrag zur Hauptversammlung der Max-Planck-Gesellschaft am 22. Juni 2001

Bertram Gerber, Thomas Hendel: Selbst Maden streben nach Gewinn, www.innovations-report.de/html/berichte/biowissenschaften_chemie/bericht-70370.html, Stand 13.09.2006

BR-alpha, 17.01.2007

Charles Darwin: Die Abstammung des Menschen und die geschlechtliche Zuchtwahl, 1871

Christophe Boesch: Aspects of Transmission of Tool-Use in Wild Chimpanzees, in: Tools, Language and Cognition in Human Evolution, K. R. Gibsond, T. Ingold(ed); Cambridge University Press, 2004

Das gefiedert Sprachwunder, in: Die Zeit, 11.11.1999

Der Schimpansen-Mann, in: Bild der Wissenschaft, Nr. 4/2002

Der Spiegel, 48/2006

Deutschlandradio: Wissenschaft im Brennpunkt, 22.20.2004

Donald R. Griffin: Wie Tiere denken, BLV Verlagsgesellschaft mbH, München 1985

E. D. Jarvis, O. Gunturkun et al.: Avian brains and a new understanding of vertebrate brain evolution, in: Nature Reviews Neuroscience 2005

Eduard P. Tratz, Heinz Heck: Der afrikanische Anthropoide Bonobo - eine neue Menschenaffengattung, in: Säugetierkundliche Mitteilungen 2(1), 1954
Elizabeth Bates: Language Comprehension in Ape and Child, in : Monographs of the Society for Research in Child Development, 58, Nr. 3-4; 1993
Elizabeth Pennisi, Social Animals Prove Their Smarts, in: Science 2006, Band 312
Frand de Waal: Der Affe und der Sushimeister, Carl Hanser Verlagn, Munchen 2002
Frans de Waal: Der Affe in uns, Carl Hanser Verlag, Munchen 2006
Gavin R. Hunt, Michael C. Corballis & Russell D. Gray: Laterality in tool manufacture by crows, In: Nature, Band 414, 2001
GEO Wissen, Nr. 38; 1.10.2006
Gordon Gallup jr.: Selbsterkennen und Empathie bei Menschenaffen, in: Spektrum der Wissenschaft, Spezial: Intelligenz, 2003, W. 68
Grau sind die Zellen des Graupapageis, in: Frankfurter Allgemeine Sonntagszeitung, 28.04.2002
Guido Dehnhardt, Wolf Hanke, Horst Bleckmann, Björn Mauck: Hydrodynamic trail-following in Harbour seals(Phoca vitulina), in: Science 293, S. 102-104, 2001
Guppys sind treu und mutig, in Spiegel Online, www.spiegel.de./wissenschaft/natur/0,1518,411327,00html, Stand 15.04.2006
H. Prior, B. Pollok, O. Gunturkun: Sich selbst vis-à-vis: Was Elstern wahrnehmen, Ruhr-Uni-Bochum, Rubin Nr. 2/00, S. 26-30
Hans W. Fricke: Bericht aus dem Riff, Piper Verlag, Munchen 1976
Hans W. Fricke: Korallenmeer, Belser Verlag, Stuttgart 1972
Hans W. Fricke: Korallenmeer, Christian Belser Verlag, Stuttgart 1972
Hans W. Fricke: Lösen einfacher Probleme bei einem Fisch, In; Zeitschrift fur Tierpsychologie, 1975
Hausfüchse mit Schlappohren, in geoscienceonline,de, www.go.de/index.php?cmd=focus_detail2&f_id=324&rang=6, Stand 20.10.2006
Heilkräuter im Vogelnest, in: Der Spiegel 18/2002
Ian D. Couzin, Jens Krause, Nigel R. Franks, Simon A. Levin: Effective leadership and decision-making in animal groups on the move, in: nature, Band 433, 3.02.2005
Im Anfang war der Tratsch, in: Süddeutsche Zeitung, 28.07.2004
Irene Pepperberg, Jesse Gordon: Number Comprehension by a Grey Parrot,

Including a Zero-Lke Concept, in: Journal of Comparative Psychology, Band 119, Ausgabe 2, 2005

James Wood: Obervational Learning in Cephalopods, www.thecephalopodpage.org, Stand: 25.04.2007

Jeremy Narby: Intelligence in Nature, Penguin Group, Toronto 2006

John McCrone: Als der Affe sprechen lernte - Die Entwicklung des menschlichen Bewusstseins, Wolfgang Krüger Verlag, Frankfurt am Main 1992

Julia Fischer, Dorothy L. Cheney, Robert M. Seyfarth: Development of infant baboons'responses to graded bark variants, Proceedings of the Royal Society of London, in: Biological Sciences 267, 2317-2321; 2000

Julia Stalleicken, Henrik Mouritsen: Der Magnetkompass der Zugvögel, in: Einblicke Nr. 42, Carl von Ossietzky Universität, Oldenburg Herbst 2005

Juliane Kaminski, Josep Call, Julia Fischer: Word Learning in a Domestic Dog: Evidence for "Fast Mapping", In; Science, Band 304, 11.06.2004

Jürgen Tautz: Wer kalt aufwächst, bleibt dumm, in: Bild der Wissenschaft 07/2004

Konrad Lorenz: Er redete mit dem Vien, den Vögeln und den Fischen, Deutscher Tascheunbuch Verlag, München 1998

Lloyd Morgan: An Introduction to Comparative Psychology, London 1894

Logan Grosenick, Tricia S. Clement, Russeull D. Fernald: Fish can infer social rank by observation alone, in: nature, Band 445, 25.01.2007

Marc Bekoff, Colin Allen, Gordon M. Burghardt (ed.): The Cognitive Animal, MIT Press, 2002

Michael Tomasello, Josep Call, Brian Hare: Chimpanzees understand psychological states - the question is which ones and to what extent, in: Trends in Cognitive Sciences, Band 7, Ausgabe 4, April 2003

Michael Tomasello: Die kulturelle Entwicklung des menschlichen Denkens, Suhrkamp, Frankfurt am Main 2002

Michael Tomasello: Why Don't Apes Point?, in: N. Enfield & S. C. Levinson (ed): Roots of human sociality: Culture, cognition and interaction, London: Berg 2006

Michael Tomasello: Why Don't Apes Point?, in: N. Enfield, S. C. Levinson (ed): Roots of human sociality: Culture, cognition and interaction, London: Berg 2006

New Scientist, 30.06.2001

Nthan J. Emery, Nicola S. Clayton: The Mentality of Crows: Convergent Evolution of Intelligence in Corvids and Apes, in: Science, Band 306, 2004

Onur Güntürkün, Lorenzo von Fersen: So wenig graue Zellen-ein Mythos wird angetastet, Ruhr-Uni-Bochum, Rubin Nr. 1/98

Paul R. Manger: An examination of cetacean brain structure with a novel hypothesis correlating thermogenesis to the evolution of a big brain, Biological Reviews of the Cambridge Philosophical Society; Band 81, Ausgabe 2; Mai 2006

Peter Gabriel, in: Die Zeit, 17.12.2003

Redouan Bschary, Wolfgang Wickler, Hans W. Fricke: Fisch Cognition: a primate's view, in: Animal Cognition 5, 2002

Redouan Bshary, Alexandra S. Grutter: Image scoring and cooperation in a cleaner fish mutualism, in: nature, Band 441, 22.06.2006

Richard Dawkins: Das egoistische Gen, Rowohlt, 7. überarbeitete Neuausgabe, Reinb다 Mai 1996

Richard W. Byrne und Andrew Whiten: Tactical deception in primates: The 1990 database, Primate Report, 27, 1-101, 1990

Richard W. Byrne: Social and Technical Forms of Primate Intelligence, in: Tree of Origin, Harvard University Press, 2002

Robert M. Yerkes: Almost Human, New York 1925, Century

Robin I. M. Dunbar: Brains on Two Legs: Group Size and the Evolution of Intelligence, in: Tree of Origin, Harvard University Press, 2002

Roswitha Wiltschko, Wolfgang Wiltschko: Das Orientierungssystem der Vögel, in: Journal of Ornithology 140; S. 1-40; 1999

Rüdiger Wehner: Blick ins Cockpit von Cataglyphis, in: Naturwissenschaftliche Rundschar, 56. Jahrgang, Heft 3, 2003

Rüdiger Wehner: Der Himmelskompass der Wustenameise, in Spektrum der Wissenschaft, 11/1998

Ryuji Suzuki: Information Entropy of humpback whale songs, in: Journal of the Acoustical Society of America; 03/2006; Band 119, Ausgabe 3

Sarah F. Brosnan, Frans de Waal: Monkeys reject unequal play, Nature 2003

Spuren im Sand, in: Die Zeit, 30/1999

Stimmen aus der Steinzeit, in: Der Spiegel, 21.10.2002

Sue Savage-Rumbaugh, Roger Lewin: Kanzi, der sprechende Schimpanse; Droemer Knaur, Munchen 1995
Sue Savage-Rumbaugh: Kanzi-der sprechende Schimpanse, Droemer Knaur Verlag, Munchen 1995
Thomas Bugnyar, Bernd Heinrich: Ravens, Corvus corax, differentiate between knoledgeable and ignorant competitors, in: Proceedings of the Royal Society B(2005) 272
Thomas Bugnyar, Kurt Kotrschal: Obervational learning and the raiding of food caches in ravens, Corvus corax: is it "tactical" deception?, in: Animal Behaviour, 2002
Tim Cahill: Delfine, National Geographic Society, Steiger Verlag 2000
Überraschungsangriff im Rudel, in: Spiegel Onling, www.spiegel.de/sessenschaft/natur/0,1518,323644,00.html, Stand: 18.10.2004
Unter Kakerlaken, in: Die Zeit, 25.01.2007
Warum Papageien Erde fressen, in: Spektrum der Wissenschaft 2/2000
Was ist ein Was, in: Der Spiegel, 21.10.2002
Wolfgang Wickler: Wie viel Hirn braucht Intelligenz, in: Max Planck Forschung, 4/2003
Wüstenameisen der Gattung Cataglyphis nutzen einen Schrittintegrator zur Messung von Wegstrecken, http://stammhirn.biologie.uni-jlm.de/SciencePresse Mittlg0606.pdf, Stand: 25.04.2007
http://www.janegoodall.de/m2link2_61.php, Stand: 25.04.2007
www.alexfoundation.org, Stand 25.04.2007
www.dolphin-institute.org/our_research/dolphin_research/understandinglanguage.htm, Stand:25.04.2007
www.dolphin-institute.org/our_research/dolphine_research/pointinggestures.htm, Stand:25.04.2007
www.fish-school.com, Stand 25.04.2007
www.marine-science-center.de, Stand: 25.04.2007
www.verrueckte-experimente.de, Stand: 30.04.2007
www.janegoodall.de/m1link3_1.php, Stand: 25.04.2007